高等学校"十三五"规划教材

电子技术基础

主　编　卞永钊
副主编　张世辉　张晓林

北　京

冶金工业出版社

2020

内 容 简 介

本书共分 9 个项目，主要内容包括：直流稳压电源的参数测试与故障排除，音频放大器的制作、参数测试与故障排除，信号发生器的制作、参数测试与故障排除，三人表决器电路的设计与制作，编码、译码、显示电路的设计与制作，抢答器的设计与制作，计数分频器电路的设计与制作，流水灯控制电路的设计与制作，以及数字电子钟的设计与调试。其中前 3 个项目为模拟电子技术的内容，后 6 个项目为数字电子技术的内容。

本书为高等院校机电类、自动化类、计算机类、电气类、电子类等专业的教材，也可供有关工程技术人员或自学者参考。

图书在版编目 (CIP) 数据

电子技术基础/卞永钊主编 . —北京：冶金工业出版社，2019. 5 （2020. 12 重印）
高等学校"十三五"规划教材
ISBN 978-7-5024-8071-4

Ⅰ. ①电… Ⅱ. ①卞… Ⅲ. ①电子技术—高等学校—教材 Ⅳ. ①TN

中国版本图书馆 CIP 数据核字 (2019) 第 064441 号

出 版 人 苏长永
地 址 北京市东城区嵩祝院北巷 39 号 邮编 100009 电话 (010)64027926
网 址 www. cnmip. com. cn 电子信箱 yjcbs@ cnmip. com. cn
责任编辑 俞跃春 贾怡雯 美术编辑 郑小利 版式设计 禹 蕊
责任校对 卿文春 责任印制 李玉山
ISBN 978-7-5024-8071-4
冶金工业出版社出版发行；各地新华书店经销；北京虎彩文化传播有限公司印刷
2019 年 5 月第 1 版，2020 年 12 月第 2 次印刷
787mm×1092mm 1/16；16.25 印张；390 千字；248 页
48. 00 元

冶金工业出版社 投稿电话 (010)64027932 投稿信箱 tougao@cnmip. com. cn
冶金工业出版社营销中心 电话 (010)64044283 传真 (010)64027893
冶金工业出版社天猫旗舰店 yjgycbs. tmall. com
（本书如有印装质量问题，本社营销中心负责退换）

前　言

　　本书是根据非电专业中专科升本科学生的教学培养方案和教学大纲要求，以"培养技能、重在应用"为编写原则，采用"项目为导向、任务驱动、教学做一体化"的模式编写而成。本书是理实一体化教材，分为两个部分：第一部分是模拟电子技术部分，着重选择了 3 个典型而又便于实施的项目；第二部分是数字电子技术部分，选择了 6 个项目，其中最后一个为综合项目。与传统的电子电路教材相比，本书有如下特色：

　　（1）本书在编写过程中注重项目中所蕴含的知识，以及知识的连续性，在内容安排上，除了包含模拟电子技术的 3 个基本项目、数字电子技术的 5 个项目外，还增加了一个数字电子技术的综合项目。

　　（2）本书在项目的编写安排上采用学习目标、相关知识讲解、知识整理与小结及自测题等环节。在综合项目的编写安排上，采用用实操训练的方式。淡化理论，强化实际操作训练。

　　（3）在基础知识的讲解上，以"必需"和"够用"为原则。对于电子器件着重介绍其外部引脚和主要功能及其实际应用；对分立元件组成的电路尽可简明扼要，明确分立元件的实际应用；对常用的集成电路主要介绍器件的型号、特点和典型应用。对于电路分析与设计采用引导、启发、实操相结合，真正意义上达到理实一体的融合。

　　（4）本书的 9 个项目包含了最常见的模拟电子技术和数字电子技术内容，循序渐进，增加学生学习电子技术的信心，每个实操任务明确，逻辑清晰，有利于提高学生实际动手操作能力。

　　本书由沈阳大学应用技术学院卞永钊担任主编，沈阳大学张世辉、沈阳城市建设学院张晓林担任副主编，沈阳大学应用技术学院周兆元担任主审。全书共分为两大部分 9 个项目，其中卞永钊编写项目 1、项目 2、项目 3、项目 7，张世辉编写项目 4～项目 6，张晓林编写项目 8 和项目 9，全书由卞永钊统稿。本书的编写得到了沈阳大学应用技术学院机械系主任周兆元和陈锦生老师的大力支持，他们对本书的编写提出了宝贵的意见，在此表示感谢。

　　本书在编写过程中，参考或引用了有关文献资料，在本书出版之际，对参考文献的作者表示衷心感谢。

　　鉴于编者水平所限，书中不妥之处，敬请读者批评指正。

作　者

2018 年 12 月

目　　录

模拟电子技术部分

数字电子技术部分

模拟电子技术部分

项目 1　直流稳压电源的参数测试与故障排除

在各种电子设备和装置中，如自动控制系统、测量仪器和计算机等，都需要稳定的直流电压。通过整流滤波电路所获得的直流电压往往是不稳定的，当电网电压波动或负载电流变化时，其输出电压也会随之改变。电子设备电源电压的不稳定，将会引起直流放大器的零点漂移、交流放大器的噪声增大、测量仪器的准确度下降等。因此，必须将整流滤波后的直流电压由稳压电路稳定后再提供给负载，使电子设备能正常工作。

【项目目标】

学生在教师的指导下完成本项目的学习任务以后，会识别和检测二极管，熟悉直流稳压电源的基本组成和工作原理，会制作简单的直流稳压电源，并能进行参数测试和故障排除。

【知识目标】

（1）熟悉二极管器件的符号、参数及主要应用范围。
（2）了解直流稳压电源的基本组成部分。
（3）熟悉整流和滤波电路的种类与工作原理。
（4）了解并联稳压电路、串联稳压电路和稳压集成电路的性能参数、功能与应用。

【技能目标】

（1）会识读二极管参数、符号，并能检测二极管的极性。
（2）能对并联稳压电路、串联稳压电路和直流电源的整体电路进行分析。
（3）能根据原理图进行正确焊接，对装接的电路进行测试。
（4）能测试直流电源的特性参数，判断直流电源的质量，并能根据要求进行简单电源设计。
（5）会综合使用电子测量仪器，对直流稳压电源进行故障检修。
（6）训练对新资料的阅读能力、电子电路装接焊接技能、读图能力、故障检查能力和电子测量仪器综合使用能力。

任务 1.1　二极管器件的认知与检测

【任务描述】

给定 2AP9、2CZ12、1N4001 等不同型号二极管各一只，要求用万用表检测二极管正反向电阻的值，学会借助资料查阅二极管的型号及主要参数。

【任务分析】

要完成此任务，首先要了解半导体的基本知识，PN 结的形成及 PN 结的特性，掌握二极管的类型、典型二极管的应用、万用表的使用及二极管极性的判别。

【知识准备】

1.1.1　半导体的基本知识

1.1.1.1　半导体的特点和分类

半导体是指导电能力介于导体和绝缘体之间的物质，自然界中属于半导体的物质很多，用来制造半导体的材料主要是四价元素硅、锗、硒和化合物砷化镓等，在外界温度升高、光照加强或掺入适量杂质时，它们的导电能力大大增强。因此半导体被用来制造成热敏器件、光敏器件和半导体二极管、三极管、场效应管等电子元件。化学成分纯净的半导体称为本征半导体，如图 1-1 所示。在本征半导体中掺入适量杂质的半导体称为杂质半导体，如果掺入的是三价元素（如硼 B），则形成 P 型半导体，如图 1-2 所示。如果掺入的是五价元素（如磷 P），则形成 N 型半导体，如图 1-3 所示。P 型半导体中空穴为多数载流子（简称多子），自由电子为少数载流子（简称少子）；N 型半导体中自由电子为多子，空穴为少子。半导体有两种载流子（自由电子和空穴）参与导电。

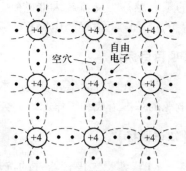

图 1-1　本征半导体的电子空穴对

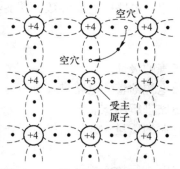

图 1-2　P 型半导体的结构示意图

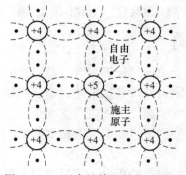

图 1-3　N 型半导体的结构示意图

注意：不论 N 型半导体还是 P 型半导体都是电中性，对外不显电性。

1.1.1.2 PN 结的形成及其单向导电性

A PN 结的形成

在一块完整的硅基片上，用不同的掺杂工艺使其一边形成 N 型半导体，另一边形成 P 型半导体，那么在两种半导体交界面附近就形成了 PN 结。在交界面附近因载流子浓度不同，多数载流子分别向异区扩散，即 P 区中的空穴向 N 区扩散，留下不能移动的负离子；N 区中的电子向 P 区扩散，留下不能移动的正离子。结果在交界面处多数载流子因复合而耗尽，留下正负离子层，通常称这个正负离子层为耗尽层，也称 PN 结。在 PN 结的 P 区一侧带负电，N 区一侧带正电。PN 结便产生了内电场，内电场的方向从 N 区指向 P 区。内电场对扩散运动起到阻碍作用，电子和空穴的扩散运动随着内电场的加强而逐步减弱，直至停止。在界面处形成稳定的空间电荷区，如图 1-4 所示，PN 结构成半导体器件的基本单元。

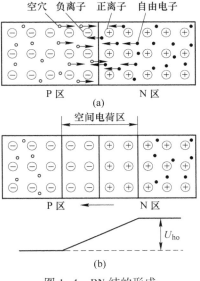

图 1-4 PN 结的形成

B PN 结的单向导电性

（1）PN 结的正向导通特性。给 PN 结加正向电压，即 P 区接电源正极，N 区接电源负极，此时称 PN 结为正向偏置，简称正偏，如图 1-5（a）所示。

这时 PN 结外加电场与内电场方向相反，当外电场大于内电场时，外加电场抵消内电场，使空间电荷区变窄，有利于多数载流子运动，形成正向电流。外加电场越强，正向电流越大，这意味着 PN 结的正向电阻变小，称为 PN 结正向导通。

（2）PN 结的反向截止特性。给 PN 结加反向电压，即电源正极接 N 区，负极接 P 区，称 PN 结反向偏置，简称反偏，如图 1-5（b）所示。这时外加电场与内电场方向相同，使内电场的作用增强，PN 结变厚，多数载流子的运动（扩散）难以进行，有助于少数载流子运动（漂移），形成电流 I_s，少数载流子很少，所以电流很小，接近于零，即 PN 结反向电阻很大，称 PN 结反向截止。

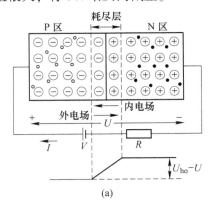 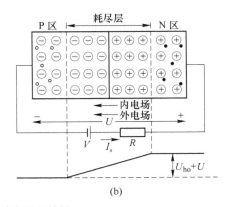

图 1-5 PN 结的单向导电特性
（a）正向特性；（b）反向特性

综上所述，PN 结正偏导通，反偏截止，即具有单向导电性。

1.1.2　半导体二极管

1.1.2.1　二极管的结构、符号及类型

将一个 PN 结加上相应的两根外引线，然后用塑料、玻璃或铁皮等材料做外壳封装就成为最简单的二极管。其中，正极从 P 区引出，为阳极或 P 极；负极从 N 区引出，为阴极或 N 极。如图 1-6（a）~（c）所示。二极管的符号如图 1-6(d) 所示，其中三角箭头表示正向电流的方向，正向电流从二极管的阳极流入，阴极流出。因 PN 结具有单向导电性，所以二极管具有单向导电性。

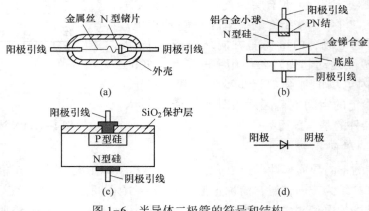

图 1-6　半导体二极管的符号和结构

二极管有许多类型。按材料不同，二极管可分为锗管和硅管；按结构不同，有点接触型和面接触型。点接触型二极管的 PN 结面积小，结电容小，工作频率高，一般用于高频检波电路，如图 1-6(a) 所示；而面接触型的二极管的 PN 结面积较大，结电容较大，工作频率较低，允许通过较大电流和具有较大功率容量，适用于整流电路，如图 1-6(b)、(c) 所示；按用途不同分，二极管有普通管、整流管、检波管、稳压管、光电管和开关管等类型。

1.1.2.2　二极管伏安特性

伏安特性反映了二极管外加电压和流过二极管的关系，伏安特性是二极管的固有属性。图 1-7 为硅二极管和锗二极管伏安特性关系曲线的一般形状。二极管伏安特性可分为正向特性和反向特性两部分，下面对二极管伏安特性曲线加以说明。

（1）正向特性。如图 1-7 所示，当正向电压很低时，正向电流几乎为零，这一部分称为死区，相应的 A 点的电压称为死区电压或阈值电压，硅管约为 0.5V，锗管约为 0.1V，如图 1-7(a) 中 OA 段所示。当正向电压超过死区电压时，二极管呈现低电阻值，处于正向导通状态。正向导通后的二极管管压降变化较小，硅管为 0.6~0.7V，锗管为 0.2~0.3V，如图 1-7(a) 中的 AB 段所示。

（2）反向特性。对应于图 1-7(a) 的 OC 段，反向电压在一定范围内增大时，反向电流极其微小且基本不变（理想情况认为反向电流为零），此电流称为反向饱和电流，记作 I_s。

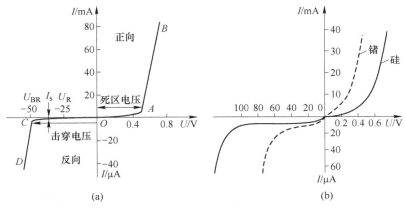

图 1-7　二极管伏安特性

（a）硅二极管；（b）硅锗对比

（3）反向击穿特性。对应于图 1-7（a）的 *CD* 段，当反向电压增加到一定数值时，反向电流急剧增大，此时对应的电压称为反向击穿电压，此现象称为反向击穿。

温度的变化会对伏安特性产生很大的影响。二极管的温度增加时，其正向管压降变小，反向饱和电流显著增加，而反向击穿电压则显著下降，尤其是锗管，对温度更为敏感。二极管伏安特性受温度变化影响如图 1-7（b）中虚线所示。

1.1.2.3　二极管的主要参数

二极管参数是反映二极管性能质量的指标。必须根据二极管的参数来合理选用二极管。

（1）最大整流电流 I_{FM}。I_{FM} 是指二极管长期工作时允许通过的最大正向平均电流值，由 PN 结的面积和散热条件所决定，用 I_{FM} 表示。工作时，管子通过的电流不应超过这个数值，否则将导致管子过热而损坏。

（2）最高反向工作电压 U_{RM}。U_{RM} 是指二极管不击穿所允许加的最高反向电压。超过此值二极管就有被反向击穿的危险。U_{RM} 通常为反向击穿电压的 1/3 ~ 1/2，以确保二极管安全工作。

（3）最大反向电流 I_{RM}。I_{RM} 是指二极管在常温下承受最高反向工作电压 U_{RM} 时的反向漏电流，一般很小，但其受温度影响较大。当温度升高时，I_{RM} 显著增大。

（4）最高工作频率 F_{M}。F_{M} 是指保持二极管单向导通性能时，外加电压允许的最高频率。二极管工作频率与 PN 结的极间电容大小有关，容量越小，工作频率越高。

二极管的参数很多，除上述参数外，还有结电容、正向压降等，实际应用时，可查阅半导体器件手册。

1.1.3　半导体二极管的应用

二极管是电子电路中最常用的半导体器件。利用其单向导电性及导通时正向压降很小的特点，可用来进行整流、检波、箝位、限幅、开关以及元件保护等各项工作。

（1）整流。整流就是将交流电变为单方向脉动的直流电。单相、三相等各种形式的整流电路，经过滤波、稳压，便可获得平稳的直流电。

（2）箝位。利用二极管正向导通时压降很小的特性，可组成箝位电路，如图1-8所示。

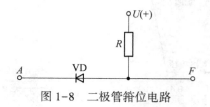

图1-8　二极管箝位电路

图1-8中，若 A 点 $U_A=0$，二极管 VD 可正向导通，其压降很小，故 F 点的电位也被箝制在0V 左右，即 $U_F \approx 0$。

（3）限幅。利用二极管正向导通后其两端电压很小且基本不变的特性，可以构成各种限幅电路，使输出电压幅度限制在某一电压值以内。图1-9（a）为一正负对称限幅电路。

设输入电压 $u_i = 10\sin\omega t(V)$，$U_{s1}=U_{s2}=5V$。

当 $-U_{s1}<u_i<U_{s2}$ 时，VD_1、VD_2 都处于反向偏置而截止，因此 $i=0$，$u_o=u_i$。当 $u_i>U_{s1}$ 时，VD_1 处于正向偏置而导通，使输出电压保持在 U_{s1}。

当 $u_i<-U_{s1}$ 时，VD_2 处于正向偏置而导通，输出电压保持在 $-U_{s2}$。由于输出电压 u_o 被限制在 $+U_{s1}$ 与 $-U_{s2}$ 之间，即 $|u_o| \leqslant 5V$，好像将输入信号的高峰和低谷部分削掉一样，因此这种电路又称为削波电路。输入、输出波形如图1-9（b）所示。

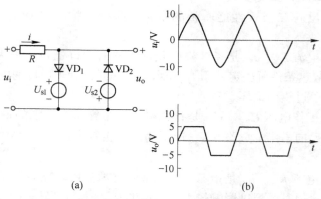

（a）　　　　　　　　（b）

图1-9　二极管限幅电路及波形
（a）电路；（b）波形

（4）元件保护。在电子线路中，常用二极管来保护其他元器件免受过高电压的损害，如图1-10所示电路，L 和 R 是线圈的电感和电阻。

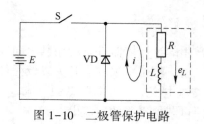

图1-10　二极管保护电路

在开关 S 接通时，电源 E 给线圈供电，L 中有电流流过，储存了磁场能量。在开关 S 由接通到断开的瞬时，电流突然中断，L 中将产生一个高于电源电压很多倍的自感电动势 e_L，e_L 与 E 叠加作用在开关 S 的端子上，在 S 的端子上产生电火花放电，这将影响设备的正常工作，使开关 S 寿命缩短。接入二极管 VD 后，e_L 通过二极管 VD 产生放电电流 i，使 L 中储存的能量不经过开关 S 放掉，从而保护了开关 S。

除以上用途外，还有许多特殊结构的二极管，例如发光二极管、热敏二极管等。随着半导体技术的发展，二极管应用范围越来越多，其中发光二极管是应用较多的一种二极管。

1.1.4　特殊二极管

1.1.4.1　发光二极管及其应用

发光二极管的符号及特性如图 1-11 所示。它是一种将电能直接转换成光能的半导体器件，由磷砷化镓（GaAsP）、磷化镓（GaP）等半导体材料制成，简称 LED（Light Emitting Diode）。发光二极管和普通二极管相似，也由一个 PN 结组成。发光二极管在正向导通时，由于空穴和电子的复合而发出能量，发出一定波长的可见光。光的波长不同，颜色也不同。常见的 LED 有红、绿、黄等颜色。发光二极管的驱动电压低、工作电流小，具有很强的抗振动和抗冲击能力。发光二极管体积小、可靠性高、耗电省、寿命长，被广泛用于信号指示等电路中。发光二极管的主要参数见表 1-1。

表 1-1　发光二极管的主要参数

颜色	波长/nm	基本材料	正向电压（10mA 时)/V	光强（10mA 时，张角±45°)/mod	光功率/μW
红外	900	GaAs	1.3~1.5		100~500
红	655	GaAsP	1.6~1.8	0.4~1	1~2
鲜红	635	GaAsP	2.0~2.2	2~4	5~10
黄	583	GaAsP	2.0~2.2	1~3	3~8
绿	565	GaP	2.2~2.4	0.5~3	1.5~8

1.1.4.2　稳压二极管

稳压管是一种特殊的面接触型硅二极管，其符号和伏安特性曲线如图 1-12 所示。

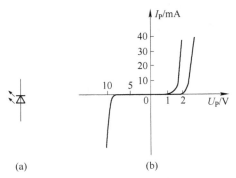

图 1-11　发光二极管符号和伏安特性曲线
（a）符号；（b）伏安特性曲线

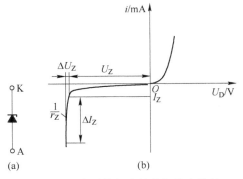

图 1-12　稳压管电路符号与伏安特性
（a）电路符号；（b）伏安特性曲线

其正向特性曲线与普通二极管基本相同。但反向击穿特性曲线很陡且稳压管的反向击穿是可逆的，故它可长期工作在反向击穿区而不致损坏。正常情况下稳压管工作在反向击穿区，由于曲线很陡，反向电流在很大范围内变化时，稳压管两端的电压却几乎稳定不变，稳压管就是利用这一特性在电路中起稳压作用的。只要反向电流不超过其最大稳定电流，就不会引起破坏性的击穿。因此，在电路中稳压管常与限流电阻串联。

与一般二极管不同，稳压管的主要参数如下：

（1）稳定电压 U_Z。稳定电压是指稳压管在正常工作时管子两端的电压。

（2）稳定电流 I_Z。稳定电流是指保持稳定电压 U_Z 时的工作电流。

（3）最大稳定电流 I_{Zmax}。最大稳定电流是指稳压管通过的最大反向电流，稳压管在工作时电流不应超出这个值。

除上述的二极管外，电子电路中用到的二极管还有变容二极管、肖特基二极管、开关二极管、光电二极管、隧道二极管、微波二极管、激光二极管等。

任务 1.2　整流电路的认知

【任务描述】

给定一个整流电路图及相关参数，要求能指出整流电路的组成元件及工作原理，说出直流电压（电流）平均值与交流电压（电流）有效值之间的关系。能够根据电路要求选用合适的二极管型号。

【任务分析】

要顺利完成此任务，首先要建立整流电路的概念，了解整流电路的组成元件和电路特点，分析整流电路的工作原理，然后进行整流电路电流、电压的计算和根据需要选择整流电路元器件。在此基础上，才能看懂直流稳压电源中的整流电路结构，分析整流电路的工作原理，掌握整流电路相关参数的计算和合理选择整流电路元器件。

【知识准备】

1.2.1　整流电路概述

利用二极管的单向导电性，将电网的交流电压变换成单向脉动的直流电压的过程称为整流。根据交流电的相数，整流电路可分为单相整流、三相整流等。在小功率电路中，一般采用单相整流，常见的有单相半波、全波和桥式整流电路。

电子电路工作时都需要直流电源提供能量，电池因使用费用高，一般只用于低功耗便携式的仪器设备中。下面讨论如何把交流电源变换为直流稳压电源。一般直流电源由如下部分组成：

（1）整流电路——将工频交流电转换为脉动直流电。

（2）滤波电路——将脉动直流中的交流成分滤除，减少交流成分，增加直流成分。

（3）稳压电路——采用负反馈技术，对整流后的直流电压进一步进行稳定。

直流电源的方框图如图 1-13 所示。

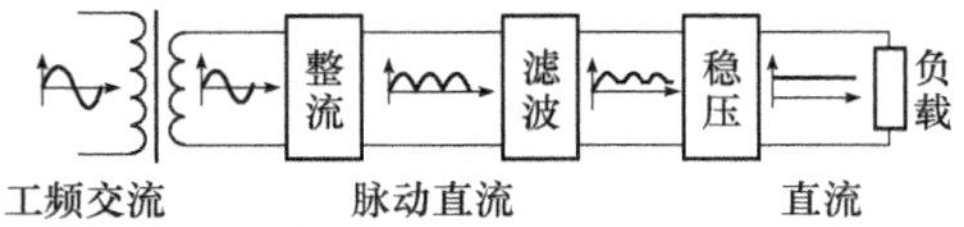

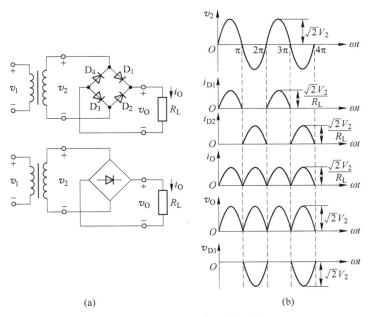

图 1-13　整流滤波方框图

1.2.2　常见整流电路

1.2.1.1　单相桥式整流电路

A　工作原理

单相桥式整流电路是最基本的将交流转换为直流的电路，如图 1-14（a）所示。

在分析整流电路工作原理时，整流电路中的二极管是作为开关运用，具有单向导电性。根据图 1-14（a）的电路图可知：当交流电在正半周时，二极管 D_1、D_3 导通，在负载电阻上得到正弦波的正半周；当交流电在负半周时，二极管 D_2、D_4 导通，在负载电阻上得到正弦波的负半周。

在负载电阻上正、负半周经过合成，得到的是同一个方向的单向脉动电压。单相桥式整流电路的波形图如图 1-14（b）所示。

图 1-14　单相桥式整流电路
（a）桥式整流电路；（b）波形图

B　参数计算

根据图 1-14（b）可知，输出电压是单相脉动电压，通常用它的平均值与直流电压等效。输出平均电压为：

$$V_o = V_L = \frac{1}{\pi}\int_0^\pi \sqrt{2} V_2 \sin\omega t \mathrm{d}\omega t = \frac{2\sqrt{2}}{\pi}V_2 = 0.9V_2$$

流过负载的平均电流为：

$$I_{\mathrm{L}} = \frac{2\sqrt{2}\,V_2}{\pi R_{\mathrm{L}}} = \frac{0.9V_2}{R_{\mathrm{L}}}$$

流过二极管的平均电流为：

$$I_{\mathrm{D}} = \frac{I_{\mathrm{L}}}{2} = \frac{\sqrt{2}\,V_2}{\pi R_{\mathrm{L}}} = \frac{0.45V_2}{R_{\mathrm{L}}}$$

二极管所承受的最大反向电压：

$$V_{\mathrm{Rmax}} = \sqrt{2}\,V_2$$

流过负载的脉动电压中包含有直流分量和交流分量，可将脉动电压做傅里叶分析，此时谐波分量中的二次谐波幅度最大。脉动系数 S 定义为二次谐波的幅值与平均值的比值。

$$v_{\mathrm{o}} = \sqrt{2}\,V_2\left(\frac{2}{\pi} - \frac{4}{3\pi}\cos2\omega t - \frac{4}{15\pi}\cos4\omega t + \cdots\right)$$

$$S = \frac{4\sqrt{2}\,V_2}{3\pi}\bigg/\frac{2\sqrt{2}\,V_2}{\pi} = \frac{2}{3} = 0.67$$

C　单相桥式整流电路的负载特性曲线

单相桥式整流电路的负载特性曲线是指输出电压与负载电流之间的关系：

$$V_{\mathrm{o}} = f(I_{\mathrm{o}})$$

该曲线如图 1-15 所示，曲线的斜率代表了整流电路的内阻。

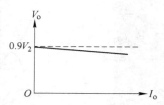

图 1-15　单相桥式整流电路的负载特性曲线

1.2.1.2　单相半波整流电路

单相整流电路除桥式整流电路外还有单相半波和单相全波两种形式。单相半波整流电路如图 1-16(a) 所示，波形图如图 1-16(b) 所示。

根据图 1-16(b) 可知，输出电压在一个工频周期内，只是正半周导电，在负载上得到的是半个正弦波。负载上输出平均电压为：

$$V_{\mathrm{o}} = V_{\mathrm{L}} = \frac{1}{\pi}\int_0^{\pi}\sqrt{2}\,V_2\sin\omega t\,\mathrm{d}(\omega t) = \frac{\sqrt{2}}{\pi}V_2 = 0.45V_2$$

流过负载和二极管的平均电流为：

$$I_{\mathrm{D}} = I_{\mathrm{L}} = \frac{\sqrt{2}\,V_2}{\pi R_{\mathrm{L}}} = \frac{0.45V_2}{R_{\mathrm{L}}}$$

二极管所承受的最大反向电压为：

$$V_{Rmax} = \sqrt{2}\,V_2$$

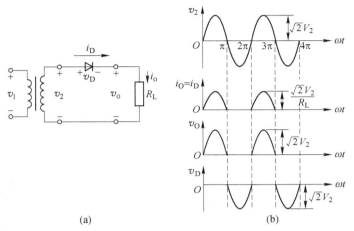

(a)　　　　　　　　　　　(b)

图 1-16　单相半波整流电路

(a) 电路图；(b) 波形图

1.2.1.3　单相全波整流电路

单相全波整流电路如图 1-17(a) 所示，波形图如图 1-17(b) 所示。

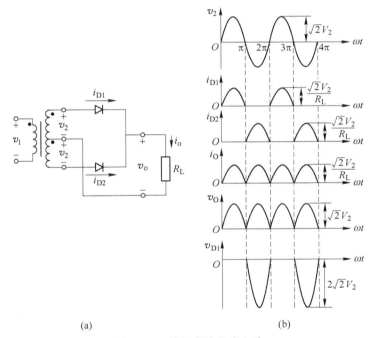

(a)　　　　　　　　　　　(b)

图 1-17　单相全波整流电路

(a) 电路图；(b) 波形图

根据图 1-17(b) 可知，全波整流电路的输出电压与桥式整流电路的输出相同。输出平均电压为：

$$V_o = V_L = \frac{1}{\pi}\int_0^\pi \sqrt{2}\,V_2\sin\omega t\mathrm{d}\omega t = \frac{2\sqrt{2}}{\pi}V_2 = 0.9V_2$$

流过负载的平均电流为：

$$I_D = I_L = \frac{2\sqrt{2}\,V_2}{\pi R_L} = \frac{0.9V_2}{R_L}$$

二极管所承受的最大反向电压为：

$$V_{Rmax} = 2\sqrt{2}\,V_2$$

单相全波整流电路的脉动系数 S 与单相桥式整流电路相同。

$$S = \frac{4\sqrt{2}\,V_2}{3\pi}\bigg/\frac{2\sqrt{2}\,V_2}{\pi} = \frac{2}{3} = 0.67$$

单相桥式整流电路的变压器中只有交流电流流过，而半波和全波整流电路中均有直流分量流过。所以单相桥式整流电路的变压器效率较高，在同样功率容量条件下，体积可以小一些。单相桥式整流电路的总体性能优于单相半波和全波整流电路，故广泛应用于直流电源之中。

注意，整流电路中的二极管是作为开关运用的。整流电路既有交流量，又有直流量。通常对输入（交流）——用有效值或最大值；输出（交直流）——用平均值；整流管正向电流——用平均值；整流管反向电压——用最大值。

任务 1.3　滤波电路的认知

【任务描述】

给定一个滤波电路图及相关参数，要求能指出滤波电路的组成元件及工作原理，说出滤波元件的选择和整流二极管的选择。输出直流电压的平均值与交流电压有效值之间的关系。

【任务分析】

要顺利完成此任务，首先要建立滤波电路的概念，了解滤波电路的组成元件和电路特点，并分析滤波电路的工作原理。然后进行滤波电路电流电压的计算和滤波电路元器件的估算。在此基础上，才能看懂直流稳压电源中的滤波电路结构，分析滤波电路的工作原理，掌握滤波电路相关参数的计算和合理选择滤波电路元器件。

【知识准备】

1.3.1　滤波电路概述

经整流后的输出脉动电压，除了含有直流分量外，还含有较大的谐波分量。这种脉动电压只适合给蓄电池充电或作为小容量直流电动机等的直流电源。用于电子设备中，将对电子设备的工作产生严重的干扰，必须采用滤波电路。其目的是把脉动电压中的交流成分滤除，获得较平滑的直流输出。

滤波通常是利用电容或电感的能量存储功能来实现的。

1.3.2　脉动系数和纹波因数

脉动电压是一种非正弦的变化电压，由直流分量和许多不同频率的交流谐波分量叠加而成。为了衡量整流电源输出电压脉动的程度，常用脉动系数 S 和纹波因数 γ 来表示。

脉动系数 S 为：

$$S = \frac{负载上最低次谐波分量的幅值}{直流分量} = \frac{U_{L1m}}{U_L}$$

纹波因数 γ 为：

$$\gamma = \frac{负载上交流分量的总有效值}{直流分量} = \frac{U_{Leff}}{U_L}$$

一般脉动系数 S 便于理论计算，而纹波因数 γ 便于测量。利用傅里叶级数将单向半波脉动电压分解为 $u_L = \sqrt{2}\,U_2\left(\frac{1}{\pi} + \frac{1}{2}\sin\omega t - \frac{2}{3\pi}\cos2\omega t - \cdots\right)$，直流分量为 $U_L = \frac{\sqrt{2}\,U_2}{\pi}$，最低次谐波分量的幅值为 $U_{L1m} = \frac{\sqrt{2}\,U_2}{\pi}$，则脉动系数 S 为：

$$S = \frac{\dfrac{\sqrt{2}\,U_2}{2}}{\dfrac{\sqrt{2}\,U_2}{\pi}} = \frac{\pi}{2} = 1.57$$

利用傅里叶级数将单向全波和桥式脉动电压分解为：

$u_L = \sqrt{2}\,U_2\left(\frac{2}{\pi} + \frac{4}{3\pi}\cos2\omega t - \frac{4}{15\pi}\cos4\omega t - \cdots\right)$，直流分量为 $U_L = \frac{2\sqrt{2}\,U_2}{\pi}$ 最低次谐波分量的幅值为 $U_{L2m} = \frac{4\sqrt{2}\,U_2}{3\pi}$，则脉动系数 S 为：

$$S = \frac{\dfrac{4\sqrt{2}\,U_2}{3\pi}}{\dfrac{2\sqrt{2}\,U_2}{\pi}} = \frac{2}{3} = 0.67$$

故全波和桥式整流电路得到的输出电量，其波形脉动程度比半波整流的减小一半。但输出电量脉动仍很大，不能满足要求输出平稳的电子设备。需采用滤波器，使脉动降低到实际应用所允许的程度。

1.3.3　滤波电路分类与滤波原理

常用的滤波电路有电容滤波电路、电感滤波电路、复式滤波电路。

1.3.3.1　电容滤波电路

A　电容滤波电路

电容滤波主要利用电容两端的电压不能突变的特性，与负载并联，使负载得到较平滑的电压。图 1-18(a) 就是一个单相桥式整流电容滤波电路。

B　滤波原理

若 v_2 处于正半周，二极管 D_1、D_3 导通，变压器次端电压 v_2 给电容器 C 充电。此时 C

相当于并联在 v_2 上，所以输出波形同 v_2，是正弦波。

当 v_2 到达 $\omega t = \pi/2$ 时，开始下降。先假设二极管关断，电容 C 就要以指数规律向负载 R_L 放电。指数放电起始点的放电速率很大。在刚过 $\omega t = \pi/2$ 时，正弦曲线下降的速率很慢。所以刚过 $\omega t = \pi/2$ 时二极管仍然导通。在超过 $\omega t = \pi/2$ 后的某个点，正弦曲线下降的速率越来越快，当刚超过指数曲线起始放电速率时，二极管关断。所以在 t_2 到 t_3 时刻，二极管导电，C 充电，$V_i = V_o$ 按正弦规律变化；t_1 到 t_2 时刻二极管关断，$V_i = V_o$ 按指数曲线下降，放电时间常数为 $R_L C$。电容滤波过程见图 1-18(b)。

需要指出的是，当放电时间常数 $R_L C$ 增加时，t_1 点要右移，t_2 点要左移，二极管关断时间加长，导通角减小；反之，$R_L C$ 减少时，导通角增加。显然。当 R_L 很小，即 I_L 很大时，电容滤波的效果不好，如图 1-18(b) 滤波曲线中的 v_o-ωt。反之，当 R_L 很大，即 I_L 很小时，尽管 C 较小，$R_L C$ 仍很大，电容滤波的效果也很好，见滤波曲线中的 i_o-ωt。所以电容滤波适合输出电流较小的场合。

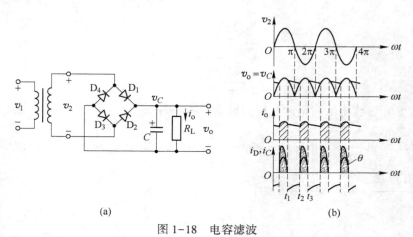

图 1-18　电容滤波

（a）电容滤波电路；（b）电容滤波电路波形

C　电容滤波电路参数的计算

电容滤波电路的计算比较麻烦，因为决定输出电压的因素较多。工程上有详细的曲线可供查阅，一般常采用以下近似估算法。

一种是用锯齿波近似表示，即

$$V_o = \sqrt{2} V_2 \left(1 - \frac{T}{4R_L C}\right)$$

另一种是在 $R_L C = (3 \sim 5)\dfrac{T}{2}$ 的条件下，近似认为 $V_o = 1.2 V_2$。

D　外特性

整流滤波电路中，输出直流电压 V_o 随负载电流 I_o 的变化关系曲线如图 1-19 所示。

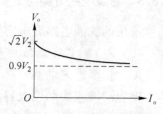

图 1-19　电容滤波外特性曲线

$$R_L = \infty, \quad V_o = \sqrt{2} V_2 \quad C = 0, \quad V_o = 0.9 V_2 \quad \tau_d = R_o C \geqslant (3 \sim 5)\frac{T}{2} \quad V_o \approx 1.2 V_2$$

几种常用整流滤波电路的参数比较见表 1-2，使用条件为 $\tau_d = R_L C \geqslant (3\sim5)\dfrac{T}{2}$。

表 1-2　几种常用整流滤波电路的参数比较

名　　称	V_o（空载）	V_o（带载）	二极管反向最大电压	每管平均电流
半波整流	$\sqrt{2}V_2$	$0.45V_2$	$\sqrt{2}V_2$	I_o
全波整流、电容滤波	$\sqrt{2}V_2$	$1.2V_2$	$2\sqrt{2}V_2$	$0.5I_o$
桥式整流、电容滤波	$\sqrt{2}V_2$	$1.2V_2^*$	$\sqrt{2}V_2$	$0.5I_o$
桥式整流、电感滤波	$\sqrt{2}V_2$	$0.9V_2$	$\sqrt{2}V_2$	$0.5I_o$

1.3.3.2　电感滤波电路

利用储能元件电感器 L 的电流不能突变的性质，把电感 L 与整流电路的负载 R_L 相串联，也可以起到滤波的作用。

桥式整流电感滤波电路如图 1-20(a) 所示。电感滤波的波形图如图 1-20(b) 所示。当 v_2 正半周时，D_1、D_3 导电，电感中的电流将滞后 v_2。当负半周时，电感中的电流将更换经由 D_2、D_4 提供。

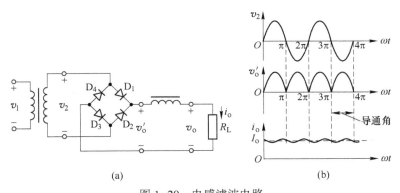

图 1-20　电感滤波电路

（a）电感滤波电路；（b）电感滤波电路波形

由于桥式电路的对称性和电感中电流的连续性，四个二极管 VD_1、VD_3、VD_2、VD_4 的导电角 θ 都是 180°。电感线圈的电感量越大，负载电阻越小，则滤波效果越好。

参数计算电感滤波电路输出电压平均值为

$$U_L = \frac{R_L}{R + R_L}0.92U_2 \approx 0.92U_2$$

其中 R 为滤波电感的直流电阻。注意电感滤波电路的电流必须要足够大，即 R_L 不能太大，应满足 $\omega L \geqslant R_L$。

电感滤波电路输出电流平均值为：

$$I_L \approx \frac{0.9U_2}{R_L}$$

综上所述，电感滤波适用于负载电流较大的场合。

1.3.4 常用滤波电路的性能比较

为了进一步提高滤波效果，将电容和电感组成复式滤波电路，常用的有 Γ 型 LC、π 型 LC、π 型 RC 复式滤波电路。这样经双重滤波后，输出电压更加平滑。复式滤波电路如图 1-21 所示。

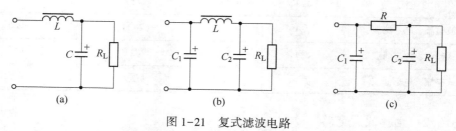

图 1-21　复式滤波电路
（a）Γ 型 LC 滤波电路；（b）π 型 LC 滤波电路；（c）π 型 RC 滤波电路

Γ 型 LC 滤波电路输出电流较大，但体积大，成本高，适用于负载变动大，负载电流较大的场合。π 型 LC 滤波电路输出电压高，滤波效果好，但带负载能力差，适用于负载电流较小，要求稳定的场合。π 型 RC 复式滤波电路滤波效果较好，结构简单经济，适用于负载电流小的场合。

任务 1.4　稳压电路的认知

【任务描述】

给定一个稳压电路图及相关参数，要求能指出稳压电路的组成元件及工作原理；说出稳压电路的电路特点与工作特性，稳压电路中元器件的选择；稳压电路输出直流电压的波动范围。

【任务分析】

要顺利完成此任务，首先要建立稳压电路的概念，了解稳压电路的组成元件和电路特点，分析稳压电路的工作原理。然后再进行稳压电路的电流电压测试方法。在此基础上，看懂直流稳压电源中的稳压电路结构，分析稳压电路的工作原理，掌握稳压电路相关参数的计算和合理选择稳压集成块器件。

【知识准备】

1.4.1 直流稳压电源的组成

直流稳压电源是电子设备的重要组成部分，其功能是把电网供给的交流电压转换成电子设备所需要的、稳定的直流电压。它主要由四部分组成：电源变压器、整流电路、滤波电路和稳压电路，如图 1-22 所示。

（1）电源变压器。将电网交流电压变为整流电路所需的交流电压，一般次级电压 u_2 比较小。

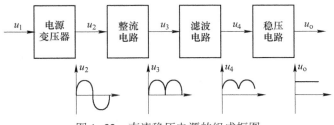

图 1-22 直流稳压电源的组成框图

（2）整流电路。将变压器次级交流电压 u_2 变成单向的直流电压 u_3，它包含直流成分和许多谐波分量。

（3）滤波电路。滤除脉动电压 u_3 中的谐波分量，输出比较平滑的直流电压 u_4。该电压往往随电网电压和负载电流的变化而变化。

（4）稳压电路。它能在电网电压和负载电流变化时，保持输出直流电压的稳定。它是直流稳压电源的重要组成部分，决定着直流稳压电源的重要性能指标。

1.4.2 稳压电源的主要技术指标

1.4.2.1 特性指标
特性指标表明稳压电源工作特征的参数，如输入、输出电压及输出电流，电压可调范围等。

1.4.2.2 质量指标
质量指标指衡量稳压电源稳定性能状况的参数，如稳压系数、输出电阻、纹波电压及温度系数等。

（1）稳压系数 S_r。稳压系数又称电压调整特性，是指通过负载的电流和环境温度保持不变时，稳压电路输出电压的相对变化量与输入电压的相对变化量之比。即

$$S_r = \frac{\Delta U_o / U_o}{\Delta U_i / U_i}\bigg|_{\Delta I_o = 0}$$

稳压系数的数值越小，输出电压的稳定性越好。

（2）输出电阻 R_o。输出电阻是指当输入电压和环境温度保持不变时，输出电压的变化量与输出电流变化量之比。即

$$R_o = \frac{\Delta U_o}{\Delta U_i}\bigg|_{\Delta U_i = 0}$$

R_o 越小，带负载能力越强，对其他电路影响越小。

（3）纹波电压 S。纹波电压是指稳压电路输出端中含有的交流分量，通常用有效值或峰值表示。S 值越小越好。

（4）温度系数 S_T。温度系数是指在 U_i 和 I_o 都不变的情况下，环境温度 T 变化所引起的输出电压的变化。即

$$S_T = \frac{\Delta U_o}{\Delta T}\bigg|_{\Delta U_i = 0, \ \Delta I_o = 0}$$

S_T 越小，漂移越小，该稳压电路受温度的影响越小。另外，还有其他的质量指标，如负载调整率、噪声电压等。

1.4.3 稳压电路分类与稳压原理

稳压电路根据调整元件类型可分为电子管稳压电路、三极管稳压电路、可控硅稳压电路、集成稳压电路等。根据调整元件与负载连接方法，可分为并联型和串联型。根据调整元件工作状态不同，可分为线性和开关型稳压电路。

1.4.3.1 并联型稳压电路

图 1-23 所示为由硅稳压管组成的并联型稳压电路，R 为限流电阻。硅稳压管 VZ 与负载 R_L 并联。

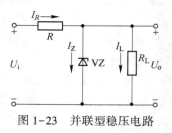

图 1-23 并联型稳压电路

并联型直流稳压电路的工作原理如下：

当输入电压 U_i 波动时，会引起输出电压 U_o 波动。例如，U_i 升高将引起 $U_o = U_Z$ 随之升高，这会导致稳压管的电流 I_Z 急剧增加，因此电阻 R 上的电流 I_R 和电压 U_R 也跟着迅速增大，U_R 的增大抵消了 U_i 的增加，从而使输出电压 U_o 基本上保持不变。这一自动调压过程可表示如下：

$$U_i \uparrow \rightarrow U_o \uparrow \rightarrow I_Z \uparrow \rightarrow I_R \uparrow \rightarrow U_R \uparrow \rightarrow U_o \downarrow$$

反之，当 U_i 减小时，U_R 相应减小，仍可保持 U_o 基本不变。

当负载电流 I_o 变化引起输出电压 U_o 发生变化时，同样会引起 I_Z 的相应变化，使得 U_o 保持基本稳定。如当 I_o 增大时，I_R 和 U_R 均会随之增大而使 U_o 下降，这将导致 I_Z 急剧减小，使 I_R 仍维持原有数值，保持 U_R 不变，从而使 U_o 得到稳定。

可见，这种稳压电路中稳压管 D_Z 起着自动调节的作用，电阻 R 一方面保证稳压管的工作电流不超过最大稳定电流 I_{ZM}；另一方面还起到电压补偿作用。

选择稳压管时，一般取：

$$U_Z = U_o$$
$$I_{ZM} = (1.5 \sim 3)I_{omax}$$
$$U_i = (2 \sim 3)U_o$$

式中，I_{omax} 为负载电流 I_o 的最大值。

硅稳压管并联稳压电路，其优点是电路结构简单，但输出电压不能调节，负载电流变化范围小，一般用作输出电流和稳压要求不高的场合。

1.4.3.2 串联型稳压电路

硅稳压管稳压电路虽然很简单，但受稳压管最大稳定电流的限制，负载电流不能太大。另外，输出电压不可调且稳定性也不够理想。若要获得稳定性高且连续可调的输出直流电压，可以采用由三极管或集成运算放大器所组成的串联型直流稳压电路。串联型直流稳压电路的基本原理如图 1-24 所示。

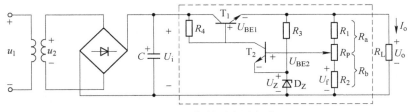

图 1-24　串联型稳压电路

整个电路由 4 部分组成，如图 1-25 所示。

（1）取样环节。由 R_1、R_P、R_2 组成的分压电路构成。它将输出电压 U_o 分出一部分作为取样电压 U_f 送到比较放大环节。

（2）基准电压。由稳压二极管 D_Z 和电阻 R_3 构成的稳压电路组成。它为电路提供一个稳定的基准电压 U_Z，作为调整、比较的标准。

设 T_2 发射结电压 U_{BE2} 可以忽略，则

$$U_f = U_Z = \frac{R_b}{R_a + R_b}U_o \qquad 或 \qquad U_o = \frac{R_a + R_b}{R_b}U_Z$$

用电位器 R_P 即可调节输出电压 U_o 的大小，但 U_o 必定大于或等于 U_Z。

（3）比较放大环节。由 T_2 和 R_4 构成的直流放大电路组成。其作用是将取样电压 U_f 与基准电压 U_Z 之差放大后去控制调整管 T_1。

（4）调整环节。由工作在线性放大区的功率管 T_1 组成。T_1 的基极电流 I_{B1} 受比较放大电路输出的控制，它的改变又可使集电极电流 I_{C1} 和集、射电压 U_{CE1} 改变，从而达到自动调整稳定输出电压的目的。

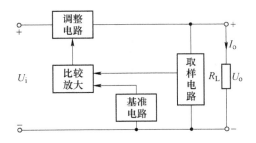

图 1-25　串联型稳压电路的原理方框图

电路的工作原理如下：

当输入电压 U_i 或输出电流 I_o 变化引起输出电压 U_o 增加时，取样电压 U_f 相应增大，使 T_2 管的基极电流 I_{B2} 和集电极电流 I_{C2} 随之增加，T_2 管的集电极电位 U_{C2} 下降，因此 T_1 管的基极电流 I_{B1} 下降，I_{C1} 下降，U_{CE1} 增加，U_o 下降，从而使 U_o 保持基本稳定。这一自动调压过程可以表示如下：

$$U_o \uparrow \rightarrow U_f \uparrow \rightarrow I_{B2} \uparrow \rightarrow I_{C2} \uparrow \rightarrow U_{C2} \downarrow \rightarrow I_{B1} \downarrow \rightarrow U_{CE1} \uparrow \rightarrow U_o \downarrow$$

同理，当 U_i 或 I_o 变化使 U_o 降低时，调整过程相反，U_{CE1} 将减小使 U_o 保持基本不变。从上述调整过程可以看出，该电路是依靠电压负反馈来稳定输出电压的。比较放大环节也

可采用集成运算放大器，如图 1-26 所示。

串联型稳压电路的优点是输出电压可调，电压稳定度高、纹波电压小、响应速度快。缺点是调整管工作在线性状态，管压降较大，易损坏。常采用性能优良的集成稳压器来替代由分立元件组成的串联型稳压电路。

【例 1-1】 电路如图 1-27 所示，已知 $U_Z = 4V$，$R_1 = R_2 = 3k\Omega$，电位器 $R_P = 10k\Omega$，求：（1）输出电压 U_o 的最大值、最小值各为多少；（2）要求输出电压可在 6~12V 之间调节，R_1、R_2、R_P 之间应满足什么条件。

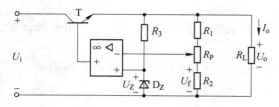

图 1-26　采用集成运算放大器的串联型稳压电路

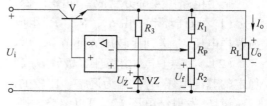

图 1-27　例 1-1 图

解：

（1）输出电压 U_o 的最大值和最小值分别为：

$$U_{omax} = \frac{R_1 + R_2 + R_P}{R_2} U_Z = \frac{3 + 3 + 10}{3} \times 4 = 21.3V$$

$$U_{omin} = \frac{R_1 + R_2 + R_P}{R_2 + R_P} U_Z = \frac{3 + 3 + 10}{3 + 10} \times 4 = 4.9V$$

（2）要求输出电压可在 6~12V 之间调节，即

$$U_{omax} = \frac{R_1 + R_2 + R_P}{R_2} U_Z = 12V$$

$$U_{omin} = \frac{R_1 + R_2 + R_P}{R_2 + R_P} U_Z = 6V$$

联立以上两式求解，得：

$$R_1 = R_2 = R_P$$

1.4.3.3　集成稳压器

A　概述

由于集成电路工艺迅速发展，集成稳压电路具有体积小、外围元件少、性能稳定可靠、使用调整方便和价廉等优点，因此获得广泛使用。

目前，按照它们的性能和不同用途，可以分成两大类，一类是固定输出正压（或负压）三端集成稳压器 W78××（W79××）系列，另一类是可调输出正压（或负压）三端集成稳压器 W×17（W×37）系列。前者的输出电压是固定不变的，后者可在外电路上对输出电压进行连续调节。

B　三端式固定输出集成稳压器

（1）外形及使用要求。三端固定式集成电路稳压器的外形和端子如图 1-28 所示。

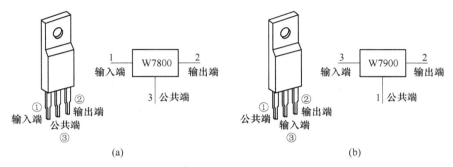

图 1-28　三端固定式集成稳压器的外形和图形符号

（a）7800 系列；（b）7900 系列

其正电压（78××系列）和负电压（79××系列）输出端子排列各不相同。应用时必须注意端子功能，不能接错，否则电路将不能正常工作，甚至损坏集成电路。要求输入电压比输出电压至少大 2V 以上。

（2）固定电压输出电路。

单组电源的稳压电路如图 1-29 所示。如需要+12V 的稳压电源，则选用 W7812 型号器件；如需要-12V 的稳压电源，则选用 W7912 型号器件。图中 C_i、C_o 为频率补偿，防止自激振荡和抑制高频干扰。这种稳压电路在小功率稳压电源中获得广泛使用。

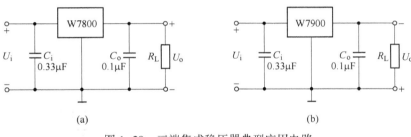

图 1-29　三端集成稳压器典型应用电路

（a）正电压输出；（b）负电压输出

正、负对称输出两组电源的稳压电路。用 W7800 系列和 W7900 的三端集成稳压器可组成正、负对称输出两组电源的稳压电路。如图 1-30 所示。输出端得到大小相等、极性相反的电压。

提高输出电压的应用电路。如果需要输出电压高于三端稳压器输出电压时，可采用图 1-31 所示电路。

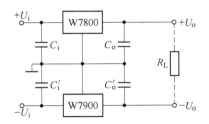

图 1-30　正负对称输出两组电源的稳压电路

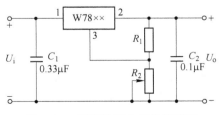

图 1-31　提高输出电压的接线图

在图 1-31 中:

$$U_o = U_{XX}\left(1 + \frac{R_2}{R_1}\right)$$

式中，U_{XX} 为集成稳压器的输出电压。通过调节 R_2 可得所需电压，但它的可调范围小。

提高输出电流的应用电路，当负载电流大于三端稳压器输出电流时，可采用图 1-32 所示电路。

在图 1-32 中，

$$I_o = I_{XX} + I_C$$
$$I_{XX} = I_R + I_B - I_W$$

$$I_o = I_R + I_B - I_W + I_C = \frac{U_{BE}}{R} + \frac{1+\beta}{\beta}I_C - I_W$$

由于 $\beta \gg 1$ 且 I_W 很小，可忽略不计，所以

$$I_o \approx \frac{U_{BE}}{R} + I_C \qquad \left(R \approx \frac{U_{BE}}{I_o - I_C}\right)$$

式中，R 为 VT 提供偏置电压；U_{BE} 由三极管决定，锗管为 0.3V，硅管为 0.7V。

C 三端可调式集成稳压器

三端可调式集成稳压器按输出电压可分为正电压输出 W317（W117、W217）和负电压输出 W337（W317、W237）两大类，按输出电流大小，每个系列又分为 L 型和 M 型等。

三端可调集成稳压器克服了固定三端稳压器输出电压不可调的缺点，继承了三端固定式集成稳压器的诸多优点。

三端可调集成稳压器 W317 和 W337 是一种悬浮式串联调整稳压器。外形如图 1-33 所示。

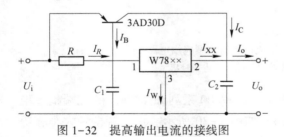

图 1-32　提高输出电流的接线图

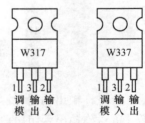

图 1-33　W317 和 W337 稳压器

三端可调式集成稳压器的典型应用电路如图 1-34 所示。

为了使电路正常工作，一般输出电流不小于 5mA，输入电压范围在 2~40V 之间，输出电压可在 1.25~37V 之间调整，负载电流可达 1.5A，由于调整端的输出电流非常小（50μA）且恒定，故可将其忽略，那么输出电压可用下式表示：

$$U_o = 1.25 \times \left(1 + \frac{R_P}{R_1}\right)$$

调节 R_P 可改变输出电压大小。

【例 1-2】 试设计一台直流稳压电源，其输入为 220V、50Hz 交流电源，输出直流电压为 +12V，最大输出电流为 500mA，试采用桥式整流电路和三端集成稳压器构成，

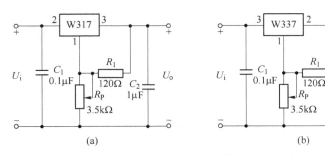

图 1-34　W317 和 W337 典型应用电路

（a）输出正电压；（b）输出负电压

并加有电容滤波电路（设三端稳压器的压差为 5V），要求：（1）画出电路图；（2）确定电源变压器的变比，整流二极管、滤波电容器的参数，三端稳压器的型号。

解：（1）由于采用桥式整流、电容滤波和三端集成稳压器来构成该台直流稳压电源，故电路如图 1-35 所示，图中电容 $C_3 = 0.33\mu F$，$C_4 = 1\mu F$。

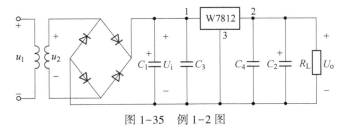

图 1-35　例 1-2 图

（2）由于输出直流电压为 +12V，所以三端集成稳压器选用 W7812 型。由于三端稳压器的压差为 5V，所以桥式整流并经电容滤波的电压为：

$$U_i = U_o + 5V = 17V$$

变压器副边电压有效值为：

$$U_2 = \frac{U_i}{1.2} = \frac{17}{1.2} = 14.17V$$

变压器的变比为：

$$k = \frac{U_1}{U_2} = \frac{220}{14.17} = 15.5$$

流过整流二极管的平均电流为：

$$I_D = \frac{1}{2}I_L = \frac{1}{2} \times 500 = 250mA$$

整流二极管承受的最高反向电压为：

$$U_{DRM} = \sqrt{2}\,U_2 = \sqrt{2} \times 14.17 = 20V$$

负载电阻 R_L 为：

$$R_L = \frac{U_o}{I_o} = \frac{12}{0.5} = 24\Omega$$

取

$$\tau = R_L C = 5 \times \frac{T}{2} = 5 \times \frac{1}{2f} = 5 \times \frac{1}{2 \times 50} = 0.05 \text{s}$$

则电容 C 的值为：

$$C = \frac{\tau}{R_L} = \frac{0.05}{24} = 2083 \times 10^{-6} \text{F} \approx 2000 \mu\text{F}$$

其耐压值应大于变压器副边电压 U_2 的最大值 $\sqrt{2} U_2 = \sqrt{2} \times 14.17 = 20\text{V}$。取标称值 $C_1 = C_2 = 2000\mu\text{F}$，耐压 50V 的电解电容。

任务 1.5　直流稳压电源的制作、参数测试与故障排除

【任务描述】

直流稳压电源电路如图 1-36 所示，技术指标：输出电压 $U = +12\text{V}$，输出电流 $I_o = 30\text{mA}$，电压调整率 $S_r < 1\%$。根据要求设计元器件布局图和印刷板图，对其输出参数进行测试，对其功能进行检测，确保制作质量。

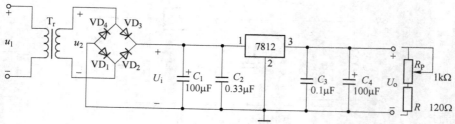

图 1-36　直流稳压电源电路原理图

【任务分析】

完成任务的第一步是掌握变压、整流、滤波、稳压等环节实现的理论知识。能读懂电路原理图，弄清电路结构、电路每部分的功能。然后，根据电路原理图绘制工艺流程、元件布局图、PCB 板图等，具备一定的焊接技能，会使用检测工具，明白检测标准和检测方法，才能较好地完成任务。

【知识准备】

1.5.1　工具、材料、器件、仪表准备

1.5.1.1　常用工具准备

常用的工具有电烙铁、镊子、小刀、螺丝刀、试电笔、剪刀、斜嘴钳等。

（1）电烙铁。电烙铁是电子制作和电器维修的必备工具，主要用途是焊接元件及导线。

电烙铁由手柄、烙铁芯、烙铁头、电源线等构成，如图 1-37 所示。由在云母或陶瓷绝缘体上缠绕高电阻系数的金属材料构成烙铁芯，为烙铁的发热部分，又称发热器，其作用是将电能转换成热能；烙铁头是电烙铁的储热部分，通常采用密度较大和比热较大的铜

或铜合金做成；手柄一般采用木材、胶木或耐高温塑料加工而成。

电烙铁按功能可分为焊接用电烙铁和吸锡用电烙铁；根据用途不同又分为大功率电烙铁和小功率电烙铁；按结构可分为内热式电烙铁和外热式电烙铁。内热式电烙铁的烙铁芯安装在烙铁头的内部，因此，体积小，热效率高，通电几十秒内即可化锡焊接。外热式电烙铁的烙铁头安装在烙铁芯内，故体积比较大，热效率低，通电以后烙铁头化锡时间长达几分钟。从容量上分，电烙铁有 20W、25W、35W、45W、75W、100W 以及 500W 等多种规格。一般使用 25~35W 的内热式电烙铁。电烙铁外形如图 1-37 所示。

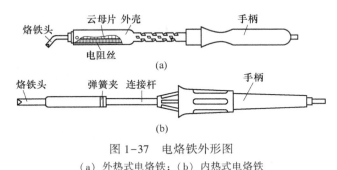

图 1-37　电烙铁外形图

（a）外热式电烙铁；（b）内热式电烙铁

烙铁头根据使用需要可以加工成各种形状，如尖锥形、圆斜面等。

电烙铁的使用必须注意以下事项：

1）电烙铁初次使用时，首先应给电烙铁头挂锡，以便今后使用沾锡焊接。挂锡的方法很简单，通电之前，先用砂纸或小刀将烙铁头端面清理干净，通电以后，待烙铁头温度升到一定程度时，将焊锡放在烙铁头上熔化，使烙铁头端面挂上一层锡。挂锡后的烙铁头，随时都可以用来焊接。

2）电烙铁使用时必须用有三线的电源插头。电烙铁在使用一段时间后，应及时将烙铁头取出，去掉氧化物再重新使用。另外，长时间不进行焊接操作时，最好切断电源，以防烙铁头"烧死"，烧死后，吃锡面应再行清理，上锡。

（2）螺丝刀。螺丝刀又称起子或旋凿，是用来紧固或拆卸带槽螺钉的常用工具。螺丝刀按头部形状的不同，有一字形和十字形两种。

（3）试电笔。试电笔也叫测电笔，简称"电笔"，是一种电工工具，用来测试电线中是否带电。笔体中有一氖泡，测试时如果氖泡发光，说明导线中有电或为通路的火线。试电笔中笔尖、笔尾由金属材料制成，笔杆由绝缘材料制成。使用试电笔时，一定要用手触及试电笔尾端的金属部分，使带电体、试电笔、人体与大地形成回路，试电笔中的氖泡才会发光。否则，会造成误判，认为带电体不带电。

（4）偏口钳。偏口钳是一种钳口设计成带一定角度的剪切钳，主要是用于密集细窄的零件剪切，也可让使用者在特定环境下获得舒适的抓握剪切角度。斜嘴钳广泛用于首饰加工、电子行业制造、模型制作中。

1.5.1.2　材料与器件准备

必备材料与器件应有焊料、焊剂、印刷板、封装面板及合适的电子元器件等。

（1）焊料。常用的焊料是焊锡，焊锡是一种锡铅合金。在锡中加入铅后可获得锡与铅都不具有的优良特性，熔点较低，便于焊接；机械强度增大，表面张力变小，抗氧化能力增强。市面上出售的焊锡一般都制作成圆焊锡丝，有粗细不同多种规格，可根据实际情况选用。有的焊锡丝做成管状，管内填有松香，称松香焊锡丝，使用这种焊锡丝时，可以不加助焊剂；另一种是无松香的焊锡丝，焊接时要加助焊剂。

（2）焊剂。焊剂包括助焊剂和阻焊剂。助焊剂一般可分为无机助焊剂、有机助焊剂和树脂助焊剂，能溶解去除金属表面的氧化物，并在焊接加热时包围金属的表面，使之和空气隔绝，防止金属在加热时氧化，可降低熔融焊锡的表面张力，有利于焊锡的湿润。

常用的助焊剂是松香或松香水（将松香和酒精按 1∶3 的比例配制）。使用助焊剂，可以帮助清除金属表面的氧化物，利于焊接，又可保护烙铁头。焊接较大元件或导线时，也可采用焊锡膏。但它有一定腐蚀性，一般不使用，如确实需要使用，焊接后应及时清除残留物。

限制焊料只在需要的焊点上进行焊接，把不需要焊接的印制电路板的板面部分覆盖起来，保护面板使其在焊接时受到的热冲击小，不易起泡，同时还起到防止桥接、拉尖、短路、虚焊等情况。

使用焊剂时，必须根据被焊件的面积大小和表面状态适量使用，用量过小则影响焊接质量，用量过多，焊剂残渣将会腐蚀元件或使电路板绝缘性能变差。

（3）器件。7812 集成块 1 个，220V/15V 电源变压器 1 个，整流二极管（IN4007）4 个，电阻 120Ω 1 个，1kΩ 电位器 1 个，100μF 的电容器 2 个，0.33μF 的电容器 1 个，0.1μF 的电容器 1 个。

1.5.1.3　检测仪表准备

A　万用表

万用表分为指针式和数字式两种，在本制作过程中主要用于电阻、二极管等元器件好坏与极性判别，以及电路焊接是否通、断的检测等。

B　晶体管毫伏表

常用的单通道晶体管毫伏表，具有测量交流电压、电平测试、监视输出三大功能。图 1-38 所示为 WY2294 晶体管毫伏表，交流测量范围是 30μV～100V、5Hz～1MHz，共分 12 挡。电平 dB 刻度范围是 -90～+42dB。晶体管毫伏表一般由输入保护电路、前置放大器、衰减放大器、放大器、表头指示放大电路、整流器、监视输出及电源组成。

输入保护电路用来保护该电路的场效应管。衰减控制器用来控制各挡衰减的接通，使仪器在整个量程均能高精度地工作。整流器是将放大了的交流信号进行整流，整流后的直流电流再送到表头。监视输出功能主要是来检测仪器本身的技术指标是否符合出厂时的要求，同时也可作放大器使用。

晶体管毫伏表面板由表盘及指针、电源开关、电源指示灯、量程挡位开关、输入端、校正调零旋钮构成。

a　使用操作步骤

（1）准备工作。第一，机械调零；第二，将通道输入端测试探头上的红、黑色鳄鱼夹短接；第三，将量程开关选最高量程。

（2）接通 220V 电源，按下电源开关，电源指示灯

图 1-38　WY2294 晶体管毫伏表

亮，仪器立刻工作。为了保证仪器稳定性，需预热10s后使用，开机后10s内指针无规则摆动属正常。

（3）将输入测试探头上的红、黑鳄鱼夹断开后与被测电路并联（红鳄鱼夹接被测电路的正极，黑鳄鱼夹接地），观察表头指针在刻度盘上所指的位置，若指针在起始点位置基本没动，说明被测电路中的电压甚小，且毫伏表量程选得过高，此时用递减法由高量程向低量程变换，直到表头指针指到满刻度的2/3左右即可。

（4）准确读数。表头刻度盘上共刻有四条刻度。第一条刻度和第二条刻度为测量交流电压有效值的专用刻度，第三条和第四条为测量分贝值的刻度。逢1就从第一条刻度读数，逢3从第二刻度读数。当用该仪表去测量外电路中的电平值时，就从第三、四条刻度读数，读数方法是，量程数加上指针指示值，等于实际测量值。

b　注意事项

（1）仪器在通电之前，一定要将输入电缆的红黑鳄鱼夹相互短接。防止仪器在通电时因外界干扰信号通过输入电缆进入电路放大后，再进入表头将表针打弯。

（2）当不知被测电路中电压值大小时，必须首先将毫伏表的量程开关置最高量程，然后根据表针所指的范围，采用递减法合理选挡。

（3）若要测量高电压，输入端黑色鳄鱼夹必须接在"地"端。

（4）使用前应先检查量程旋钮与量程标记是否一致，若错位会产生读数错误。

C　晶体管示波器

示波器是一种用途十分广泛的电子测量仪器。利用示波器能观察各种不同信号幅度随时间变化的波形曲线，还可以用它测试各种不同的电量，如电压、电流、频率、相位差、调幅度等。示波器根据制造方法或功能特点不同分成好几类，而各类又有许多不同型号，但一般的示波器除频带宽度、输入灵敏度等不完全相同外，在使用方法的基本方面都是相同的。下面以图1-39所示YB43020双踪示波器为例简要介绍，具体可详见产品说明书。

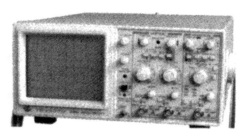

图1-39　YB43020型双踪示波器

a　准备工作

（1）安全检查。使用前注意工作环境和电源电压应满足技术指标中给定的要求。使用时不要将本机的散热孔堵塞，防止温度升高影响使用寿命。

（2）主机的检查。接通电源，电源指示灯亮。稍等预热，屏幕中出现光迹，分别调节亮度和聚焦旋钮，使光迹的亮度适中、清晰。

（3）探头的检查。探头分别接入两Y轴输入接口，将VOLTS/DIV调到10mV，探头衰减置×10挡，屏幕上应显示方波波形，如出现过冲或下塌现象，可用高频旋钮调节探极补偿元件，使波形最佳。

b 使用方法

（1）交流电压的测量。先将 Y 轴输入耦合方式开关置"AC"位置，调节"VOLTS/DIV"开关，使波形在屏幕中的显示幅度适中，调节"电平"旋钮使波形稳定，分别调节 Y 轴和 X 轴位移，使波形显示值方便读取。根据"VOLTS/DIV"的指示值和波形在垂直方向显示坐标（DIV），按下式读取：

$$U_{p-p} = U/DIV \times H(DIV)$$

$$U_{有效值} = \frac{U_{p-p}}{2\sqrt{2}}$$

（2）直流电压的测量。先将 Y 轴输入耦合方式开关置"GND"位置，调节"Y"轴位移使扫描基线在一个合适的位置上，再将耦合方式开关转换到"DC"位置，调节"电平"使波形同步。

（3）时间测量。可按照电压的操作方法，使波形获得稳定后，根据该信号周期或需测量的两点间在水平方向的距离乘以"SEC/DIV"开关的指示值获得，当需要观察该信号的某一细节时，可将"×5 扩展"按键按入，调节 X 轴位移，使波形处于方便观察的位置，此时测得的时间值应除以 5。

（4）频率测量。可先测出该信号的周期，再根据公式计算出频率值。

（5）相位差的测量。根据两个相关信号的频率，选择合适的扫描速度，并将垂直方式开关根据扫描速度的快慢分别置"交替"或"断续"位置，将"触发源"选择开关置被设定作为测量基准的通道，调节电平使波形稳定同步，根据两个波形在水平方向某两点间的距离，用下式计算出时间差，即

$$时间差 = \frac{水平距离 \times 扫描时间系数}{水平扩展系数}$$

c 注意事项

（1）使用适当的电源线。

（2）请勿在无仪器盖板，或有可疑故障时操作。

（3）不可将仪器放置在剧烈振动、强磁场及潮湿的地方。

（4）不可将金属、导线插入仪器的通风孔。

（5）为保证仪器测量精度，仪器每工作 1000h 或 6 个月要求校准一次。

1.5.2 手工电子焊接技术

1.5.2.1 焊接原理

焊接是通过加热的烙铁将固态焊锡丝加热熔化，再借助于助焊剂的作用，使其流入被焊金属之间，待冷却后形成牢固可靠的焊接点。实质上，焊接是指两个或两个以上的零件（同种或异种材料），通过局部加热或加压达到原子间的结合，造成永久性连接的工艺过程。

1.5.2.2 使用电烙铁焊接操作方法

A 电烙铁的握法

电烙铁握法如图 1-40 所示，有反握法、正握法和握笔法三种，其中反握法适合于大

功率电烙铁，正握法适合于中功率电烙铁，握笔法适合于印刷电路板的焊接。

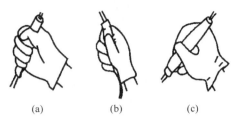

图 1-40　电烙铁握法

(a) 反握法；(b) 正握法；(c) 握笔法

B　五步焊接操作法

使用电烙铁焊接按以下五个步骤进行操作（简称五步焊接操作法），如图 1-41 所示。

（1）准备。将被焊件、电烙铁、焊锡丝、烙铁架等放置在便于操作的地方。

（2）加热被焊件。将烙铁头放置在被焊件的焊接点上，使接点上升温。

（3）熔化焊料。将焊接点加热到一定温度后，用焊锡丝触到焊接处，熔化适量的焊料，持续时间约 2~3s。焊锡丝应从烙铁头的对称侧加入，而不是直接加在烙铁头上。

（4）移开焊锡丝。当焊锡丝适量熔化后，迅速移开焊锡丝。

（5）移开烙铁。当焊接点上的焊料接近饱满，助焊剂尚未完全挥发，也就是焊接点上的温度最适当、焊锡最光亮、流动性最强的时刻，迅速拿开烙铁头。移开烙铁头的时机、方向和速度，决定着焊接点的焊接质量。正确的方法是先慢后快，烙铁头沿 45° 角方向移动，并在将要离开焊接点时快速往回一带，然后迅速离开焊接点。

对热容量小的焊件，可以用三步焊接法，即焊接准备—加热被焊部位并熔化焊料—撤离烙铁和焊料。

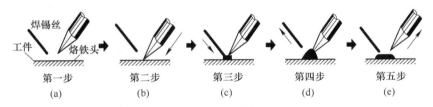

图 1-41　五步焊接操作法

(a) 准备；(b) 加热被焊件；(c) 熔化焊料；(d) 移开焊锡丝；(e) 移开烙铁

C　焊接注意事项

焊接前，应将元件的引线截去多余部分后挂锡。若元件表面被氧化不易挂锡，可以使用第一步准备细砂纸或小刀将引线表面清理干净，用烙铁头蘸适量松香芯焊锡给引线挂锡。如果还不能挂上锡，可将元件引线放在松香块上，再用烙铁头轻轻接触引线，同时转动引线，使引线表面都可以均匀挂锡。每根引线的挂锡时间不宜太长，一般以 2~3s 为宜，以免烫坏元件内部，特别是给二极管、三极管端子挂锡时，最好使用金属镊子夹住引线靠管壳的部分，借以传走一部分热量。另外，各种元件的端子不要截得太短，否则既不利于散热，又不便于焊接。

焊接时，把挂好锡的元件引线置于待焊接位置，如印刷板的焊盘孔中或者各种接头、插座和开关的焊片小孔中，用烙铁头在焊接部位停留3s左右，待电烙铁拿走后，焊接处形成一个光滑的焊点。为了保证焊接质量，最好在焊接元件引线的位置事先也挂上锡。焊接时要确保引线位置不变动，否则极易产生虚焊。烙铁头停留的时间不宜过长，过长会烫坏元件，过短会因焊接熔化不充分而造成假焊。

焊接完后，要仔细观察焊点形状和外表。焊点应呈半球状且高度略小于半径，不应该太鼓或者太扁，外表应该光滑均匀，没有明显的气孔或凹陷，否则都容易造成虚焊或者假焊。在一个焊点同时焊接几个元件的引线时，更应该注意焊点的质量。

焊接时手要扶稳。在焊锡凝固过程中不能晃动被焊元器件引线，否则将造成虚焊。

焊点的重焊。当焊点一次焊接不成功或上锡量不够时，便要重新焊接。重新焊接时，必须待上次的焊锡一同熔化并熔为一体时才能把烙铁移开。

焊接后的处理。当焊接结束后，应将焊点周围的焊剂清洗干净，并检查电路有无漏焊、错焊、虚焊等现象。

1.5.2.3 焊点质量检测

标准焊点应该满足以下几点：第一，金属表面焊锡充足，锡将整个上锡位及零件端子包围。焊点圆满，内成内弧形，根部的焊盘大小适中；第二，焊点表面光亮、光滑；第三，焊锡均薄，隐约可见导线轮廓；第四，焊点干净，无裂纹或针孔。

1.5.2.4 拆焊方法

在调试、维修过程中，或由于焊接错误对元器件进行更换时就需拆焊。即将电子元器件端子从印制电路板上与焊点分离，取出器件。拆焊方法不当，往往会造成元器件的损坏、印制导线的断裂或焊盘的脱落。良好的拆焊技术，能保证调试、维修工作顺利进行，避免由于更换器件不得法而增加产品故障率。

一般情况下，普通元器件的拆焊方法有如下几种。

（1）选用合适的医用空心针头拆焊。选择合适的空心针头，以针头的内径能正好套住元器件端子为宜。拆卸时一边用电烙铁熔化端子上的焊点，一边用空心针头套住端子旋转，当针头套进元器件端子将其与电路板分离后，移开电烙铁，等焊锡凝固后拔出针头，这时端子便会和印制电路板完全分开。待元器件各端子按上述办法与印制电路板脱开后，便可轻易拆下。

（2）用铜编织线进行拆焊。用电烙铁将元器件、特别是集成电路端子上的焊点加热熔化，同时用铜编织线吸掉端子处熔化的焊锡，这样便可使元器件（集成电路）的端子和印制电路板分离。待所有端子与印制电路板分离后，便可用"一"字形螺丝刀或专用工具轻轻地撬下元器件（集成电路）。

（3）其他拆焊方法。用气囊吸锡器进行拆焊：同（2）相似，用气囊吸锡器取代铜编织线吸锡。用吸锡电烙铁拆焊：同（2）相似，只是吸锡与电烙铁合为一体，熔锡时可进行吸锡。还可以用专用拆焊电烙铁拆焊。

1.5.3 电子元器件布局

1.5.3.1 电子元器件布局设计

电子元器件布局设计是根据选定的电路板尺寸、形状、插孔间距及待组装电路原理图，在电路板上对要组装的元器件分布进行设计，是电子电路组装非常重要的一关。其要点是：第一，要按电路原理图设计；第二，元器件分布要科学，电路连接规范；第三，元器件间距要合适，元器件分布要美观。具体方法和注意事项如下：

（1）根据电路原理图找准几条线（元器件端子焊接在一条条直线上，确保元器件分布合理、美观）。

（2）电子元器件检测确认后，管脚只能轻拔开，不能随意折弯，容易损坏。

（3）除电阻元件，如二极管、电解电容等要注意端子区分或极性识别。

图 1-36 所示直流稳压电源电路原理图的电子元器件布局如图 1-42 所示。

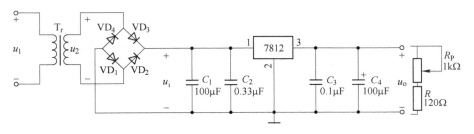

图 1-42 直流稳压电源电路元器件布局图

1.5.3.2 电子元器件检测

在电路板进行电子元器件布局时及安装之前，必须对使用的电子元器件进行识别和检测，避免将已损坏的元器件装入电路，造成电路调试失败。可采用直观法识别元器件的型号和端子的极性等。如电阻可用色环法；电解电容的长端为正，标加粗线侧为负。当然，可以采用万用表测试，如电阻的阻值、二极管的端子极性与好坏的判别等。实施过程必须进行以下检测。

（1）电源变压器的检测。用万用表检查初级、次级电阻，看初、次级有无短接。接通电源看输出电压是否正常，如输出电压波动范围超过±10%，应更换变压器。

（2）整流二极管的检测。用万用表的电阻挡检查每只二极管，如有损坏应及时更换。

（3）常规元器件的检测。对于电阻、电容、电位器等常规元件，首先清点元件的数量和标称值。可以用万用表来进行检测。

（4）W7812 的检测。用万用表的电阻挡，分别测量输入端和调整端、输出端与调整端之间的电阻，如电阻值很小或接近于 0，则说明 W7812 已经损坏。

1.5.4 直流稳压电源电路的组装与调试

1.5.4.1 直流稳压电源电路的焊接、组装

（1）按照自先设计的元件布局图依次安装元件，焊接端子固定并剪脚。

（2）安装顺序是先小元件后大元件，先次要元件，后主要元件，一些容易受静电损伤的半导体器件要最后安装；最后才来连通走线。

（3）注意事项。

1）走线的连接虽然可以使用跨接方式，但为了方便今后正式产品的 PCB 布板要求，应尽量少用跨接或非规范的跳线。长距离的走线应注意分段焊接固定，间距较小、容易碰

线的走线宜使用绝缘导线，如漆包线、塑皮硬线等，线径应根据电流大小确定，如果没有电流要求，一般选用 0.5mm 左右线径。

2）焊接操作规范，不能损伤元器件。对接的元件接线最好先绞和后再上锡。

3）电容安装时应注意极性，避免安反。

4）插好元器件后，焊接时先焊接一边的管脚，让元器件不会掉，然后再把元器件压实，焊接要尽量贴近电路板，这样会更美观。

5）焊接三端集成稳压器时，焊接时间不要过长，以免损坏集成稳压器。

6）焊接完成后应检查每个焊点，避免出现虚焊、漏焊等情况。

7）通电测试时要注意电源变压器的电压是否符合要求。

1.5.4.2　直流稳压电源的电路调试

（1）通电检查。逐个检查元器件安装焊接是否正确，确定正确无误后接上电源，观察有无元器件发烫、冒烟、发出焦味等情况。如出项这些情况，应立即断开电源，重新检查电路，直到故障排除。

（2）调试。通电检查无误后开始调试。接通电源，调节 R_P，用万用表检查输出电源和输出电流。如电压基本不变，电流有明显变化，说明电路工作正常。如电压变化明显，说明电路出现故障。这时应检查电路，找出故障并排除。

也可以采用示波器观察输入端信号波形与整流后、滤波后、稳压后各点输出波形比较，分析电路组装效果，如果没有达到相应要求，逐一检测电路，排除故障后，再进行相应调试后再检测。

1.5.5　直流稳压电源的参数测试

（1）输出电流调节范围测试。把调试好的电路接到 220V 的交流电上，调节 R_P，记录最大输出电流 $I_{o(max)}$ 和最小输出电流 $I_{o(min)}$；调节 R_P，使输出电流 $I_o = 30\text{mA}$ 时，记录 R_P 值和 R_L 值，并进行误差分析，检查电路是否符合制作要求。

（2）输出电压测试。接通 220V 的交流电，调节 R_P，测量输出电压 U_o；将 220V 交流电波动±10%，测量输出电压值，观察集成稳压器工作是否正常。

（3）电压调整率的测试。调整 R_P，使输出电流 $I_o = 30\text{mA}$，然后固定 R_P。将电网电压波动±10%，记录最大输出电压 $U_{o(max)}$ 和最小输出电压 $U_{o(min)}$，根据电压调整率的公式计算稳压电源的实际电压调整率，检查是否符合直流稳压电源的技术指标。

1.5.6　直流稳压电源的故障排除

发现直流稳压电源故障后，先检查各元器件是否出现虚焊或短路等现象。确认电路焊接等无误后，对故障进行分析，弄清可能是哪部分电路或哪个元器件出现问题，可采取测试元器件两端电压或电阻的方法确认元器件本身是否存在故障。

如果出现直流输出电压不正常，首先检查整流滤波电压是否正常，不正常说明整流滤波电路有故障。然后测稳压器输入电压是否正常，稳压器输出电压是否正常（断开负载），如不正常故障可能在稳压器。最后测负载电压和电流，如数据过大或过小，检查 C_3、C_4 和负载。

【任务实施】

·任务一

学生分组查阅资料、测量下列表格中的数据，分析测试数据，得出结论或作出相关曲线，做好报告。

（1）查阅资料，认识二极管的型号，填写表 1-3。

表 1-3　二极管各部分的含义

型号	第一部分	第二部分	第三部分	第四部分
2AP9				
2CZ12				
1N4001				

（2）判别二极管的极性，填写表 1-4。

表 1-4　二极管极性判别测量表

电阻值/Ω	R/Ω		R/10kΩ		R/100kΩ		质量判别	
型号	正向	反向	正向	反向	正向	反向	正向	反向
2AP9								
2CZ12								
1N4001								

（3）二极管性能的测定。按图 1-43 连线，所选取的两个二极管分别为 1N4007 和 1N4733A，将 1N4007 接入输出端，将电源电压调制 2V 左右，然后用电位器 R_{P1} 调节输出电压 u_D 为表 1-5 所示的值。根据表 1-5 数据，画出二极管正向特性曲线。

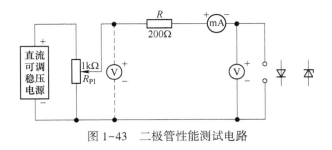

图 1-43　二极管性能测试电路

表 1-5　二极管的正向特性

u_D/V	0	0.05	0.1	0.15	0.2	0.3	0.4	0.5	0.6	0.7
i_D/A										

在图 1-43 中，以 1N4733A 接入输出端，测定其稳压特性（伏安特性）。将电源电压调至 6V，调节电位器 R_{P1}，按表 1-6 所示逐步加大电压，测定并记录稳压管工作电流。

表 1-6 稳压管伏安特性

U_2/V	1.0	2.0	3.0	1.0	1.5	4.8	5.0	
I_Z/A							5	10

根据表 1-6 数据，画出稳压管伏安特性曲线，指出其工作区域。

· **任务二**

电路如图 1-44 所示。

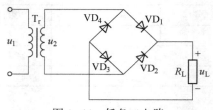

图 1-44 任务二电路

试问：（1）说出整流电路类型，写出整流电路的计算公式。

（2）四只二极管的作用是什么？

（3）如 VD_4 断开电路会怎样？

解答参考：

（1）图 1-44 所示电路为桥式整流电路，用 $U_L \approx 0.9U_2$，$I_L = 0.9U_2/R_L$ 来计算负载上的电压和电流。

（2）$VD_1 VD_4$、$VD_2 VD_3$ 两组二极管轮流导通，使图 1-44 所示桥式整流电路负载整个周期都得到单向脉动的直流电压和电流。

（3）VD_4 断开，会使电路由桥式整流电路变为半波整流电路。

· **任务三**

根据已了解掌握的整流滤波电路的知识，如图 1-18 所示桥式整流滤波电路中，已知交流电源频率 $f = 50Hz$，$I_L = 150mA$，$U_L = 30V$，试选择合适的整流二极管及滤波电容。

解答参考：

（1）选择整流二极管流过整流二极管的平均电流为：

$$I_D = \frac{1}{2}I_L = \frac{1}{2} \times 150 = 75mA$$

变压器副边电压有效值为：

$$U_2 = \frac{U_L}{1.2} = \frac{30}{1.2} = 25V$$

整流二极管承受的最高反向电压为：

$$U_{DRM} = \sqrt{2}U_2 = \sqrt{2} \times 25 = 35.3V$$

根据 $I_F = (2 \sim 3)I_D = 150 \sim 225mA$，查阅半导体器件手册，选用 2CZ53B 硅整流二极管。该管的最大整流电流 0.3A，最高反向工作电压为 50V。

（2）选择滤波电容负载电阻 R_L 为：

$$R_L = \frac{U_L}{I_L} = 0.15 = 200\Omega$$

时间常数为：

$$\tau = R_L C = 5 \times \frac{T}{2} = 5 \times \frac{1}{2f} = 5 \times \frac{1}{2 \times 50} = 0.05s$$

电容 C 的值为：

$$C = \frac{\tau}{R_L} = \frac{0.5}{200} = 250 \times 10^{-6}F = 250\mu F$$

取标称值 $300\mu F$；电容的耐压为 $(1.5 \sim 2)U_2 = (1.5 \sim 2) \times 25V = 37.5 \sim 50V$。最后确定选 $300\mu F/100V$ 的电解电容器。

小　结

（1）半导体有自由电子和空穴两种载流子参与导电。本征半导体的载流子由本征激发产生，电子和空穴成对出现，常温下，导电能力很弱。本征半导体中掺入五价元素杂质，则成为 N 型半导体，N 型半导体中电子是多子，空穴是少子。本征半导体中掺入三价元素杂质，则成为 P 型半导体，P 型半导体中空穴是多子，电子是少子。

（2）PN 结是构成半导体器件的核心，其主要特性是单向导电性。二极管由 PN 结构成。硅二极管的正向导通电压约为 $0.6 \sim 0.8V$，锗管约为 $0.2 \sim 0.3V$。

（3）普通二极管在大信号状态，可将二极管等效为理想二极管，即正偏时导通，电压降为零，相当于理想开关闭合；反偏时截止，电流为零，相当于理想开关断开。将这一特性称为二极管的开关特性。利用二极管的开关特性可构成开关电路、整流电路、限幅电路等。

（4）稳压二极管、发光二极管、光电二极管、变容二极管结构与普通二极管类似，均由 PN 结构成。但稳压二极管工作在反向击穿区，主要用途是稳压；发光与光电二极管是用以实现光电信号转换的半导体器件，它在信号处理、传输中获得广泛的应用；变容二极管在电路中作可变电容使用，广泛用于高频电路中。

（5）二极管的主要用途是用作整流元件，整流二极管的主要参数是最大整流电流和最高反向工作电压。

（6）整流电路是利用二极管的单向导电性，将交流电压变成单向的脉动直流电压。

（7）在分析整流电路时，将二极管当作理想二极管处理。这样不仅可以简化分析过程，而且所得结果可以满足一般工程实际要求。

（8）整流电路分为半波整流电路和桥式整流电路。

（9）分析整流电路时，应分别判断在变压器副边电压正、负半周两种情况下二极管的工作状态，从而得到负载两端电压、二极管端电压及其电流波形，由此再得出输出电压和电流的平均值、二极管的最大整流平均电流和所能承受的最高反向电压。

（10）经整流后的单方向脉动电压中含有交流成分，必须通过滤波器滤除。

（11）滤波电路通常由电容、电感、电阻等元件组成。

（12）将电容与负载并联组成电容滤波，将电感与负载串联组成电感滤波，由电容、电感、电阻可组成复式滤波。

（13）滤波电路分为电容滤波电路、电感滤波电路、复式滤波电路。

（14）电容滤波适合于输出电压较高、负载电流较小的场合；而 *LC* 滤波和 π 型滤波常适合于输出电压较小、负载电流较大的场合。

（15）稳压电路的作用是在电网电压和负载电流变化时，保持输出电压基本不变。

（16）稳压电路根据调整元件类型可分为电子管稳压电路、三极管稳压电路、可控硅稳压电路、集成稳压电路等。根据调整元件与负载连接方法，可分为并联型和串联型。根据调整元件工作状态不同，可分为线性和开关型稳压电路。

（17）稳压管并联型稳压电路结构简单，晶体管串联型稳压电路输出电压可调且输出电流较大；集成串联型稳压电路使用方便，稳压效果好；开关型稳压电路效率高、体积小，广泛用于计算机、通信等领域。

（18）三端集成稳压器目前广泛应用于稳压电路中，具有体积小、安装方便、工作可靠等优点。有固定输出和可调输出、正电压输出和负电压输出之分。W78×× 系列为固定输出正电压，W79×× 系列为固定输出负电压，W×17 系列为可调输出正电压，W×37 系列为可调输出负电压，使用时应注意稳压器的端子排列差异。

（19）开关型稳压电源因调整管工作在开关状态，功耗小，效率高。

（20）直流稳压电源电路的识图和分析。能看懂电路的组成，能说出电路中主要元器件如集成稳压器、电阻、电容器的作用。

（21）直流稳压电源的制作工艺。分类清理好选用元器件，准备好组装用的材料和工具，无论是采用面包板，还是 PCB 板，都应按照电路布局依次组装元件，易损元件最后安装。

（22）直流稳压电源的基本参数及测试方法。熟悉万用表、示波器、交流毫伏表等仪器仪表的使用；二极管的测量；电路的基本测试方法，其中主要掌握输出电压与电流的测试方法。

（23）直流稳压电源故障排除技巧。首先排除各元器件出现虚焊或短路等现象的故障，然后对故障进行分析，可采取测试元器件两端电压或电阻的方法确认元器件本身是否存在故障，对输出电压不正常等故障采取参照原理图寻找故障点的方法排除。

自 测 题

扫描二维码获得本项目自测题。

项目 2　音频放大器的制作、参数测试与故障排除

便携式电子设备（如手机、MP4 播放、便携式电脑等）的一个共同点，就是都有音频输出，也就是都需要有一个音频放大器；音频放大器的目的是在产生声音的输出元件上重建输入的音频信号，信号音量和功率级都要理想——如实、有效且失真低。音频范围为约 20Hz~20kHz，因此，放大器在此范围内必须有良好的频率响应。根据应用的不同，功率大小差异很大，从耳机的毫瓦级到 TV 或 PC 音频的数瓦级，再到"迷你"家庭立体声和汽车音响的几十瓦，直到功率更大的家用和商用音响系统的数百瓦以上，大到能满足整个电影院或礼堂的声音要求。

【项目目标】

学生在教师的指导下完成本项目的学习之后，弄清半导体三极管的特点及其典型运用，基本放大电路的分析和参数估算，学会制作简单的音频放大器，并能进行参数测试和故障排除。

【知识目标】

（1）熟悉三极管器件的命名、分类。

（2）了解三极管、场效应管器件的功能及基本放大电路的工作原理。

（3）熟悉基本放大电路的分析方法、静态和动态参数的估算公式。

【技能目标】

（1）会测试三极管器件的功能及参数。

（2）会安装基本放大电路和测试电路的性能指标。

（3）会判断和处理基本放大电路的常见故障。

（4）会操作常用电子仪器和相关工具。

（5）会查阅电子元器件手册。

任务 2.1　三极管的认识与测试

【任务描述】

给定学生 3DG6A、3AX23、9012 等三极管元件各一只，场效应管型三极管一只，要求用万用表检测三极管的型号与端子及相关特性，学会借助资料查阅三极管的型号及主要参数。

【任务分析】

在具备半导体的基本知识、PN 结的形成及 PN 结的特性、二极管的结构与特性等知识基础上，再去熟悉半导体三极管的结构、工作原理、特性曲线及主要参数，才能理解和掌握用万用表检测、识别三极管的型号与端子的方法。

【知识准备】

2.1.1 半导体三极管

半导体三极管是由两个 PN 结、三个杂质半导体区域组成的，因杂质半导体有 P、N 型两种，所以三极管的组成形式有 NPN 型和 PNP 型两种。结构和符号如图 2-1 所示。

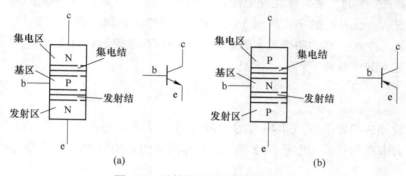

图 2-1 晶体管结构示意图和符号
（a）NPN 型晶体管的结构和符号；（b）PNP 型晶体管的结构和符号

2.1.1.1 三极管的结构及类型

不管是 NPN 型还是 PNP 型三极管，都有基区、发射区、集电区三个区，以及分别从这三个区引出的电极——发射极 e、基极 b 和集电极 c；两个 PN 结分别为发射区与基区之间的发射结和集电区与基区之间的集电结。

三极管基区很薄，一般仅有 $1\mu m$ 至几十微米厚，发射区浓度很高，集电结截面积大于发射结截面积。

注意，PNP 型和 NPN 型三极管表示符号的区别是发射极的箭头方向不同，这个箭头方向表示发射结加正向偏置时的电流方向。使用中要注意电源的极性，确保发射结永远加正向偏置电压，三极管才能正常工作。

三极管根据基片的材料不同，分为锗管和硅管两大类，目前国内生产的硅管多为 NPN 型（3D 系列），锗管多为 PNP 型（3A 系列）；从频率特性分，可分为高频管和低频管；从功率大小分，可分为大功率管、中功率管和小功率管等。实际应用中采用 NPN 型三极管较多，所以，下面以 NPN 型三极管为例加以讨论，所得结论对于 PNP 三极管同样适用。

2.1.1.2 三极管电流分配和放大作用

A 三极管内部载流子的运动规律

三极管电流之间具有怎样的关系呢？可以通过在三极管内部载流子的运动规律来

解释。

（1）发射区向基区发射电子。由图 2-2 可知，电源 U_{BB} 经过电阻 R_b 加在发射结上，发射结正偏，发射区的多数载流子——自由电子不断地越过发射结而进入基区，形成发射极电流 I_E。同时，基区多数载流子也向发射区扩散，但由于基区很薄，可以不考虑这个电流。因此，可以认为三极管发射结电流主要是电子流。

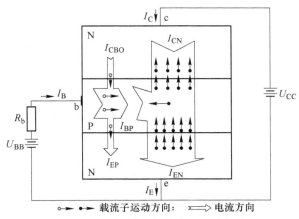

图 2-2 三极管内部载流子运动规律

（2）基区中的电子进行扩散。与复合电子进入基区后，先在靠近发射结的附近密集，渐渐形成电子浓度差，在浓度差的作用下，促使电子流在基区中向集电结扩散，被集电结电场拉入集电区，形成集电结电流 I_C。也有很小一部分电子与基区的空穴复合，形成复合电子基区流 I_B。扩散的电子流与复合电子流的比例决定了三极管的放大能力。

（3）集电区收集电子。由于集电结外加反向电压很大，这个反向电压产生的电场力将阻止集电区电子向基区扩散，同时将扩散到集电结附近的电子拉入集电区而形成集电结主电流 I_{CN}。

另外集电区的少数载流子——空穴也会产生漂移运动，流向基区，形成反向饱和电流 I_{CBO}，其数值很小，但对温度却非常敏感。

B 三极管的电流放大作用

从前面的分析知道，从发射区发射到基区的电子（形成 I_E），只有很小一部分在基区复合（形成 I_{BN}），大部分到达集电区（形成 I_{CN}）。当一个三极管制造出来，其内部的电流分配关系，即 I_{CN} 和 I_{BN} 的比值已大致被确定，这个比值称为共发射极直流电流放大系数 $\bar{\beta}$，其表达式为：

$$\bar{\beta} = I_{CN}/I_{BN}$$

由于 $I_C = I_{CN} + I_{CBO}$，$I_B = I_{BN} - I_{CBO}$，有

$$I_C = \bar{\beta} I_B + (1 + \bar{\beta}) I_{CBO}$$

当 I_{CBO} 可以忽略时，上式可简化为：

$$I_C = \bar{\beta} I_B$$

如果把集电极电流的变化量与基极电流的变化量之比定义为三极管的共发射极交流电

流放大系数 β，其表达式为：

$$\beta = \Delta I_C / \Delta I_B$$

在小信号放大电路中，由于 β 和 $\bar{\beta}$ 差别很小，因此在分析估算放大电路时常取 $\beta = \bar{\beta}$ 而不加区分（本书以后不再区分）。

通常 $\beta = 20 \sim 200$，利用基极回路的小电流 I_B 实现对集电极电流 I_C 的控制，这就是三极管的电流放大作用。当输入电压变化时，会引起输入电流（基极电流 I_B）的变化，在输出回路将引起集电极电流 I_C 的较大变化，该变化电流在集电极负载电阻 R_C 上将产生较大的电压输出。这样，三极管的电流放大作用就转化为放大电路的电压放大作用。

2.1.1.3 三极管的特性曲线

三极管各级电压和电流之间的关系曲线，称为伏安特性曲线。它反映了管子的性能，是分析放大电路和合理选用三极管的重要依据，图 2-3 是测试三极管共射极接法特性的电路图。

A 共射输入特性

图 2-4 给出了某三极管的输入特性。下面分两种情况进行讨论。

（1）当 $U_{CE} = 0$ 时的输入特性（图 2-4 中曲线①）。当 $U_{CE} = 0$ 时，相当于集电极和发射极间短路，三极管等效成两个二极管并联，其特性类似于二极管的正向特性。

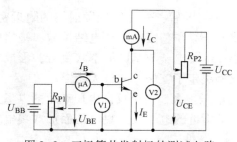

图 2-3 三极管共发射极的测试电路

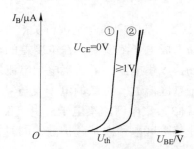

图 2-4 三极管的输入特性

（2）当 $U_{CE} \geq 1$ 时的输入特性（图 2-4 中曲线②）。当 $U_{CE} \geq 1$ 时，输入特性曲线右移（相对于 $U_{CE} = 0$ 时的曲线），表明对应同一个 U_{BE} 值，I_B 减小了，或者说，要保持 I_B 不变，U_{BE} 需增加。这是因为集电结加反向电压，使得扩散到基区的载流子绝大部分被集电结吸引过去而形成集电极电流 I_C，只有少部分在基区复合，形成基极电流 I_B，所以 I_B 减小而使曲线右移。

对应输入特性曲线某点（例如图 2-5 的 Q 点）切线斜率的倒数，称为三极管共射极接法（Q 点处）的交流输入电阻，记作 r_{be}，即

$$r_{be} = \frac{1}{\tan\theta} \approx \frac{\Delta U_{BE}}{\Delta I_B}$$

B 输出特性曲线

输出特性曲线是指当三极管基极电流 I_B 为常数时，集电极电流 I_C 与集电极、发射极间电压 U_{CE} 之间的关系，即 $I_C = f(U_{CE}) \mid I_B = $ 常数，在图 2-3 中，先调节 R_{P1} 为一定值，例如 $I_B = 40\mu A$，然后调节 R_{P2} 使 U_{CE} 由零开始逐渐增大，就可做出 $I_B = 40\mu A$ 时的输出特性。

同样做法，把 I_B 调到 $0\mu A$，$40\mu A$，$60\mu A$，…，就可以得一组输出特性曲线，如图 2-6 所示。

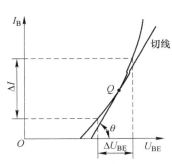

图 2-5 从输入特性曲线上求 r_{be}

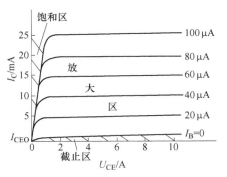

图 2-6 三极管输出特性曲线

（1）截止区。图 2-6 中 $I_B=0$ 曲线以下部分称为截止区。对 NPN 型三极管而言，当 $u_{BE}<0.5V$，三极管截止。但为了可靠截止，通常取 $u_{BE}\leqslant 0$，这样，在截止区，三极管的发射结和集电结均处于反向偏置。在截止区，$I_B=0$ 时的集电极电流称为穿透电流 I_{CEO}。硅管的 I_{CEO} 一般很小，通常小于 $1\mu A$；锗管的 I_{CEO} 则比硅管的略大，约为几十至几百微安。

（2）放大区。输出特性曲线近于水平的部分是放大区。在放大区，发射结处于正向偏置，集电结处于反向偏置，$I_C\approx\beta I_B$ 的关系式成立，三极管具有电流放大作用。

对应同一个 I_B 值，U_{CE} 增加时，I_C 基本不变（曲线基本与横轴平行）。

对应同一个 U_{CE} 值，I_B 增加，I_C 显著增加，并且 I_C 的变量 ΔI_C 与 I_B 的变量 ΔI_B 基本为正比关系（曲线簇等间距）。

（3）饱和区。图 2-6 中对应于 U_{CE} 较小的区域（位于左边）称为饱和区。在该区，由于 $U_{CE}<U_{BE}$，三极管的发射结和集电结处于正向偏置，不利于集电区收集注入基区的电子，当 I_C 达到一定数值 I_{CS}（称为集电极饱和电流），即使 I_B 再增大，I_C 也不再增大，这种现象称为饱和。在饱和区，三极管失去放大作用，集电极电流 I_C 达到 I_{CS} 之后基本不随 I_B 而变化。饱和时，集-射电压用 U_{CES} 表示，硅管约为 0.3V，锗管约为 0.1V。

2.1.1.4 三极管的主要参数

A 电流放大系数

（1）动态（交流）电流放大系数 β。当集电极电压 U_{CE} 为定值时，集电极电流变化量 ΔI_C 与基极电流变化量 ΔI_B 之比，即

$$\beta = \frac{\Delta I_C}{\Delta I_B}$$

（2）静态（直流）电流放大系数 $\overline{\beta}$。三极管为共发射极接法，在集电极-发射极电压 U_{CE} 一定的条件下，由基极直流电流 I_B 所引起的集电极直流电流与基极电流之比，称为共发射极静态（直流）电流放大系数，记作

$$\overline{\beta} = \frac{I_C - I_{CEO}}{I_B} \approx \frac{I_C}{I_B}$$

B　极间反向截止电流

（1）发射极开路集电极-基极反向截止电流 I_{CBO} 可以通过图 2-7 所示电路进行测量。

（2）基极开路集电极-发射极反向截止电流 I_{CEO} 是当三极管基极开路而集电结反偏和发射结正偏时的集电极电流，测试电路如图 2-8 所示。

（3）极限参数集电极最大允许电流 I_{CM}：当 I_C 超过一定数值时 β 下降，β 下降到正常值的 2/3 时所对应的 I_C 值为 I_{CM}，当 $I_C > I_{CM}$ 时，可导致三极管损坏。

反向击穿电压 $U_{(BR)CEO}$ 基极开路时，集电极、发射极之间最大允许电压为反向击穿电压 $U_{(BR)CEO}$，当 $U_{CE} > U_{(BR)CEO}$ 时，三极管的 I_C、I_E 剧增，使三极管击穿。为可靠工作，使用中取：

$$U_{CE} \leqslant \left(\frac{1}{2} : \frac{2}{3} \right) U_{(BR)CEO}$$

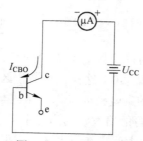

图 2-7　I_{CBO} 测试电路

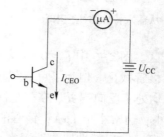

图 2-8　I_{CEO} 测试电路

根据给定的 P_{CM} 值可以作出一条 P_{CM} 曲线如图 2-9 所示，由 P_{CM}、I_{CM} 和 $U_{(BR)CEO}$ 包围的区域为三极管安全工作区。

【例 2-1】　在图 2-3 所示电路中，选用 3DG6D 型号的三极管，试求：（1）电源电压 U_{CC} 最大不得超过多少伏？（2）根据 $I_C \leqslant I_{CM}$ 的要求，R_{P2} 电阻最小不得小于多少千欧姆？

解：3DG6D 参数是：$I_C = 20\text{mA}$，$U_{(BR)CEO} = 30\text{V}$，$P_{CM} = 100\text{mW}$。

（1）$U_{CC} = 2/3 U_{(BR)CEO} = 2/3 \times 30 = 20\text{V}$

（2）$U_{CE} = U_{CC} - I_C R_{P2}$

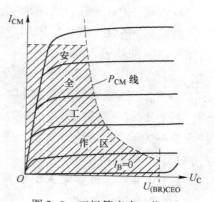

图 2-9　三极管安全工作区

$$I_C = \frac{U_{CC} - U_{CE}}{R_{P2}} \approx \frac{U_{CC}}{R_{P2}}$$

其中，U_{CE} 最低一般为 0.5V，故可略。由 $I_C \leqslant I_{CM}$，所以 $\dfrac{U_{CC}}{R_{P2}} < I_{CM}$ 故

$$R_{P2} > \frac{U_{CC}}{R_{P2}} = \frac{20}{20} = 1\text{k}\Omega$$

2.1.1.5　复合三极管

复合三极管是把两个三极管的端子适当地连接起来使之等效为一个三极管，典型结构如图 2-10 所示。

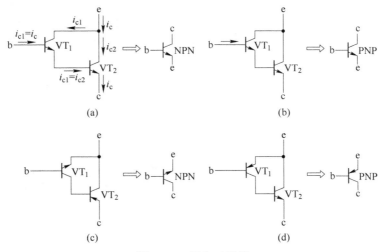

图 2-10 复合三极管

（a）NPN+NPN；（b）PNP+PNP；（c）NPN+PNP；（d）PNP+NPN

以图 2-10（a）为例分析。

$$i_c = i_{c1} + i_{c2} = \beta_1 i_{b1} + \beta_2 i_{b2} = \beta_1 i_{b1} + \beta_2(1 + \beta_1)i_{b1} = \beta_1 i_{b1} + \beta_2 i_{b1} + \beta_1 \beta_2 i_{b1} \approx \beta_1 \beta_2 i_{b1}$$

即

$$\beta = i_c / i_b = \beta_1 \beta_2$$

说明复合管的电流放大系数 β 近似等于两个管子电流放大系数的乘积。同时有

$$I_{CEO} = I_{CEO2} + \beta_2 I_{CEO1}$$

表明复合管具有穿透电流大的缺点。

2.1.2 场效应管

2.1.2.1 结型场效应管

A 结构及符号

结型场效应管也是具有 PN 结的半导体器件，图 2-11（a）绘出了 N 沟道结型场效应管的结构（平面）示意图。它是一块 N 型半导体材料作衬底，在其两侧做出两个杂质浓度很高的 P 型区，形成两个 PN 结。从两边的 P 型区引出两个电极并联在一起，成为栅极

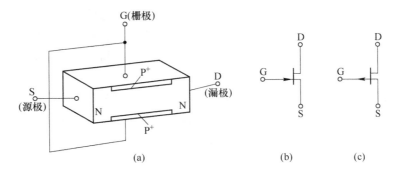

图 2-11 结型场效应管结构及符号

（a）N 沟道结构示意图；（b）N 沟道符号；（c）P 沟道符号

（G）；在 N 型衬底材料的两端各引出一个电极，分别称为漏极（D）和源极（S）。两个 PN 结中间的 N 型区域称为导电沟道，它是漏、源极之间电子流通的途径。这种结构的管子被称为 N 型沟道结型场效应管，它的代表符号如图 2-11(b) 所示。

如果用 P 型半导体材料作衬底，则可构成 P 沟道结型场效应管，其代表符号如图 2-11(c) 所示。N 沟道和 P 沟道结型场效应管符号上的区别，在于栅极的箭头方向不同，但都要由 P 区指向 N 区。

B　基本工作原理

上述两种结构的结型场效应管工作原理完全相同，下面以 N 型沟道结型场效应管为例进行分析。研究场效应管的工作原理，主要是讲输入电压对输出电流的控制作用。在图 2-12 中，绘出了当漏源电压 $U_{DS}=0$ 时，栅源电压 U_{GS} 大小对导电沟道影响的示意图。

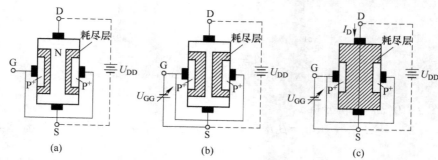

图 2-12　$U_{DS} \approx 0$ 时栅源电压 U_{GS} 大小对导电沟道的影响

（a）$U_{DS}=0$；（b）$U_{GS(off)} < U_{GS} < 0$；（c）$U_{GS} < U_{GS(off)}$

（1）当 $U_{GS}=0$ 时，PN 结的耗尽层如图 2-12(a) 中阴影部分所示。耗尽层只占 N 型半导体体积的很小一部分，导电沟道比较宽，沟道电阻较小。

（2）当在栅极和源极之间加上一个可变直流负电源 U_{GG} 时，此时栅源电压 U_{GS} 为负值，两个 PN 结都处于反向偏置，耗尽层加宽，导电沟道变窄，沟道电阻加大，如图 2-12(b) 所示。而且栅源电压 U_{GS} 越负，导电沟道越窄，沟道电阻越大。

（3）当栅源电压 U_{GS} 负到某一值时，两边的耗尽层近于碰上，仿佛沟道被夹断，沟道电阻趋于无穷大，如图 2-12(c) 所示。此时的栅源电压称为栅源截止电压（或夹断电压），并用 $U_{GS}(off)$ 表示。

由以上的分析可知，改变栅源电压 U_{GS} 的大小，就能改变导电沟道的宽窄，也就能改变沟道电阻的大小。如果在漏极和源极之间接入一个适当大小的正电源 U_{DD}，则 N 型导电沟道中的多数载流子（电子）便从源极通过导电沟道向漏极作漂移运动，从而形成漏极电流 I_D。

显然，在漏源电压 U_{DS} 一定时，I_D 的大小是由导电沟道的宽窄（即电阻的大小）决定的，当 $U_{GS}=U_{GS}(off)$ 时，$I_D \approx 0$。于是得出结论：栅源电压 U_{GS} 对漏极电流 I_D 有控制作用。这种利用电压所产生的电场控制半导体中电流的效应，称为"场效应"。场效应管因此得名。

$$I_D = f(U_{GS}) \mid U_{DS=常数}$$

图 2-13 给出了某 N 沟道结型场效应管的转移特性。从图中可以看出 U_{GS} 对 I_D 的控制

作用。$U_{GS}=0$ 时的 I_D，称为栅源短路时漏极电流，记为 I_{DSS}。使 $I_D \approx 0$ 时的栅源电压就是栅源截止电压 $U_{GS(off)}$。

从图中还可看出，对应不同的 U_{DS}，转移特性不同。但是，当 U_{DS} 大于一定数值后，不同的 U_{DS}，转移特性是很靠近的，这时可以认为转移特性重合为一条曲线，使分析得到简化。此外，图 2-13 中的转移特性，可以用一个近似公式来表示：

$$I_D \approx I_{DSS}\left(1 - \frac{U_{GS}}{U_{GS(off)}}\right) \quad (0 \geqslant U_{GS} \geqslant U_{GS(off)})$$

这样，只要给出 I_{DSS} 和 $U_{GS}(off)$，就可以把转移特性中其他点估算出来。

C　输出特性曲线

输出特性曲线（也叫漏极特性）是指在栅源电压 U_{GS} 一定时，漏极电流 I_D 与漏源电压 U_{DS} 之间关系。函数表示为 $I_D = f(U_{DS}) \mid_{U_{GS}=常数}$。

图 2-14 给出了某 N 沟道结型场效应管的输出特性。从图中可以看出，管子的工作状态可分为可变电阻区、恒流区和击穿区这三个区域。

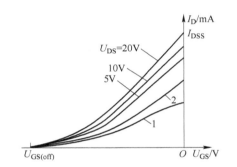

图 2-13　N 沟道结型场效应管的转移特性

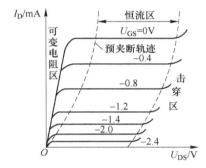

图 2-14　N 沟道结型场效应管的输出特性

（1）可变电阻区特性曲线。上升的部分称为可变电阻区。在此区内，U_{DS} 较小，I_D 随 U_{DS} 的增加而近于直线上升，管子的工作状态相当于一个电阻，而且这个电阻的大小又随栅源电压 U_{GS} 的大小变化而变（不同 U_{GS} 的输出特性的切斜率不同），所以把这个区域称为可变电阻区。

（2）恒流区曲线。近于水平的部分称为恒流区（又称饱和区）。在此区内，U_{DS} 增加，I_D 基本不变（对应同一 U_{GS}），管子的工作状态相当于一个"恒流源"，所以把这部分区域称为恒流区。

在恒流区内，I_D 随 U_{GS} 的大小而改变，曲线的间隔反映出 U_{GS} 对 I_D 的控制能力。从这种意义来讲，恒流区又可称为线性放大区。场效应管作放大运用时，一般就工作在这个区域。恒流区产生的物理原因，是由于漏源电压 U_{DS} 在 N 沟道的纵向产生电位梯度，使得从漏极至源极沟道的不同位置上，沟道-栅极间的电压不相等，靠近漏端最大，耗尽层也最宽，而靠近源端的耗尽层最窄。这样，在 U_{GS} 和 U_{DS} 的共同作用下，导电沟道呈楔形，如图 2-15 所示。

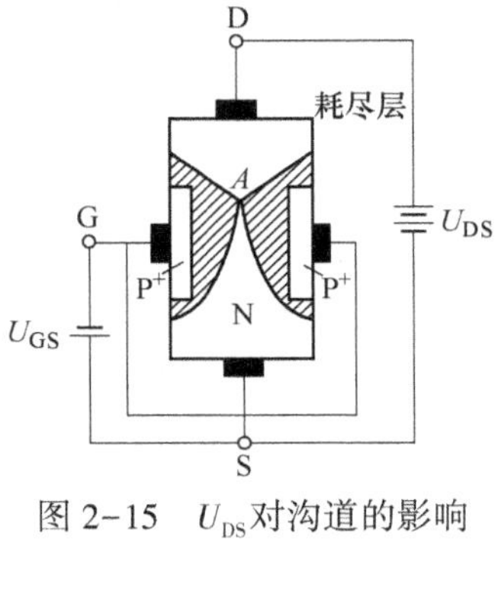

图 2-15　U_{DS} 对沟道的影响

2.1.2.2 绝缘栅场效应管

A N 沟道增强型绝缘栅场效应管的结构

N 沟道增强型绝缘栅场效应管的结构如图 2-16(a) 所示。它的制作过程是：以一块杂质浓度较低的 P 型硅半导体薄片作衬底，利用扩散方法在上面形成两个高掺杂的 N⁺ 区，并在 N⁺ 区上安置两个电极，分别称为源极（S）和漏极（D）；然后在半导体表面覆盖一层很薄的二氧化硅绝缘层，并在二氧化硅表面再安置一个金属电极，称为栅极（G）；栅极同源极、漏极均无电接触，故称"绝缘栅极"。

由于这种管子是由金属、氧化物和半导体所组成，所以又称为金属氧化物半导体场效应管，简称 MOS 场效应管，它是目前应用最广的一种。根据栅极（金属）和半导体之间绝缘材料的不同，绝缘栅场效应管有各种类型，例如以氮化硅作绝缘层的 MNS 管，以氧化铅作绝缘层的 MAIS 管等。

如果以 N 型硅作衬底，可制成 P 沟道增强型绝缘栅场效应管。N 沟道和 P 沟道增强型绝缘栅场效应管的符号分别如图 2-16(b) 和（c）所示，它们的区别是衬底的箭头方向不同。

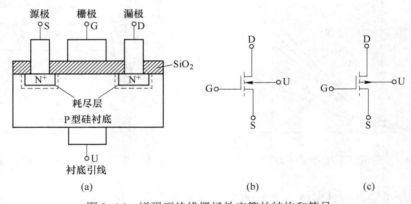

图 2-16 增强型绝缘栅场效应管的结构和符号

(a) N 沟道结构示意图；(b) N 沟道符号；(c) P 沟道符号

B N 沟道增强型绝缘栅场效应管的工作原理

在图 2-16(a) 中，如果将栅、源极短路，即 $U_{GS}=0$，漏源之间加正向电压 U_{DS}，此时漏极与源极之间形成两个反向连接的 PN 结，其中一个 PN 结是反偏的，故漏极电流为零。

如果在栅、源极间加上一个正电源 U_{GG}，并将衬底与源极相连，如图 2-17 所示。此时，栅极（金属）和衬底（P 型硅片）相当于以二氧化硅为介质的平板电容器，在正栅源电压 U_{GS}（即栅-衬底电压 U_{GU}）的作用下，介质中便产生一个垂直于 P 型衬底表面的由栅极指向衬底的电场，从而将衬底里的电子感应到表面上来。当 U_{GS} 较小时，感应到衬底表面上的电子数很少，并被衬底表层的大量空穴复合掉；直至 U_{GS} 增加超过某一临界电压时，介质中的强电场才在衬底表面层感应出"过剩"的电子。

于是，便在 P 型衬底的表面形成一个 N 型层——称为反型层。这个反型层与漏、源的 N⁺ 区之间没有 PN 结阻挡层，而具有良好的接触，相当于将漏、源极连在一起，如图 2-17 所示。若此时加上漏源电压 U_{DS}，就会产生 I_D。形成反型层的临界电压，称为栅源阈电压

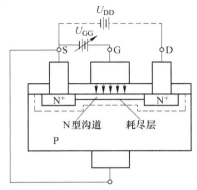

图 2-17　N 沟道增强型绝缘栅场效应管的工作原理

（或称为开启电压），用 $U_{GS(th)}$ 表示。这个反型层就构成源极和漏极的 N 型导电沟道，由于它是在电场的感应下产生的，故也称为感生沟道。

显然，N 型导电沟道的厚薄是由栅源电压 U_{GS} 的大小决定的。改变 U_{GS}，可以改变沟道的厚薄，也就是能够改变沟道的电阻，从而可以改变漏极电流 I_D 的大小。于是，可以得出结论：栅源电压 U_{GS} 能够控制漏极电流 I_D。

上述这种在 $U_{GS}=0$ 时没有导电沟道，而必须依靠栅源正电压的作用，才能形成导电沟道的场效应管，称为增强型场效应管。

N 沟道增强型绝缘栅场效应管的特性曲线（示意图）如图 2-18 所示。图 2-18(a) 的转移特性是在 U_{DS} 为某一固定值的条件下测出的。当 $U_{GS}<U_{GS(th)}$ 时，$I_D=0$；当 $U_{GS}>U_{GS(th)}$ 时，导电沟道形成，并且 I_D 随 U_{GS} 的增大而增大。图 2-18(b) 为输出特性，同结型场效应管的情况类似。

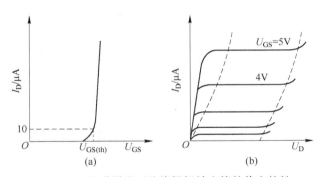

图 2-18　N 沟道增强型绝缘栅场效应管的伏安特性
(a) 转移特性；(b) 输出特性

C　N 沟道耗尽型绝缘栅场效应管的工作原理

N 沟道耗尽型绝缘栅场效应管的结构和增强型基本相同，只是在制作这种管子时，预先在二氧化硅绝缘层中掺有大量的正离子。

这样，即使在 $U_{GS}=0$ 时，由于正离子的作用，也能在 P 型衬底表面形成导电沟道，将源区和漏区连接起来，如图 2-19 所示。当漏、源极之间加上正电压 U_{DS} 时，就会有较大的漏极电流 I_D。如果 U_{GS} 为负，介质中的电场被削弱，使 N 型沟道中感应的负电荷减少，沟道变薄（电阻增大），因而 I_D 减小。这同结型场效应管相似，故称为"耗尽型"。所不同的是，N 沟道耗尽型绝缘栅场效应管可在 $U_{GS}>0$ 的情况下工作，此时在 N 型沟道中感应出更多的负电荷，使 I_D 更大。不论栅源电压为正还是为负都能起控制 I_D 大小的作用，而又基本无栅流，这是这种管子的一个重要特点。

耗尽型绝缘栅场效应管的符号如图 2-20 所示。图 2-20(a) 为 N 沟道耗尽型绝缘栅场效应管的符号，图 2-20(b) 为 P 沟道耗尽型绝缘栅场效应管的符号。二者的区别只是衬底 U 的箭头方向不同。

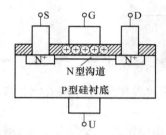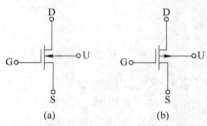

图 2-19　N 沟道耗尽型绝缘栅场
效应管的结构示意图

图 2-20　耗尽型绝缘栅场效应管符号
（a）N 沟道符号；（b）P 沟道符号

N 沟道耗尽型绝缘栅场效应管的特性曲线如图 2-21 所示。

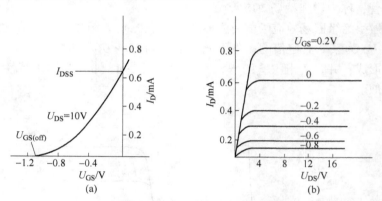

图 2-21　某 N 沟道耗尽型绝缘栅场效应管特性曲线
（a）转移特性曲线；（b）输出特性曲线

2.1.2.3　场效应管的主要参数

（1）开启电压 $U_{GS(th)}$，或夹断电压 $U_{GS(off)}$。当 U_{DS} 为定值的条件下，增强型场效应管开始导通，使 I_D 为某一微小电流（如 1μA、10μA）所需的 U_{GS} 值，称为开启电压 $U_{GS(th)}$。

当漏源电压 U_{DS} 为某固定值时，使耗尽型管子的漏极 I_D 等于零所需施加的栅源电压 U_{GS} 的值，即为夹断电压 $U_{GS(off)}$。

（2）低频跨导 g_m。U_{DS} 为定值时，漏极电流 I_D 的变化量 ΔI_D 与引起这个变化的栅源电压 U_{GS} 的变化量 ΔU_{GS} 的比值，即

$$g_m = \frac{\Delta I_D}{\Delta U_{GS}}\bigg|_{U_{DS}=常数}$$

（3）漏源击穿电压 $U_{(BR)DS}$。管子发生击穿，I_D 急剧上升时的 U_{DS} 值；使用时 $U_{DS} < U_{(BR)DS}$。

（4）最大耗散功率 P_{DM}。类似于半导体三极管的 P_{DM}，P_{DM} 是决定管子温升的参数。使用时，管耗功率 P_D 不能超过 P_{DM}，否则会烧坏管子。

（5）最大漏极电流 I_{DM}。管子工作时，I_D 不允许超过这个值。

2.1.2.4　场效应管与晶体三极管的比较

从前面介绍可知，场效应管和晶体三极管都可以作为起放大作用的元器件使用。场效应管与晶体三极管的比较具有以下特点。

（1）场效应管是电压控制器件，而三极管是电流控制器件，只允许从信号源取较少电流的情况下，应选用场效应管；而在信号电压较低，又允许从信号源取较多电流的条件下，应选用晶体管三极管。但都可获得较大的电压放大倍数。

（2）场效应管温度稳定性好，晶体三极管受温度影响较大。

（3）场效应管制造工艺简单，便于集成化，适合制造大规模集成电路。

（4）场效应管存放时，各个电极要短接在一起，防止外界静电感应电压过高时击穿绝缘层使其损坏。焊接时电烙铁应有良好的接地线，防止感应电压对管子的损坏。

任务 2.2　基本放大电路的认知

【任务描述】

图 2-22 所示为一音频放大器的电路，说出其主要组成部分以及各元件的作用。

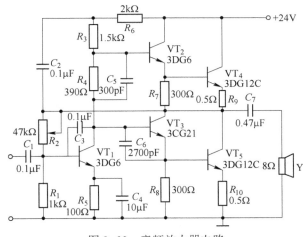

图 2-22　音频放大器电路

【任务分析】

扩音机把话筒转成的微弱电信号进行小信号放大和功率放大，最后驱动扬声器发出较大的声音。电路中起放大作用的核心元件是三极管。用来对电信号放大的电路称为放大电路，习惯上称为放大器，它是使用最为广泛的电子电路之一，也是构成其他电子电路的基本单元电路。根据用途以及采用的有源放大器件的不同，放大电路的种类很多，它们的电路形式以及性能指标不完全相同，但它们的基本工作原理是相同的。"放大"是指在输入信号的作用下，利用有源器件的控制作用将直流电源提供的部分能量转换为与输入信号成比例的输出信号。因此，放大电路实际是一个受输入信号控制的能量转换器。

【知识准备】

2.2.1 基本放大电路的组成及工作原理

2.2.1.1 放大电路的组成

在生产实践和科学研究中需要利用放大电路放大微弱的信号，以便观察、测量和利用。一个基本放大电路必须有如图 2-23(a) 所示各组成部分：输入信号源、晶体三极管、输出负载以及直流电源和相应的偏置电路。其中，直流电源和相应的偏置电路用来为晶体三极管提供静态工作点，以保证晶体三极管工作在放大区。对双极型晶体三极管而言，就是保证发射结正偏，集电结反偏。

输入信号源一般是将非电量变为电量的换能器，如各种传感器，将声音变换为电信号的话筒，将图像变换为电信号的摄像管等。它所提供的电压信号或电流信号就是基本放大电路的输入信号。

图 2-23(b) 是最简单的共发射极组态放大器的电路原理图。下面先介绍各部件的作用。

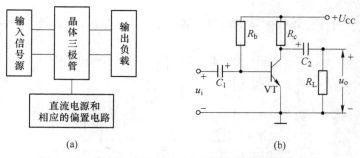

(a)   (b)

图 2-23 放大电路基本组成与共发射极基本放大电路

(a) 放大电路基本组成框图；(b) 电路原理图

(1) 晶体管 VT。根据输入信号的变化规律，控制直流电源所给出的电流，使在 R_L 上获得较大的电压或功率。

(2) 直流电源 U_{CC}。向 R_L 提供能量，给 VT 提供适当的偏置。

(3) 基极偏流电阻 R_b。基极偏置电阻，为三极管基极提供合适的正向偏置电流。

(4) 集电极电阻 R_c。将集电极电流转换成集电极电压，并影响放大器的电压放大倍数。

(5) 耦合电容 C_1、C_2。有效的构成交流信号的通路，避免信号源与放大器之间、放大器与负载之间直流信号的相互影响。

2.2.1.2 放大电路的工作原理

在图 2-23(b) 所示基本放大电路中，只要适当选取 R_b、R_c 和 U_{CC} 的值，三极管就能够工作在放大区。下面以它为例，分析放大电路的工作原理。

A　无输入信号时放大器的工作情况

在图 2-23(b) 所示的基本放大电路中，在接通直流电源 U_{CC} 后，当 $u_i = 0$ 时，由于基极偏流电阻 R_b 的作用，晶体管基极就有正向偏流 I_B 流过，由于晶体管的电流放大作用，那么集电极电流 $I_C = \beta I_B$，集电极电流在集电极电阻 R_c 上形成的压降为 $U_C = I_C R_c$。

显然，晶体管集电极-发射极间的管压降为 $U_{CE} = U_{CC} - I_C R_c$。当 $u_i = 0$ 时，放大电路处于静态或叫处于直流工作状态，这时的基极电流 I_B、集电极电流 I_C 和集电极发射极电压 U_{CE} 用 I_{BQ}、I_{CQ}、U_{CEQ} 表示。它们在三极管特性曲线上所确定的点就称为静态工作点，习惯上用 Q 表示。这些电压和电流值都是在无信号输入时的数值，所以称静态电压和静态电流。

B　输入交流信号时的工作情况

当在放大器的输入端加入正弦交流信号电压 u_i 时，信号电压 u_i 将和静态正偏压 U_{BE} 相串联作用于晶体管发射结上，加在发射结上电压的瞬时值为：

$$u_{BE} = U_{BE} + u_i$$

如果选择适当的静态电压值和静态电流值，输入信号电压的幅值又限制在一定范围之内，则在信号的整个周期内，发射结上的电压均能处于输入特性曲线的直线部分，如图 2-24(a) 所示，此时基极电流的瞬时值将随 u_{BE} 变化，如图 2-24(b) 所示。

基极电流 i_B 由两部分组成，一个是固定不变的静态基极电流 I_B，一个是作正弦变化的交流基极电流 i_b。

$$i_B = I_B + i_b$$

由于晶体管的电流放大作用，集电极电流 i_C 将随基极电流 i_B 变化，如图 2-24(c) 所示。

同样，i_C 也由两部分组成：一个是固定不变的静态集电极电流 I_C；一个是作正弦变化的交流集电极电流 i_c。其瞬时值为：

$$i_C = I_C + i_c$$

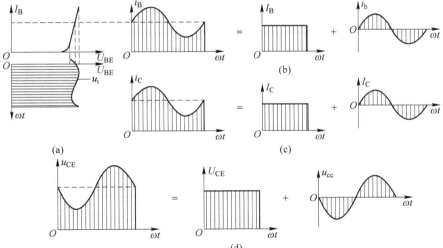

图 2-24　放大器各级电压电流波形

(a) 输入特性曲线和 u_i 的波形；(b) 基极电流的波形；(c) 集电极电流的波形；(d) 管压降的波形

现在讨论集电极电阻 R_c 上的电压降 u_{R_c}。因为 $u_{R_c}=i_c R_c$，所以它要随 i_c 变化。由于 $U_{CC}=i_c R_c+u_{CE}$，u_{CE} 也由两部分组成：一个是固定不变的静态管压降 U_{CE}，另一个是作正弦变化的交流集电极-发射极电压 u_{ce}。

如果负载电阻 R_L 通过耦合电容 C_2 接到晶体管的集电极-发射极之间，则由于电容 C_2 的隔直作用，负载电阻 R_L 上就不会出现直流电压。但对交流信号 u_{ce}，很容易通过隔直电容 C_2 加到负载电阻 R_L 上，形成输出电压 u_o。如果电容 C_2 的容量足够大，则对交流信号的容抗很小，忽略其上的压降，则管压降的交流成分就是负载上的输出电压，因此有：

$$u_o = u_{ce}$$

把输出电压 u_o 和输入信号电压 u_i 进行对比，可以得到如下结论：

（1）输出电压的波形和输入信号电压的波形相同，只是输出电压幅度比输入电压大。

（2）输出电压与输入信号电压相位差为 $180°$。

通过以上分析可知，放大电路工作原理实质是用微弱的信号电压 u_i 通过三极管的控制作用去控制三极管集电极电流 i_c，i_c 在 R_L 上形成压降作为输出电压。i_c 是直流电源 U_{CC} 提供的。因此，三极管的输出功率实际上是利用三极管的控制作用，直流电能转化成交流电能的功率。

2.2.1.3 放大电路的主要性能指标

分析放大器的性能时，必须了解放大器有哪些性能指标。各种小信号放大器都可以用图 2-25 所示的组成框图表示，图中 U_s 代表输入信号电压源的等效电动势，r_s 代表内阻。也可用电流源等效电路。U_i 和 I_i 分别为放大器输入信号电压和电流的有效值，R_L 为负载电阻，U_o 和 I_o 分别为放大器输出信号电压和电流的有效值。衡量放大器性能的指标很多，现介绍输入、输出电阻、增益、频率失真和非线性失真等基本指标。

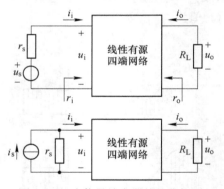

图 2-25 小信号放大器的组成框图

（1）输入、输出电阻。对于输入信号源，可把放大器当作它的负载，用 r_i 表示，称为放大器的输入电阻。其定义的放大器输入端信号电压对电流的比值，即

$$r_i = \frac{U_i}{I_i}$$

对于输出负载 R_L，可把放大器当作它的信号源，用相应的电压源或电流源等效电路表示，如图 2-26(a) 和（b）所示。r_o 是等效电流源或电压源的内阻，也就是放大器的输出电阻。它是在放大器中的独立电压源短路或独立电流源开路、保留受控源的情况下，从

R_L 两端向放大器看进去所呈现的电阻。因此假如在放大器输出端外加信号电压 U，计算出由 U 产生的电流 I，则 $r_o = U/I$，如图 2-26(c) 所示。r_i、r_o 只是等效意义上的电阻。如在放大器内部有电抗元件，r_i、r_o 应为复数值。

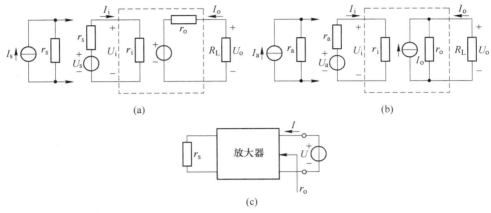

图 2-26 放大器的输入电阻和输出电阻

（2）增益。增益又称为放大倍数，用来衡量放大器放大信号的能力。有电压增益、电流增益等。

1）电压增益。电压增益用 A_u 表示，定义为放大器输出信号电压与输入信号电压的比值，即

$$A_u = \frac{u_o}{u_i}$$

源电压增益

$$U_i = U_s \frac{r_i}{r_s + r_i}$$

即

$$A_{us} = \frac{u_o}{u_i} = A_u \frac{r_i}{r_s + r_i}$$

2）电流增益。同样，电流增益 A_i 和源电流增益 A_{is} 分别定义为：

$$A_i = \frac{i_o}{i_i} \qquad A_{is} = \frac{i_o}{i_s}$$

又

$$i_i = i_s \frac{r_s}{r_s + r_i} \qquad A_{is} = A_i \frac{r_s}{r_s + r_i}$$

（3）频率失真。因放大电路一般含有电抗元件，所以对于不同频率的输入信号，放大器具有不同的放大能力。相应的增益是频率的复函数。即

$$A = A(j\omega) = A(\omega) e^{j\varphi A(\omega)}$$

式中，$A(\omega)$ 是增益的幅值，$\varphi A(\omega)$ 是增益的相角，都是频率的函数。将幅值随 ω 变化的特性称为放大器的幅频特性，其相应的曲线称为幅频特性曲线；相角随 ω 变化的特性称为放大器的相频特性，其相应的曲线称为相频特性曲线。它们分别如图 2-27(a) 和（b）所示。

在工程上，一个实际输入信号包含许多频率分量，放大器不能对所有频率分量进行等

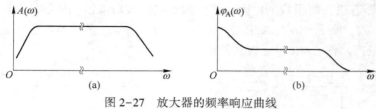

图 2-27 放大器的频率响应曲线

（a）幅频特性曲线；（b）相频特性曲线

增益放大，那么合成的输出信号波形就与输入信号不同。这种波形失真称为放大器的频率失真。要把这种失真限制在允许值范围内，则放大器频率响应曲线中平坦部分的带宽应大于输入信号的频率宽度。

2.2.2　放大电路分析方法

前面对放大电路进行了定性分析，下面将介绍对放大电路进行定量分析计算的方法。对一个放大电路进行定量分析，不外乎做两方面工作：第一，确定静态工作点；第二，计算放大电路在有信号输入时的放大倍数、输入阻抗、输出阻抗等。常用的分析方法有两种：图解法和微变等效电路法。在分析放大电路时，为了简便起见，往往把直流分量和交流分量分开处理，这就需要分别画出它们的直流通路和交流通路。分析静态时用直流通路，分析动态时用交流通路。

在画直流通路和交流通路时，应遵循下列原则：

（1）对直流通路，电感可视为短路，电容可视为开路。

（2）对交流通路，若直流电源内阻很小，则其上交流压降很小，可把它看成短路；若电容在交流通路时，交流压降很小，可把它看成短路。

2.2.2.1　图解法

在三极管特性曲线上，用作图的方法来分析放大电路的工作情况，称为图解法。其优点是直观，物理意义清晰明了。

A　作直流负载线确定静态工作点

（1）直流负载线作法。下面把图 2-28 的基本放大电路输出回路的直流通路，画成如图 2-29（a）所示，用 AB 把它分为两部分。右边是线性电路，端电压 u_{CE} 和电流 i_C 必然遵从电源的输出特性，满足：

$$u_{CE} = U_{CC} - i_C R_C$$

$$i_C = \frac{U_{CC}}{R_C} - \frac{u_{CE}}{R_C}$$

若在 u_{CE} 和 i_C 的平面中，显然上式代表的是一条直线方程，在 U_{CC} 选定后，这条直线就完全由直流负载电阻称为直流负载线。它代表了外电路的电流和电压之间的关系。

直流负载线的作法，一般是先找两个特殊点：当 $i_C = 0$ 时，$u_{CE} = U_{CC}$（M 点）；当 $u_{CE} = 0$ 时，$i_C = U_{CC}/R_C$（N 点），将 MN 连起来，就得到如图 2-29

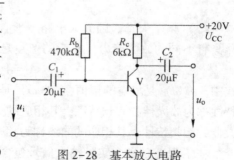

图 2-28　基本放大电路

（c）中直线 MN。也就是放大电路直流负载线。直流负载线的斜率：

$$k = \tan\alpha = -\frac{1}{R_C}$$

（2）确定静态工作点。图 2-29（a）左边是三极管的非线性电路，电压 u_{CE} 和电流 i_C 遵从三极管的输出特性曲线。在静态时，i_B 为不变的值，所以它们只能在图 2-29（b）中的曲线族的某一条曲线上变化。i_C 是两边同一支路的电流，u_{CE} 是两边共同两点的电压，它们既遵从直流负载线又遵从一条输出特性曲线，所以可以把直流负载线 MN 移到三极管输出特性曲线上去，这样得到了图 2-29（d），剩下的工作就是确定一条输出特性曲线，该曲线与直流负载线的交点，就是静态工作点。

当已知静态电压 U_{BE} 时，可以从输入特性曲线图 2-29（e）中找到静态电流 I_B，根据 I_B 便确定了输出特性曲线为图 2-29（d）中的某一条，该曲线与 MN 的交点 Q 就是静态工作点，Q 所对应的静态值 I_{BQ}、I_{CQ} 和 U_{CEQ} 也就求出来了。

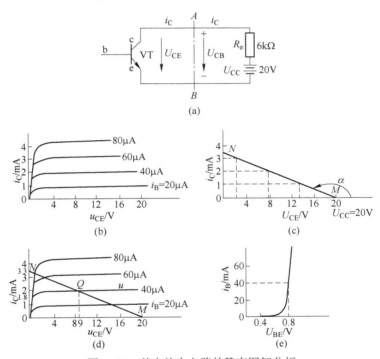

图 2-29 基本放大电路的静态图解分析

但 u_{BE} 一般不容易得到确定的值，因此求 I_{BQ} 一般不用图解法，而用如下近似公式

$$I_{BQ} = \frac{U_{CC} - U_{BEQ}}{R_b}$$

进行计算。

【例 2-2】 求图 2-28 电路的静态工作点，在输出特性曲线图中作直流负载线 MN。

解：M 点 $U_M = 20\text{V}$

N 点 $I_N = \frac{U_{CC}}{R_C} = \frac{20}{6} \approx 3.3\text{mA}$

静态偏流

$$I_{BQ} = \frac{U_{CC} - U_{BE}}{R_b} = \frac{20 - 0.7}{470} \approx 0.04\mu A$$

如图 2-29(d) 所示，$i_B = 40\mu A$ 的输出特性曲线与直流负载线 MN 交于 $Q(9, 1.8)$，Q 即为静态工作点，静态值为：

$$\begin{cases} I_{BQ} = 40\mu A \\ I_{CQ} = 1.8mA \\ U_{CEQ} = 9V \end{cases}$$

（3）直流负载线与空载放大倍数。放大电路的输入端接有交流小信号电压，而输出端开路情况称为空载放大电路，虽然电压和电流增加了交流成分，但输出回路仍与静态的直流通路完全一样，仍满足：

$$i_C = \frac{U_{CC}}{R_C} - \frac{U_{CE}}{R_C}$$

所以可用直流负载线来分析空载的电压放大倍数。设图 2-28 中输入信号电压（V）为：

$$u_i = 0.02\sin\omega t$$

忽略电容 C_1 对交流的压降，则有：

$$u_{BE} = U_{BEQ} + u_i$$

由图 2-30(a) 的输入特性曲线得基极电流 $i_B(\mu A)$ 为：

$$i_B = I_{BQ} + i_b = 40 + 20\sin\omega t$$

根据 i_B 的变化情况，在图 2-30(b) 中进行分析，可知工作点是在以 Q 为中心的 Q_1、Q_2 两点之间变化，u_i 的正半周在 QQ_1 段，负半周在 QQ_2 段。

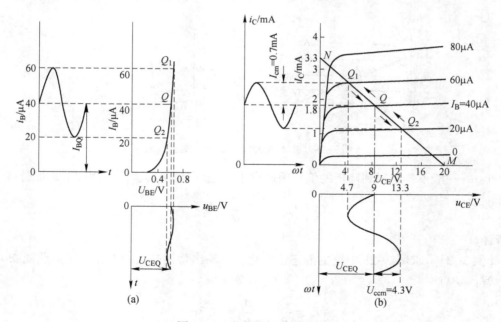

图 2-30 空载图解动态分析

因此画出 $i_C(\text{mA})$ 和 $u_{CE}(\text{V})$ 的变化曲线如图 2-30(b) 所示，它们的表达式为：

$$i_C = 1.8 + 0.7\sin\omega t$$

$$u_{CE} = 9 - 4.3\sin\omega t$$

输出电压为：

$$u_o = -4.3\sin\omega t = 4.3\sin(\omega t + \pi)$$

电压放大倍数为：

$$A_u = \frac{u_o}{u_i} = \frac{-4.3\sin\omega t}{0.02\sin\omega t} = -215$$

从图中可以看出，输出电压与输入电压是反相的。

B 作交流负载线和动态分析

前面分析了静态和空载的情况，而实际放大电路工作时都处于动态，并接有一定的直接负载或间接负载，负载以各种形式出现，但都可等效为一个负载电阻 R_L，如图 2-31(a) 所示。在图 2-31(a) 中，因为 U_{CC} 保持恒定，对交流信号压降为零，所以从输入端看，R_b 与发射结并联，从集电极看 R_c 与 R_L 并联，因此放大电路的交流通路可画成如图 2-31(b) 所示的电路，图中交流负载电阻为：

$$R_L' = R_L \mathbin{/\mkern-5mu/} R_c = \frac{R_L R_c}{R_L + R_c}$$

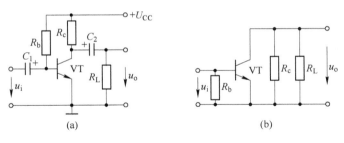

图 2-31 基本放大电路及其交流通路

因为电容 C_2 的隔直流作用，所以 R_L 对直流无影响，为了便于理解，先用上面的方法做出直流负载线 MN，设工作点为 Q，如图 2-32 所示。下面讨论交流负载线的画法。在图 2-31(b) 所示的交流通路中

$$u_{ce} = -i_c R_L$$

依叠加原理，有

$$i_C = I_{CQ} + i_c$$

$$u_{CE} = U_{CEQ} + u_{ce}$$

上面三式联立，有

$$u_{CE} = U_{CEQ} - i_c R_L' = U_{CEQ} - (i_C - I_{CQ})R_L'$$

整理得：

$$i_C = \frac{U_{CEQ} + I_{CQ}R_L'}{R_L'} - \frac{1}{R_L'}u_{CE}$$

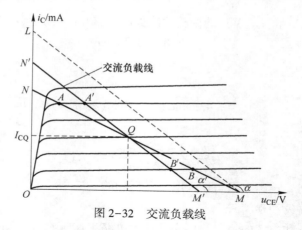

图 2-32　交流负载线

这便是交流负载线的特性方程，显然也是直线方程。当 $i_C = I_{CQ}$ 时，$u_{CE} = U_{CEQ}$，所以负载线与直流负载线都过 Q 点。其斜率为

$$k' = \tan\alpha' = -\frac{1}{R_L}$$

已知点 Q 和斜率 k' 便可作出交流负载线来。但斜率不易作得准确，一般用下列方法作交流负载线。

如图 2-32 所示，首先作直流负载线 MN，找出静态工作点 Q，然后过 M 作斜率为$-1/R_L'$ 的辅助线 ML（$OL = U_{CC}/R_L'$），最后过 Q 作 $M'N'$ 平行于 ML，所以 $M'N'$ 的斜率也为$-1/R_L'$，而且过 Q 点，所以 $M'N'$ 即是所求作的交流负载线。

下面通过例题来说明如何用图解法分析动态放大电路，求放大倍数，并讨论负载对放大倍数的影响。

【**例 2-3**】　在图 2-31 所示电路中，已知 $R_b = 300\text{k}\Omega$，$R_c = 4\text{k}\Omega$，$R_L = 4\text{k}\Omega$，$U_{CC} = 12\text{V}$，输入电压 $u_i = 0.02\sin\omega t(\text{V})$，三极管的输出特性曲线如图 2-33(b) 所示，输入特性如图 2-33(a) 所示，试画出电路的直流负载线和交流负载线，并通过作图求 R_L 接入前后的电压放大倍数。

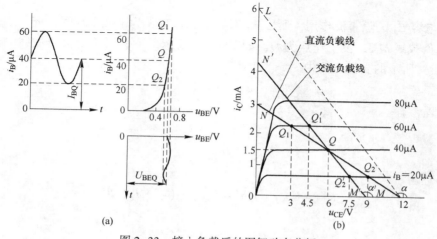

(a)

(b)

图 2-33　接入负载后的图解动态分析

(a) 输入 i_B 信号图；(b) 输出 i_C 的直流交流负载线

解：（1）作直流负载线，求静态工作点。直流负载线特性方程为：

$$i_C = \frac{U_{CC}}{R_C} - \frac{U_{CE}}{R_C}$$

可知，它在 i_C 轴和 u_{CE} 轴上的截距分别为：

$$ON = \frac{U_{CC}}{R_C} = \frac{12}{4} = 3\text{mA} \quad OM = U_{CC} = 12\text{V}$$

过 MN 两点作直线 MN，即为电路的直流负载线。

$$I_{BQ} = \frac{U_{CC} - U_{BE}}{R_b} = \frac{12 - 0.7}{300} = 0.04\text{mA} = 40\mu\text{A}$$

$I_B = 40\mu\text{A}$ 的输出特性曲线与直流负载线 MN 相交于 Q 点，Q 为静态工作点，静态值为：

$$\begin{cases} I_{BQ} = 40\mu\text{A} \\ I_{CQ} = 1.5\text{mA} \\ U_{CEQ} = 6\text{V} \end{cases}$$

（2）按直流负载线求 R_c 接入前的放大倍数。在图 2-31（a）的输入特性曲线上找到 $I_B = 40\mu\text{A}$ 的点 Q，

$$U_{BE} \approx 0.6\text{V}$$

叠加输入电压 u_i 后，

$$u_{BE} = U_{BEQ} + u_i = 0.6 + 0.02\sin\omega t$$

从输入特性曲线得：

$$i_B = I_{BQ} + i_b = 40 + 20\sin\omega t$$

依 i_B 的变化，可知工作点在直流负载线 MN 的 Q_1 和 Q_2 两点之间的变化，i_b 正半周期时在 Q_1Q 段，i_b 负半周期在 Q_2Q 段，所以有：

$$u_{CE} = 6 - 3\sin\omega t$$

输出交流电压　　　　　$u_o = -3\sin\omega t = 3\sin(\omega t - \pi)$

电压放大倍数　　　　　$A_u = \dfrac{u_o}{u_i} = \dfrac{-3\sin\omega t}{0.02\sin\omega t} = -150$

（3）作交流负载线。交流负载电阻

$$R'_L = R_L \,/\!/\, R_C = \frac{R_L R_C}{R_L + R_C} = \frac{4 \times 4}{4 + 4} = 2\text{k}\Omega$$

$$\frac{U_{CC}}{R'_L} = \frac{12}{2} = 6\text{mA}$$

在 i_C 轴上定点 L，使 $OL = 6\text{mA}$，连接 ML，过 Q 作 $M'N' \,/\!/\, ML$，$M'N'$ 为所求的交流负载线。

（4）用交流负载线求接入 R_L 后的电压放大倍数。依 i_b 的变化，可知 R_L 接后工作点在交流负载线上的 Q'_1 与 Q'_2 之间变化，i_b 正半周时在 Q'_1Q 段，i_b 负半周时在 Q'_2Q 段，所以有

$$u_{BE} = 6 - 1.5\sin\omega t$$

输出交流电压　　　　　$u_o = -1.5\sin\omega t = 1.5\sin(\omega t - \pi)$

电压放大倍数　　　　　$A_u = \dfrac{u_o}{u_i} = \dfrac{-1.5\sin\omega t}{0.02\sin\omega t} = -75$

显然，接入负载后输出电压减小，放大倍数减小，R_L 越小这种变化越明显。这是因为有：R_L 越小→R'_L 越小→交流负载线越陡→i_C 的变化范围越小→u_{CE} 的变化范围越小。所

以输出电压 u_o 越小，即放大倍数越小。

C 放大器的非线性失真和静态工作点的选择

三极管的非线性表现在输入特性的弯曲部分和输出特性间距的不均匀部分。如果输入信号的幅值比较大，将使 $i_B i_C$ 和 u_{CE} 正、负半周不对称，产生非线性失真，如图 2-34 所示。

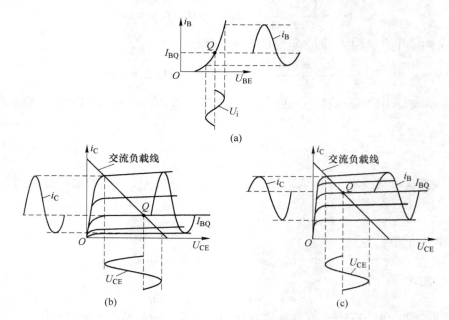

图 2-34 由三极管特性的非线性引起的失真

（a）i_B 的失真波形；（b）i_C 的失真波形；（c）u_{CE} 的失真波形

静态工作点的位置不合适，也会产生严重的失真，大信号输入尤其如此。如果静态工作点选得太低，在输入特性上，信号电压的负半周有一部分在阈电压以下，管子进入截止区，使 i_B 的负半周被"削"去一部分。i_B 已为失真波形，结果 i_C 负半周和 u_{CE} 的正半周（对 NPN 型管而言）被"削"去相应的部分，输出电压 $u_o(u_{CE})$ 的波形出现顶部失真，如图 2-35（a）所示。因为这种失真是三极管在信号的某一段时间内截止而产生的，所以称为截止失真。如果静态工作点选得太高，尽管 i_B 波形完好，但在输出特性上，信号的摆动范围有一部分进入饱和区，结果 i_C 的正半周和 u_{CE} 的负半周（对 NPN 管）被"削"去一部分，输出电压 $u_o(u_{CE})$ 的波形出现底部失真，如图 2-35（b）所示。

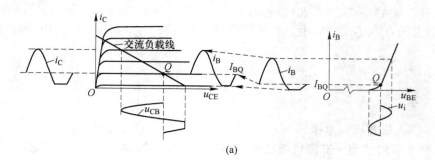

（a）

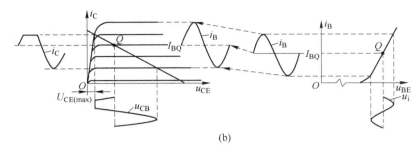

(b)

图 2-35　工作点选择不当引起的失真

(a) Q 点偏低引起的截止失真；(b) Q 点偏高引起的饱和失真

　　因为这种失真是三极管在信号的某一段内饱和而产生的，所以称为饱和失真。PNP 型三极管的输出电压 u_o 的波形失真现象与 NPN 型三极管的相反。对一个放大电路，希望它的输出信号能正确地反映输入信号的变化，也就是要求波形失真小，否则就失去了放大的意义。由于输出信号波形与静态工作点有密切的关系，所以静态工作点的设置要合理。合理，就是指 Q 点的位置应使三极管各极电流、电压的变化量处于特性曲线的线性范围内。具体地说，如果输入信号幅值比较大，Q 点应选在交流负载线的中央；如果输入信号幅值比较小，从减小电源的消耗考虑，Q 点应尽量低一些。

2.2.2.2　微变等效电路分析法

　　用图解法分析放大电路，虽然比较直观，便于理解，但过程烦琐，不易进行定量分析。因此，下面将进一步讨论等效电路分析法。

　　三极管各极电压和电流的变量关系，在大范围内是非线性的。但是，如果三极管工作在小信号的情况下，信号只是在工作点附近很小的范围内变化，那么，此时三极管的特性可以看成是线性的，其特性参数可认为是不变的常数。因此，可用一个线性电路来代替在小信号工作范围内的三极管，只要从这个线性电路的相应引出端看进去的电压和电流的变量关系与从三极管对应引出端看进去的一样就行。这个线性电路就称为三极管的微变等效电路。用微变等效电路代替放大电路中的三极管，使复杂的电路计算大为简化。

A　三极管基极-发射极间的等效

　　小信号输入，因为动态范围很小，可以认为是在作线性变化，如图 2-36(a) 电路所示，在静态工作点 Q 附近，输入特性曲线和输出特性曲线均可视为直线的一部分。在输入特性曲线上，当 u_{CE} 一定时，Δi_B 与 Δu_{BE} 成正比，即三极管输入回路基极与发射极之间可以用等效电阻 r_{be} 代替。即

$$r_{be} = \frac{\Delta u_{BE}}{\Delta i_B}\bigg|_{U_{CE}一定} = \frac{u_{be}}{i_b}$$

　　根据三极管输入结构分析，r_{be} 的数值可以用下列公式计算：

$$r_{be} = r_{bb'} + (1 + \beta)\frac{26}{I_{EQ}}$$

式中，$r_{bb'}$ 为基区体电阻，对于低频小功率管，$r_{bb'}$ 约为几百欧姆，一般无特别说明时，可取 $r_{bb'} = 300\Omega$；I_{EQ} 为静态射极电流。

B 三极管集电极-发射极间的等效

当三极管工作于放大区时，在输出特性曲线上，各条曲线平行且间隔均匀，当 u_{CE} 一定时，Δi_C 与 Δi_B 成正比。电流放大倍数为：

$$\beta = \frac{\Delta i_C}{\Delta i_B}\bigg|_{U_{CE}\text{一定}} = \text{恒量}$$

因此，从输出端 c、e 极看，三极管就成为一个受控电流源，于是

$$\Delta i_C = \beta \Delta i_B \qquad i_c = \beta i_b$$

这样，非线性的三极管就成为线性元件，它的 b 与 e 之间为一个电阻 r_{be}，c 与 e 之间为一个受控电流源 βi_b，因此，可画出晶体管的线性等效电路如图 2-36(b) 所示。

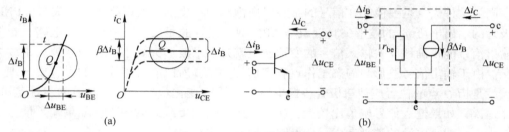

图 2-36 三极管简化等效电路

把基本放大电路中的三极管用其简化等效电路代替，并画出其交流通路，就成为基本放大电路的微变等效电路，如图 2-37 所示。

根据图 2-37 等效电路，可以求电路的输入电阻 r_i、输出电阻 r_o 和电压放大倍数 A_u。

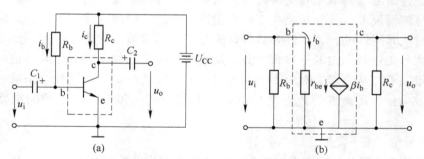

图 2-37 基本放大电路的简化等效电路

从输入回路，可得输入电阻为：

$$r_i = R_b \; // \; r_{be}$$

又 $R_b \gg r_{be}$，所以

$$r_i \approx r_{be}$$

从输出端看放大电路的电阻时，电流源作为开路，所以输出电阻为：

$$r_o = R_C$$

输入电压 $\qquad\qquad u_i = i_b r_{be}$

输出电压 $\qquad\qquad u_o = -i_c R_C = -\beta i_b R_C$

电压放大倍数 $\qquad\qquad A_u = \dfrac{u_o}{u_i} = \dfrac{-\beta i_b R_C}{i_b r_{be}} = -\beta \dfrac{R_C}{r_{be}}$

如果有负载 R_L，则

$$u_o = -\beta i_b R'_L$$

式中

$$R'_L = R_C \mathbin{/\mkern-5mu/} R_L$$

$$A_u = -\beta \frac{R'_L}{r_{be}}$$

2.2.3　分压式偏置电路

图 2-38 所示为分压式偏置电路，它既能提供静态电流，又能稳定静态工作点。

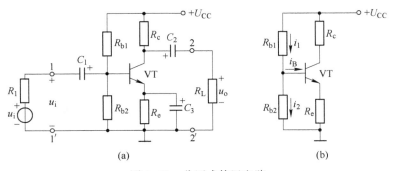

图 2-38　分压式偏置电路

（a）电路图；（b）直流通路

图中 R_{b1}、R_{b2} 的作用是将 U_{CC} 进行分压，在晶体三极管基极上产生基极静态电压 U_{BQ}。R_e 为发射极电阻，发射极静态电流 I_{EQ} 在其上产生静态电压 U_{EQ}，所以发射结上的静态电压 $U_{BEQ} = U_{BQ} - U_{EQ}$。

2.2.3.1　Q 点的稳定过程

现在分析分压式偏置电路稳定静态工作点的过程。假设温度升高，I_{CQ}（或 I_{EQ}）随温度升高而增加，那么 U_{EQ} 也相应增加。

如果 R_{b1} 和 R_{b2} 的电阻值较小，通过它们的电流远比 I_{BQ} 大，则可认为 U_{BQ} 恒定而与 I_{BQ} 无关，根据 $U_{BEQ} = U_{BQ} - U_{EQ}$，则 U_{BEQ} 必然减小，从而使 I_{EQ}、I_{CQ} 趋于减小，使 I_{EQ}、I_{CQ} 基本稳定。这个自动调整过程可表示如下（"↑"表示增，"↓"表示减）：

$$T(温度)\uparrow \rightarrow I_{CQ}(I_{EQ})\uparrow U_{CEQ}\uparrow \rightarrow (U_{BQ})U_{BEQ}\downarrow \rightarrow I_{BQ}\downarrow \rightarrow I_{CQ}(I_{EQ})\downarrow$$

反之亦然。由上分析可知分压式偏置电路稳定工作点的实质是：先恒 U_{BQ}，然后通过 R_e 把输出量（I_{CQ}）的变化引回到输入回路，使输出量变化减小。

由上面的分析知道，要想使稳定过程能够实现，必须满足以下两个条件。

（1）基极电位恒定。这样才能使 U_{BEQ} 真实地反映 $I_{CQ}(I_{EQ})$ 的变化。那么，只要满足 I_1、I_{BQ}，就可以认为

$$U_{BQ} = \frac{R_{b2}}{R_{b1} + R_{b2}} U_{CC}$$

也就是说 U_{BQ} 基本恒定，不受温度影响。

当然，为了实现 $I_1 \gg I_{BQ}$，R_{b1}、R_{b2} 的值应取得小些。但太小功耗大，而且也增大对输入信号源的旁路作用。工程上，一般取 $I_1 \geqslant (5\sim10)I_{BQ}$。

（2）R_e 足够大。这样才能使 $I_{CQ}(I_{EQ})\uparrow$ 的变化引起 U_{EQ} 更大的变化，更能有效地控制

U_{BEQ}。但从电源电压利用率来看，R_e 不宜过大，否则，U_{CC} 实际加到管子两端的有效压降 U_{CEQ} 就会过小。工程上，一般取 $U_{EQ} = 0.2U_{CC}$ 或 $U_{EQ} = 1 \sim 3V$。

分压式偏置电路不仅提高了静态工作点的热稳定性，而且对于换用不同晶体管时，因参数不一致而引起的静态工作点的变化，同样也具有自动调节作用。

2.2.3.2 静态工作点的估算

在满足 $I_1 \gg I_B$ 的条件下，可以认为 $I_1 \approx I_2$，于是

$$U_B = \frac{R_{b2}}{R_{b1} + R_{b2}} U_{CC}$$

$$I_{CQ} \approx I_E = \frac{U_B - U_{BE}}{R_E}$$

$$U_{CEQ} = U_{CC} - I_{CQ}(R_C + R_e)$$

$$I_{BQ} = I_{CQ}/\beta$$

由于 R_e 加有旁路电容 C_e，C_e 对交流信号相当于短路，故对动态分析没有影响。下面将通过例题说明分压式偏置电路的动态分析。

【例 2-4】 在图 2-38 中，已知 $R_{b1} = 7.5k\Omega$，$R_{b2} = 2.5k\Omega$，$R_C = 2k\Omega$，$R_e = 1k\Omega$，$R_L = 2k\Omega$，$U_{CC} = 12V$，$U_{BE} = 0.7V$，$\beta = 30$。试计算放大电路的静态工作点和电压放大倍数 A_u、输入电阻 r_i 和输出电阻 r_o。

解：（1）静态工作点的计算。

$$U_{BQ} = \frac{R_{b2}}{R_{b1} + R_{b2}} U_{CC} = \frac{2.5}{7.5 + 2.5} \times 12 = 3V$$

$$I_{CQ} \approx I_E = \frac{U_B - U_{BE}}{R_E} = \frac{3 - 0.7}{1} = 2.3mA$$

$$I_{BQ} = I_{CQ}/\beta = 2.3/30 = 0.077mA$$

$$U_{CEQ} = U_{CC} - I_{CQ}(R_C + R_e) = 12 - 2.3 \times (2 + 1) = 5.1V$$

由图 2-38(a) 可画出交流通路及微变等效电路，如图 2-39 所示。

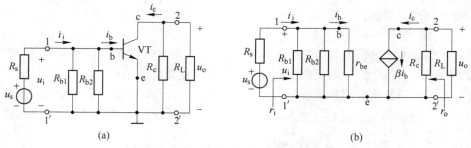

(a)   (b)

图 2-39　分压式偏置电路的微变等效电路

（a）交流通路；（b）微变等效电路

（2）电压放大倍数 A_u，输入电阻 r_i 和输出电阻 r_o 的计算。

$$r_{be} = r_{bb'} + (1 + \beta)\frac{26}{I_{EQ}} = 300 + (1 + 30) \times \frac{26}{2.3} = 650\Omega$$

$$R'_L = R_C // R_L = 1k\Omega$$

$$A_u = -\beta \frac{R'_L}{r_{be}} = -30 \times \frac{1}{0.65} = -46.2$$

$$r_i = R_{b1} \,/\!/\, R_{b2} \,/\!/\, r_{be} = \frac{1}{\dfrac{1}{7.5} + \dfrac{1}{2.5} + \dfrac{1}{0.65}} = 0.483\text{k}\Omega$$

$$r_o = R_C = 2\text{k}\Omega$$

2.2.4　共集电极电路

共集电极放大电路的原理图如图 2-40(a) 所示，它的交流通路如图 2-40(b) 所示。由交流通路可知，三极管的负载电阻是接在发射极上，输入电压 u_i 加在基极和集电极之间，而输出电压 u_o 从发射极和集电极两端取出，所以集电极是输入、输出电路的共同端点。下面计算图 2-40(a) 电路的静态工作点，电压放大倍数，输入、输出电阻。

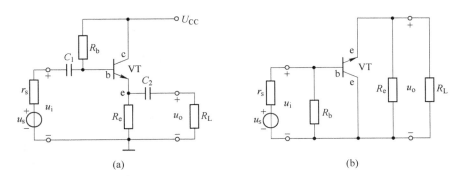

图 2-40　共集电极电路
(a) 典型电路；(b) 交流电路

2.2.4.1　静态工作点

由图 2-40(a) 可列出基极回路方程：

$$U_{CC} = I_{BQ}R_b + U_{BEQ} + U_E$$
$$U_E = I_{EQ}R_e = (1 + \beta)I_{BQ}R_e$$

又

可得

$$I_{BQ} = \frac{U_{CC} - U_{BEQ}}{R_b + (1 + \beta)R_e}$$
$$I_{CQ} = \beta I_{BQ} \approx I_{EQ}$$
$$U_{CEQ} = U_{CC} - I_{EQ}R_e$$

2.2.4.2　动态分析

图 2-41 为共集电极放大电路的微变等效电路。

(1) 电压放大倍数。由图 2-41 可得：

$$u_i = i_b r_{be} + i_e(R_e \,/\!/\, R_L) = i_b r_{be} + (1 + \beta)i_b R'_L$$
$$u_o = i_e(R_e \,/\!/\, R_L) = (1 + \beta)i_b R'_L$$

式中，$R'_L = R_e /\!/ R_L$。

所以电压放大倍数为：

$$A_u = \frac{u_o}{u_i} = \frac{(1+\beta)R'_L}{r_{be} + (1+\beta)R'_L}$$

一般有 $r_{be} \ll (1+\beta)R'_L$，因此 $A_u \approx 1$，这说明共集电极放大电路的输出电压与输入电压不但大小近似相等（u_o 略小于 u_i），而且相位相同，即输出电压有跟随输入电压的特点，故共集电极放大电路又称"射极跟随器"。

（2）输入电阻。由图 2-41 可得从晶体管基极看进去的输入电阻为：

$$r'_i = \frac{u_i}{i_b} = \frac{i_b r_{be} + (1+\beta)i_b R'_L}{i_b} = r_{be} + (1+\beta)R'_L$$

因此共集电极放大电路的输入电阻为：

$$r_i = \frac{u_i}{i_i} = R_b /\!/ \left[r_{be} + (1+\beta)R'_L \right]$$

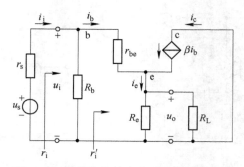

图 2-41　共集电极放大电路微变等效电路

（3）输出电阻。求放大电路输出电阻 r_o 的等效电路如图 2-42 所示。

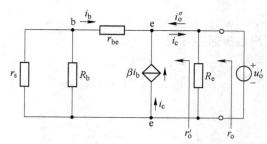

图 2-42　求共集电极放大电路输出电阻和等效电路

将 u_s 去掉，保留其内阻 r_s，去掉 R_L，在输出端加一电压 u'_o。由图可得：

$$i''_o = -i_e = -(1+\beta)i_b$$

$$u'_o = -\left[(r_s /\!/ R_b) + r_{be} \right]i_b$$

从发射极向里看进去的输出电阻：

$$r'_o = \frac{u'_o}{i''_o} = \frac{(r_s /\!/ R_b) + r_{be}}{1+\beta}$$

当考虑到 R_e 时，从输出端向里看进去的输出电阻 r_o 为

$$r_o = R_e \mathbin{/\mkern-5mu/} r'_o$$

由此可见，射极输出器的输出电阻，等于基极回路中的总电阻的 $1/(1+\beta)$（折合到发射极）同 R_e 相并联。它的数值较小，一般只有几十欧姆。

综上分析，射极输出器的特点是：电压放大倍数小于或近于 1，输出电压和输入电压同相位，输入电阻高，输出电阻低。虽然共集电极电路本身没有电压放大作用，但有电流放大作用，同时由于其输入电阻大，只从信号源吸收很小的功率，所以对信号源影响很小；又由于其输出电阻很小，当负载 R_L 改变时，输出电压波动很小，故有很好的带负载能力，可作为恒压源输出，共集电极电路还具有很好的高频特性。所以，共集电极放大电路多用于输入级、输出级或中间缓冲级（起阻抗变换的作用）。

2.2.5　多级放大电路

在实际的电子设备中，为了得到足够大的增益或者考虑到输入电阻和输出电阻等特殊要求，放大器往往由多级组成。多级放大器由输入级、中间级和输出级组成。如图 2-43 所示，输出级一般是大信号放大器，下面只讨论由输入级到中间级组成的多级小信号放大器。

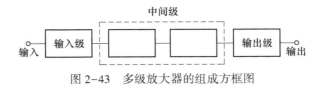

图 2-43　多级放大器的组成方框图

2.2.5.1　耦合方式

常用的耦合方式有阻容耦合、直接耦合、变压器耦合。下面分别予以介绍。

（1）阻容耦合。阻容耦合就是利用电容作为耦合和隔直流元件的电路。如图 2-44 所示，第一级的输出信号，通过电容 C_2 和第二级的输入电阻 r_{i2} 加到第二级的输入端。

阻容耦合的优点是：前后级直流通路彼此隔开，每一级的静态工作点都相互独立。便于分析、设计和应用。缺点是：信号在通过耦合电容加到下一级时会大幅度衰减。在集成电路里制造大电容很困难，所以阻容耦合只适用于分立元件电路。

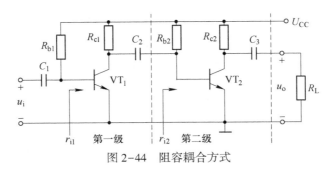

图 2-44　阻容耦合方式

（2）直接耦合。直接耦合是将前后级直接相连的一种耦合方式。但是，两个基本放大电路不能像图 2-45 那样简单地连接在一起。如果按图 2-45 连接，VT_1 管集电极电位被

VT$_2$ 管基极限制在 0.7V 左右（设 VT$_2$ 为硅管），导致 VT$_1$ 处于临界饱和状态；同时，VT$_2$ 基极电流由 R_{b2} 和 R_{c1} 流过的电流决定，因此 VT$_2$ 的工作点将发生变化，容易导致 VT$_2$ 饱和。通过上述分析，在采用直接耦合方式时，必须解决级间电平配置和工作点漂移两个问题，以保证各级各自有合适的稳定的静态工作点。

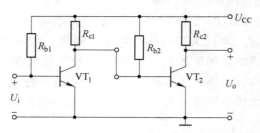

图 2-45　两个基本放大电路简单连接方式

图 2-46 给出了两个直接耦合的例子。图 2-46（a）中，由于 R_{e2} 提高了 VT$_2$ 发射极电位，保证了 VT$_1$ 的集电极得到较高的静态电位。所以 VT$_1$ 不至于工作在饱和区。图 2-46（b）中，用负电源 U_{BB}，既降低了 VT$_2$ 基极电位，又与 R_1、R_2 配合，使 VT$_1$ 集电极得到较高的静态电位。

直接耦合的优点是：电路中没有大电容和变压器，能放大缓慢变化的信号，它在集成电路中得到广泛的应用。它的缺点是：前、后级直流电路相通，静态工作点相互牵制、相互影响，不利于分析和设计。

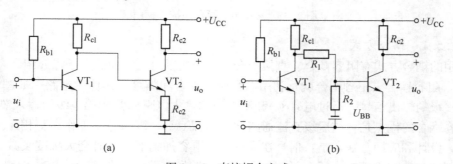

图 2-46　直接耦合方式
（a）提高 VT$_2$ 发射极电位；（b）降低 VT$_2$ 基极电位

（3）变压器耦合。用变压器构成级间耦合电路的称为变压器耦合。由于变压器体积与重量较大、成本较高，所以变压器耦合在交流电路中应用较少，而较多地应用在功率放大电路中。

2.2.5.2　多级放大器的电压放大倍数

在多级放大器中，如各级电压放大倍数分别为 $A_{u1}=u_{o1}/u_{i1}$、$A_{u2}=u_{o2}/u_{i2}$、$A_{u3}=u_{o3}/u_{i3}$、$A_{un}=u_{on}/u_{in}$，由于信号是逐级传送的，前级的输出电压便是后级的输入电压，所以整个放大电路的电压放大倍数为

$$A_u = \frac{u_o}{u_i} = \frac{u_{o1}}{u_{i1}} \times \frac{u_{o2}}{u_{i2}} \times \cdots \times \frac{u_{on}}{u_{in}} = A_{u1}A_{u2}\cdots A_{un}$$

上式表明，多级放大电路的电压放大倍数等于各级放大倍数的乘积，若用分贝表示，则多级放大电路的电压总增益等于各级电压增益之和，即

$$A_u(\mathrm{dB}) = A_{u1}(\mathrm{dB}) + A_{u2}(\mathrm{dB}) + \cdots + A_{un}(\mathrm{dB})$$

2.2.6　功率放大电路

功率放大电路是最常用的一种放大电路。常用的电子电路和电子设备中的放大电路通常由输入级、中间级和输出级组成的多级放大器来构成。要求连接负载的输出级要提供足够的驱动负载的能力。例如，收音机里的输出级需提供足够的功率以驱动扬声器发出声音，推动电动机旋转等。一类主要向负载提供功率的放大电路称为功率放大电路。从能量控制的观点来看，前面讲的电压放大电路与功率放大电路没有本质的区别，实质上都是能量转换电路，只是各自要完成的任务不同。

2.2.6.1　功率放大器的特点

电压放大电路与功率放大电路都是利用换能器件（如三极管等有源器件）将电源的直流能量转换成负载所需要的信号能量。但是，功率放大电路和电压放大电路所要完成的任务是不同的。对电压放大电路的主要要求是使负载得到不失真的电压信号，它的主要技术指标是电压放大倍数、输入电阻和输出电阻等，它工作在小信号状态。而功率放大电路则不同，它工作在大信号状态，要求获得一定的不失真（或失真较小）的输出功率。因此，功率放大电路通常有以下的基本要求。

（1）输出功率足够大。为获得足够大的输出功率，功放管的电压和电流变化范围应很大。

（2）功率要高。功率放大电路的电压和电流都较大，功率消耗也大，因此，能量的转换效率也是功率放大电路的一个重要指标。功率放大器的效率是指负载上得到的信号功率与电源供给的直流功率之比。

（3）线性失真要小。功率放大器是在大信号状态下工作，电压、电流摆动幅度很大，极易超出管子特性曲线的线性范围而进入非线性区，造成输出波形的非线性失真，因此，功率放大器比小信号的电压放大器的非线性失真问题严重。

（4）充分考虑功放管的散热问题。在功率放大电路中，电源提供的直流功率，一部分转换为负载的有用功率，而另一部分则消耗在功放管上，使功放管发热。为了充分利用允许的管耗而使管子输出足够大的功率，放大器的散热就成为严重的问题。常用的散热方法有加装散热片、靠近机箱通风口或加装小风扇等。

（5）其他问题。在功率放大电路中，由于输出功率较大，管子承受的电压较高，电流也较大，所以要考虑保护功放管，以防止功放管损坏。

在分析方法上，由于管子处于大信号下工作，故通常采用图解法来分析功率放大电路。

综上所述，对于功率放大电路，要求其输出波形失真足够小，效率尽可能高，在三极管能安全工作的前提下尽可能输出最大的功率。

2.2.6.2　功率放大器的分类

功率放大器通常是根据功放管工作点选择的不同来进行分类的，分为甲类放大、乙类放大和甲乙类放大等形式。当静态工作点 Q 设在负载线段的中点、在整个信号周期内都有

电流 i_C 通过时，称为甲类放大状态，其波形如图 2-47（a）所示。若将静态工作点 Q 设在截止点，则 i_C 仅在半个信号周期内通过，其输出波形被削掉一半，如图 2-47（b）所示，称为乙类放大状态。若将静态工作点设在线性区的下部靠近截止点处，则其 i_C 的流通时间为多半个信号周期，输出波形被削掉少一半，如图 2-47（c）所示，称为甲乙类放大状态。

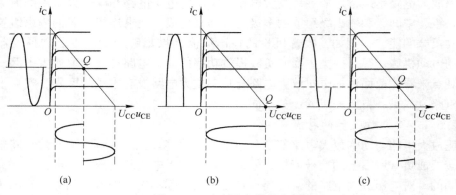

图 2-47　功率放大器的分类

（a）甲类；（b）乙类；（c）甲乙类

甲类、乙类、甲乙类功率放大电路都可以较好的进行功率放大。甲类功率放大电路具有结构简单、线性好、失真小等优点。但由于甲类功率放大电路中，电源始终不断地输出功率，在没有信号输入时，这些功率全消耗在管子上。因此，甲类功率放大电路的管耗大，输出效率低，即使在理想情况下，效率也只能达到 50%。乙类功率放大器的效率最高，甲乙类次之。虽然乙类和甲乙类功放电路效率较高，但波形失真严重，故在实际的功率放大电路中，常常采用两管轮流导通的互补对称功率放大电路来减小失真。

2.2.6.3　互补对称功率放大器

A　乙类基本互补对称功率放大器

（1）电路组成。基本的互补对称功率放大器电路如图 2-48 所示。图中 VT_1、VT_2 是两个特性一致的 NPN 型和 PNP 型三极管。两管基极连接输入信号，发射极连接负载 R_L。两管均工作在乙类状态。这个电路可以看成是由两个工作于乙类状态的射极输出器所组成。

（2）工作原理。无信号时，因 VT_1、VT_2 特性一致及电路对称，因而发射极电压 $U_E = 0$，R_L 中无静态电流。又由于管子工作于乙类状态，$I_{BQ} = 0$，$I_{CQ} = 0$，故电路中无静态损耗。

有正弦信号 u_i 输入时，两管轮流工作。正半周时，VT_1 因发射结正偏而导通，在负载 R_L 上输出电流 i_{c1}，如图 2-48 中实线所示，VT_2 因发射结反偏而截止。同理，在负半周时，VT_1 因发射结正偏而导通，在负载 R_L 上输出电流 i_{c2}，如图 2-48 中虚线所示，VT_1 因发射结反偏而

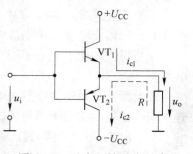

图 2-48　基本互补对称电路

（VT_2 为 PNP 管）

截止。这样，在信号 u_i 的一个周期内，电流 i_{c1} 和 i_{c2} 以正、反两个不同的方向交替流过负载电阻 R_L，在 R_L 上合成为一个完整的略有点交越失真的正弦波信号。

由此可见，在输入电压作用下，互补对称电路利用了两个不同类型晶体管发射结偏置的极性正好相反的特点，自行完成了反相作用，使两管交替导通和截止。

此外，互补对称电路联成射极输出方式，具有输入电阻高、输出电阻低的特点，低阻负载可以直接接在放大电路的输出端。

由于采用双电源，不需要耦合电容，故称为 OCL，即无输出电容互补对称功率放大电路，简称 OCL 电路。

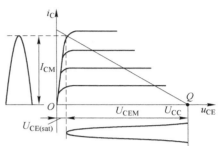

图 2-49 乙类功放电路图解分析

（3）输出功率、效率和管耗。由于互补电路两管完全对称，在做定量分析时，只要分析一个三极管的情况就可以了。如图 2-49 所示为功放电路中三极管 V_1 的动态工作图解示意图。

其中，U_{CEM}、I_{CM} 分别表示交流输出电压和输出电流的幅值，$U_{CE(sat)}$ 为功率管的饱和压降。

输出功率 P_o、输出电流 i_o 和输出电压 u_o 有效值的乘积，就是功率放大电路的输出功率，即

$$P_o = U_o I_o = \frac{U_{CEM}}{\sqrt{2}} \times \frac{I_{CM}}{\sqrt{2}} = \frac{1}{2} U_{CEM} I_{CM}$$

由于 $I_{CM} = U_{CEM}/R_L$，所以上式也可以写成：

$$P_o = \frac{U_{CEM}^2}{2R_L} = \frac{1}{2} I_{CM}^2 R_L$$

最大不失真输出电压的幅值为：

$$U_{CEM(max)} = U_{CC} - U_{CE(sat)} \approx U_{CC}$$

最大不失真输出电流的幅度为：

$$I_{CM} = \frac{U_{CEM}}{R_L} \approx \frac{U_{CC}}{R_L}$$

最大不失真输出功率为：

$$P_o = \frac{U_{CEM}^2}{2R_L} = \frac{1}{2} \times \frac{U_{CC}^2}{R_L}$$

直流电源供给的功率由于两个管子轮流工作半个周期，每个管子的集电极电流的平均值为：

$$I_{C1} = I_{C2} = \frac{1}{2\pi} \int_0^{\pi} I_{CM} \sin\omega t \, d(\omega t) = \frac{I_{CM}}{\pi}$$

因为每个电源只提供半周期的电流，所以两个电源供给的总功率为：

$$P_{DC} = I_{C1} U_{CC} + I_{C2} U_{CC} = 2 I_{C1} U_{CC} = 2 I_{CM} U_{CC}/\pi$$

将 I_{CM} 代入上式，得最大输出功率时，直流电源供给功率为：

$$P_{DC} = \frac{2 U_{CC}^2}{\pi R_L}$$

效率 η。效率是负载获得的功率 P_o 与直流电源供给功率 P_{DC} 之比，一般情况下的效率 η 可由 P_o 与 P_{DC} 相比求出：

$$\eta = \frac{P_o}{P_{DC}} = \frac{\pi}{4} = \frac{U_{CEM}}{U_{CC}}$$

当 $U_{CEM(max)} \approx U_{CC}$ 时，$\qquad\qquad \eta_{max} = \frac{\pi}{4} = 78.5\%$

应当指出的是，大功率管的饱和管压降 $U_{CEM(max)}$ 常为 2~3V，一般不能忽略，故实际应用电路的效率要比此值低。

管耗 P_C。在功率放大电路中，电源提供的功率，除了转化成输出功率外，其余主要消耗在晶体管上，故可以认为管耗等于直流电源提供的功率与输出功率之差：

$$P_C = P_{CD} - P_o = \frac{2U_{CC}U_{CEM}}{\pi R_L} - \frac{U_{CEM}^2}{2R_L}$$

由上式可知，管耗与输出电压的幅值有关。为求出最大管耗，令 $\dfrac{dP_C}{dU_{CEM}} = 0$，则得

$$\frac{dP_C}{dU_{CEM}} = \frac{2U_{CC}}{\pi R_L} - \frac{U_{CEM}}{R_L} = 0$$

则
$$U_{CEM} = \frac{2U_{CC}}{\pi}$$

这说明，当 $U_{CEM} = \dfrac{2U_{CC}}{\pi} = 0.6U_{CC}$ 时，管耗最大，将此式代入管耗 P_C 公式，即可求得两管总的最大管耗为：

$$P_{C(max)} = \frac{2U_{CC}^2}{\pi^2 R_L} = \frac{4}{\pi^2}P_{o(max)} \approx 0.4P_{o(max)}$$

每只三极管的最大管耗为总管耗的一半，即

$$P_{C1(max)} = \frac{1}{2}P_{C(max)} \approx 0.2P_{o(max)}$$

因此，选择功率管时集电极最大允许管耗 P_{CM} 应大于该值，并留有一定的余量。

B 单电源互补对称功率放大器

图 2-48 所示互补对称功率放大器中需要正、负两个电源。但在实际电路中，如收音机、扩音机中，为了简化，常采用单电源供电。为此，可采用图 2-50 所示单电源供电的互补对称功率放大器。这种形式的电路无输出变压器，而有输出耦合电容，简称为 OTL 电路（英文 Output Transformerless 的缩写，意即无输出变压器）。而图 2-48 所示电路简称为 OCL 电路（意即无输出电容）。

图 2-50 电路中，管子工作于乙类状态。静态时因电路对称，两管发射极 e 点电位为电源电压的一半 $U_{CC}/2$，负载中没有电流。

动态时，在输入信号正半周，VT_1 导通，VT_2 截止，VT_1 以射极输出的方式向负载 R_L 提供电流 $i_o =$

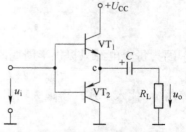

图 2-50 单电源互补对称功率放大器

i_{c1}，使负载 R_L 上得到正半周输出电压，同时对电容 C 充电。在输入信号负半周，VT_1 截止，VT_2 导通，电容 C 通过 VT_2、R_L 放电，VT_2 也以射极输出的方式向 R_L 提供电流 $i_o = i_{c2}$，在负载 R_L 上得到负半周输出电压。电容器 C 在这时起到负电源的作用，为了使输出波形对称，即 i_{c1} 与 i_{c2} 大小相等，必须保持 C 上电压恒定为 $U_{CC}/2$，也就是 C 在放电过程中其端电压不能下降过多，因此，C 的容量必须足够大。

C　甲乙类互补对称功率放大器

甲乙类互补对称功率放大器存在晶体管输入特性死区电压引起的交越失真，需要给功放管加上偏置电流，使其工作于甲乙类放大状态，以此来克服交越失真。

图 2-51 为常见的几种甲乙类互补对称功率放大器。图 2-51(a) 为 OCL 电路，图 2-51(b) 为 OTL 电路。在 (a)、(b) 两图中，VT_3 为推动级，VT_3 的集电极电路中接有两个二极管 VD_1 和 VD_2，利用 VT_3 集电极电流在 VD_1、VD_2 的正向压降给两个功放管 VT_1、VT_2 提供基极偏置，从而克服交越失真。

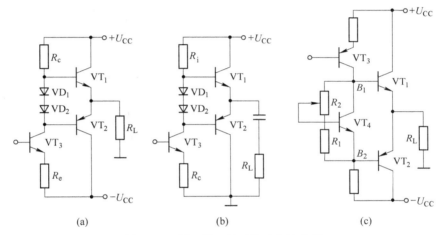

图 2-51　甲乙类互补对称功率放大器
(a) OCL 电路；(b) OTL 电路；(c) 互补对称功率放大器

静态时，因 VT_1、VT_2 两管电路对称，两管静态电流相等，负载上无静态电流，输出电压 $U_o = 0$。当有交流信号输入时，VD_1 和 VD_2 的交流电阻很小，可视为短路，从而保证了 VT_1 和 VT_2 两管基极输入信号幅度基本相等。由于二极管正向压降具有负温度系数，因而这种偏置电路具有温度稳定作用，可以自动稳定输出级功放管的静态电流。

图 2-51(c) 是另一种常见的为互补对称功率放大器设置静态工作点的电路，称为 "U_{BE} 扩大电路"。由图可知，当 $I_{B4} \ll I_{R1} = I_{R2}$ 时，有

$$U_{R2} = I_{R2}R_2 = I_{R1}R_2 = \frac{U_{BE4}}{R_1}R_2$$

所以，两功放管基极之间电压为：

$$U_{B1B2} = U_{R2} + U_{R2} = U_{BE4} + \frac{U_{BE4}}{R_1}R_2 = U_{BE4}\left(1 + \frac{R_2}{R_1}\right)$$

可见，调节电阻 R_2 就可调节两功放管基极间电压，从而方便地调节两功放管的静态

电流。

由于甲乙类功率放大器的静态电流一般很小，与乙类工作状态很接近，因而甲乙类互补对称功率放大器的最大输出功率、效率以及管耗等量的估算均可按乙类电路有关公式进行。

任务 2.3 音频放大器的制作、参数测试与故障排除

【任务描述】

按图 2-22 音频放大器电路组装、制作一个音频放大器，对其输出参数进行测定，对其功能进行检测，确保制作质量。

【任务分析】

完成任务的第一步是能看懂电路原理图，弄清电路结构、电路每部分的功能，认识构成电路的各元器件。而后，要会根据给定参数要求选定元器件，会编制工艺流程，具备一定的焊接技能，会使用检测工具，明白检测标准和检测方法，才能较好地完成任务。

音频放大电路工作的频率范围为 20～20000Hz，它可以对整个音频范围放大，也可以只放大其中的一部分。音频放大电路一般由两部分组成：一是电压放大电路，主要用于提高信号的电压以有效驱动功率放大电路，它实际上是一个共发射极放大电路，通常称为前置推动级，图 2-22 中 VT_1、R_1、R_2、R_5 等构成电压放大电路；另一是功率放大电路，主要用于给负载（如扬声器）提供足够的驱动功率，通常称为输出级。图 2-22 中 VT_2、VT_3、VT_4、VT_5 等构成功率放大电路。

【知识准备】

2.3.1 工具、材料、器件准备

工具：电烙铁、烙铁架、万用表、镊子、剥线钳，直流稳压电源或 1.5V 干电池 2 节及电池盒等。

材料：焊锡、万能电路板、软导线若干。

器件：元器件清单见表 2-1。

表 2-1 音频放大器元件清单列表

元件名称	元件编号	元件参数	元件数量	单位	备 注
中功率半导体三极管	VT_4、VT_5	3DG12C	2	个	
小功率三极管	VT_3	3CG21	1	个	可用 9012 代替
小功率三极管	VT_1、VT_2	3DG6	2	个	可用 9013 代替
电阻	R_1	1kΩ	1	个	
电阻	R_5	100Ω	1	个	
电阻	R_4	390Ω	1	个	

元件名称	元件编号	元件参数	元件数量	单位	备 注
电阻	R_3	1.5kΩ	1	个	
电阻	R_6	2kΩ	1	个	
电阻	R_7、R_8	300Ω	2	个	
电阻	R_9、R_{10}	0.5Ω	2	个	
电位器	R_2	0~100kΩ	1		
普通电容	C_1、C_2、C_3	0.1μF	3		
普通电容	C_4	10μF	1		
普通电容	C_5	2700μF	1		
普通电容	C_6	300μF	1		
普通电容	C_7	0.47μF	1		
扬声器	Y	8Ω	1		
万能电路板			1	块	可用洞洞板或印制板
导线			若干		

2.3.2 音频放大器的制作

2.3.2.1 音频放大器电路分析

简述电路原理，绘制方框图，了解电路元件参数估算。

2.3.2.2 音频放大器电路组装

A 电路元器件布局及安装步骤与要求

（1）绘制元器件装配图。

（2）根据元器件清单列表，利用工具检测电路元器件。

（3）根据准备的电路板尺寸、插孔间距及装配图，在电路板上进行元器件的布局设计。

（4）对完成了电子元器件布局的电路检查确认无误后，再对元件进行焊接、组装。

B 电路组装的工艺要求

（1）严格按照图纸进行电路安装。

（2）所有元件焊装前必须按要求先成型。

（3）要求元件布置美观、整洁、合理。

（4）所有焊点必须光亮、圆润、无毛刺、无虚焊、错焊和漏焊。

（5）连接导线应正确、无交叉，走线美观简洁。

2.3.3 音频放大器的调试

在音频功率放大器制作完成以后，接下来就是电路的调试。电子电路的调试非常重要，是对电路正确与否及性能指标的检测过程，也是初学者实践技能培养的重要环节。

调试过程是利用符合指标要求的各种电子测量仪器，如示波器、万用表、信号发生器、频率计等，对安装好的电路或电子装置进行调整和测量，以保证电路或装置正常工作。同时，判别其性能的好坏，各项指标是否符合要求等。因此，调试必须按一定的方法和步骤进行。

2.3.3.1 调试的方法与步骤

（1）不通电检查。音频功率放大电路安装完以后不要急于通电，应首先认真检查接线是否正确，包括多线、少线、错线等，尤其是电源线不能接错或接反，以免通电后烧坏电路或元器件。查线的方式有两种：一种是按照电路接线图检查安装电路，在安装好的电路中按电路图一一对照检查连线；另一种方法是按实际线路，对照电路原理图按两个元件接线端之间的连线去向检查。无论哪种方法，在检查中都要对已经检查过的连线做标记，使用万用表检查连线很方便。

（2）直观检查。连线检查完毕后，直观检查电源、地线、信号线、元器件接线端之间有无短路，连线处有无接触不良，二极管、三极管、电解电容等有极性元器件引线端有无错接、反接，如有集成块，检查是否插正确。

（3）通电检查。将直流稳压电源调到需要的直流电压加入电路，但暂不接入信号源信号。电源接通之后不要急于测量数据，首先要观察有无异常现象，包括有无冒烟、有无异常气味、触摸元件是否有发烫现象、电源是否短路等。如果出现异常，应立即切断电源，排除故障后方可重新通电。在电路检查正常之后，就可以开始静态参数测试，静态测试一般指在没有外加信号的条件下测试电路各点的电位。如测试模拟电路的静态工作点，数字电路的各输入、输出电平及逻辑关系等。对于音频功率放大电路，可用万用电表对三极管等重要元器件的静态电压进行测量，集电极电流可进行估测，同时判断三极管是否工作在正常状态，并将测量结果记录在表2-2中。

表 2-2 电路静态参数测试结果

三极管 静态参数	VT$_1$	VT$_2$	VT$_3$	VT$_4$
电压	$U_{B1} =$ V	$U_{B2} =$ V	$U_{B3} =$ V	$U_{B4} =$ V
电压	$U_{C1} =$ V	$U_{C2} =$ V	$U_{C3} =$ V	$U_{C4} =$ V
电压	$U_{E1} =$ V	$U_{E2} =$ V	$U_{E3} =$ V	$U_{E4} =$ V
电压	$U_{CE1} =$ V	$U_{CE2} =$ V	$U_{CE3} =$ V	$U_{CE4} =$ V
电流	$I_{C1} =$ mA	$I_{C2} =$ mA	$I_{C3} =$ mA	$I_{C4} =$ mA
三极管工作状态				

（4）分块检查。调试包括测试和调整两个方面。测试是在安装后对电路的参数及工作状态进行测量；调整则是在测试的基础上对电路的结构或参数进行修正，使之满足要求。

调试方法有两种：第一种是采用边安装边调试的方法，也就是把复杂的电路按原理图上的功能分块进行调试，在分块调试的基础上逐步扩大调试的范围，最后完成整机调试，这种方法称为分块调试。采用这种方法能及时发现问题和解决问题，这是常用的方法，对于新设计的电路更为有效。另一种方法是整个电路安装完毕以后，实行一次性调试。这种方法适用于简单电路或定型产品。这里仅介绍分块调试。

分块调试是把电路按功能分成不同的部分，把每个部分看成一个模块进行调试。比较理想的调试程序是按信号的流向进行，这样可以把前面调试过的输出信号作为后一级的输入信号，为最后的联调创造条件。分块调试分为静态调试和动态调试。前面介绍的由分立元件组成的音频功率放大器可以分为推动级（前置级）和带复合管的OTL互补对称电路两部分。

（5）动态调试。在前面检查均正常的情况下，可以进行动态调试。动态调试可以利用前级的输出信号作为后级的输入信号，也可利用自身的信号来检查电路功能和各种指标是否满足要求，包括信号幅值、波形的形状、相位关系、频率、放大倍数、输出动态范围等。这里主要介绍用电子仪器进行动态调试。常用的电子仪器主要有：低频信号发生器1台，直流稳压电源1台，示波器1台，毫伏表1台，万用电表1台，另加连接导线若干。调试用电子仪器见表2-3。表2-4为电压放大倍数测试表，表2-5为输出波形测量表。

表2-3　调试用电子仪器一览表

仪器名称	用途	量程选择	电路类型	备注
直流稳压电源	为电路提供稳定的直流电源	+24V	分立元件功放电路	
		4~12V	集成功放电路	
信号发生器	为放大电路提供输入信号	5mV~0.5V 50~1000Hz	分立元件功放电路 集成功放电路	
毫伏表	测量放大电路输出电压	1~10V	分立元件功放电路 集成功放电路	
示波器	测量输入输出波形	可调到适当位置	分立元件功放电路 集成功放电路	
万用表	测量直流电压和电流	可调到适当位置	分立元件功放电路 集成功放电路	

表2-4　电压放大倍数测试

u_i	第一级		总电压放大倍数
	u_{o1}	$A_{u1}=\dfrac{u_{o1}}{u_{i1}}$	$A_u=\dfrac{u_o}{u_i}$
10mV			
0.5V			

表2-5　输出波形测量

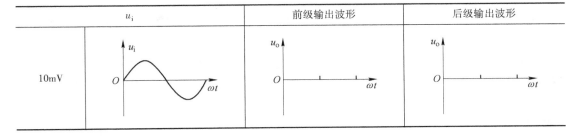

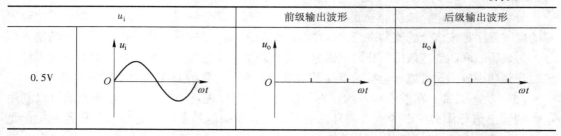

	u_i	前级输出波形	后级输出波形
0.5V			

2.3.3.2 调试注意事项

（1）测试前要熟悉仪器的使用方法，并对仪器状态进行检查。

（2）测试仪器和被测电路应具有良好的共地，即在仪器和电路之间建立一个公共参考点。

（3）测试过程中，不但要认真观察和检测，而且还要认真记录。

（4）出现故障时，要认真分析，先找出故障产生的原因，然后进行处理。

2.3.4 音频放大器排除故障

在电路的制作过程中，出现电路故障常常不可避免。通过分析故障现象、解决故障问题可以提高实践和动手能力。分析和排除故障的过程，就是从故障现象出发，通过反复测试，作出分析判断、逐步找出问题的过程。分析音频放大器的故障，首先要通过对原理图的分析、把整体电路分成不同功能的电路模块，通过逐一测量找出故障所在区域，然后对故障模块区域内部加以测量，进而找出故障并加以排除。

2.3.4.1 调试中常见的故障原因

（1）实际制作的电路与原电路图不符。

（2）元器件使用不当。

（3）元器件参数不匹配。

（4）误操作等。

2.3.4.2 查找故障的方法

查找故障的通用方法是把合适的信号或某个模块的输出信号引到其他模块上，然后依次对每个模块进行测试，直到找到故障模块为止。查找的顺序可以从输入到输出，也可以从输出到输入。找到故障模块后，要对该模块产生故障的原因进行分析、检查。查找步骤如下：

（1）先检查用于测量的仪器是否使用得当。

（2）检查安装的电路是否与原电路一致。

（3）检查直流电源电压是否正常。

（4）检查三极管三个极的参考电压是否正常，从而判断三极管是否正常工作或损坏。

（5）检查电容、电阻等元器件是否正常。

（6）检查反馈回路。此类故障判断是比较困难的，因为它是把输出信号的部分或全部以某种方式送到模块的输入端口，使系统形成一个闭环回路。查找故障需要将反馈回路断开，接入一个合适的输入信号使系统成为一个开环系统，然后再逐一查找发生故障的模块及故障元器件。

以上方法对一般电子电路都适用，但它有一定的盲目性，效率低。对于比较简单的电路或自己非常熟悉的电路，可以采用观察判断法，通过仪器、仪表观察到结果，根据自己的经验，直接判断故障发生的原因和部位，从而准确、迅速地找到故障并加以排除。

【任务实施】

·任务一

分组查阅资料，完成下列测试任务，做好报告。

（1）查阅资料，识读三极管的型号。借助资料，查找 3DG6A、9012、3AX23 型三极管的主要参数，并记录填入表 2-6。

表 2-6　三极管的识别与检测

型号	B、E 间阻值		B、C 间阻值		C、E 间阻值		判断三极管的管型、材料及好坏
3DG6A							
9012							
3AX23							

（2）双极晶体管输出特性的测定。

1）按图 2-52 完成接线，其中 E_B 为直流 3V 电源，E_C 为直流可调稳压电源。

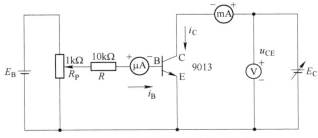

图 2-52　三极管输出特性测试电路

2）调节 R_P，改变输入电压，使基极电流为 20μA（并保持不变），然后调节直流可调稳压电源 E_C，使它的输出电压（即 u_{CE}）分别为表 2-7 中的值，记录下对应的集电极电流 i_C，然后再调节 R_P，使 i_B 分别为表中的值，重复上述过程。

表 2-7　三极管输出特性

$i_B/\mu A$ ＼ i_C/mA ＼ u_{CE}/V	0	0.20	0.50	1.0	5.0	10
0						
20						
40						
80						
120						

·任务二

分组讨论扩音器电路的工作原理，完成书面报告。

在如图 2-22 所示音频放大电路中，VT_1、R_1、R_2、R_5 等构成电压放大电路；而 VT_9、VT_3、VT_4、VT_5 等构成功率放大电路，主要用于给负载（如扬声器）提供足够的驱动功率，通常称为输出级。

小 结

（1）半导体三极管是具有放大作用的半导体器件，根据结构及工作原理的不同可分为双极型（BJT）和单极型（FET）两类。双极型晶体管工作时有空穴和自由电子两种载流子参与导电，单极型三极管工作时有一种载流子参与导电。

（2）晶体管是由两个 PN 结组成的三端器件，有 NPN 型和 PNP 型两类，根据材料不同又有硅管和锗管之分。因偏置条件不同，晶体管有放大、截止、饱和等工作状态。

（3）利用晶体管的放大特性可以构成电压放大电路，其作用是不失真的放大电压信号。晶体管工作在放大区的基本条件为：发射结正偏，集电结反偏。当晶体管分别工作在截止和饱和状态时，常称为晶体管的开关工作状态。晶体管的输入输出伏安特性曲线均为非线性曲线，因此，晶体管是非线性电子元件。

（4）场效应管是利用栅漏电压改变导电沟道的宽窄来实现对漏极电流控制的，由于输入电流极小，故称为电压控制型器件，而晶体管则称为电流控制型器件。与晶体管相比，场效应管具有输入阻抗高、噪声低、热稳定性好、抗辐射能力强等优点。而且特别适宜大规模集成。场效应管分为结型和绝缘栅型两种类型，每种类型均分为两种不同的沟道：N 沟道和 P 沟道，而 MOS 管又分为增强型和耗尽型两种形式。和晶体管类似，场效应管有夹断区（即截止区）、恒流区（即线性区）和可变电阻区三个工作区域。

（5）半导体三极管是一种电流控制元件，具有电流放大作用。电流放大作用，实质上是一种能量控制作用。放大作用的实现，必须满足三极管的发射极正向偏置和集电极反向偏置的条件，并且设置合理的静态工作点。

（6）分析放大电路的目的一是确定静态工作点；二是计算放大电路的动态性能指标，即电压放大倍数、输入电阻和输出电阻等。主要的分析方法有两种：一是利用放大电路直流通路、交流通路和微变等效电路进行分析和估算；二是利用图解法进行分析和估算。

（7）温度变化是引起放大电路静态工作点不稳定的主要原因，采用分压式偏置电路是解决这一问题的办法之一。

（8）由晶体管组成的基本单元放大电路有共射、共集和共基三种基本组态。共发射极放大电路输出电压与输入电压反相，输入电阻和输出电阻大小适中。由于它的电压、电流、功率放大倍数都比较大，适用于一般放大或多级放大电路的中间极。共集电极电路的输出电压与输入电压同相，电压放大倍数小于 1 而且近似等于 1，但它具有输入电阻高输出电阻低的特点，多用于多级放大电路的输入级或输出级。共基极放大电路输出电压与输入电压同相，电压放大倍数较高，输入电阻很小而输出电阻比较大，它适用于高频或宽带放大。

（9）多级放大电路常用的耦合方式有电容耦合、直接耦合、变压器耦合。电容耦合由于电容隔断了极间的直流通路，所以它只能用于放大交流信号，但各级静态工作点彼此独立。直接耦合可以放大直流信号，也能放大交流信号，适用于集成化。但直接耦合存在各级静态工作点互相影响和零点漂移问题。多级放大电路的放大倍数等于各级放大倍数的乘积，但在计算每一级放大倍数时要考虑前、后级之间的影响。输入电阻等于第一级的输入电阻，输出电阻等于末级的输出电阻。

（10）功率放大电路主要用于向负载提供功率。在功率放大电路中提高效率是十分重要的，这不仅可以减小电源的能量消耗，同时对降低功率管管耗、提高功率放大电路工作的可靠性是十分有效的。因此，低频功率放大电路常采用乙类（或甲乙类）工作状态来降低管耗，提高输出功率和效率。甲乙类互补对称功率放大电路由于其电路简单、输出功率大、效率高、频率特性好和适用集成化等优点，而被广泛应用。采用双电源供电、无输出电容的电路简称为 OCL 电路。采用单电源供电，有输出电容的电路简称为 OTL 电路。

（11）利用场效应管栅源电压能够控制漏极电流的特点可以实现信号放大。

（12）音频放大器电路的组装关键问题是看懂电路原理图，能正确进行电路元器件的型号、参数、端子识别与检测，会在给定电路板上规范地进行元器件组装前的布局设计。

（13）音频放大器电路安装顺序是先小元件后大元件，先次要元件后主要元件，一些容易受静电损伤的半导体器件要后安装；最后才来连通走线。

（14）音频放大器的调试非常重要，调试的好与坏直接影响放大电路的质量。

（15）分析音频放大器的故障，首先要通过对原理图的分析，把整体电路分成不同功能的电路模块，通过逐一测量找出故障所在区域，然后对故障模块区域内部加以测量，进而找出故障并加以排除。

自 测 题

扫描二维码获得本项目自测题。

项目 3　信号发生器的制作、 参数测试与故障排除

凡是产生测试信号的仪器均称为信号发生器，又称信号源。它是根据用户对其波形的命令来产生信号的电子仪器。信号发生器主要是给被测电路提供所需要的已知信号（各种波形），然后用其他仪表测量感兴趣的参数。因此，信号发生器在电子实验和测试处理中，并不测量任何参数，而是根据使用者的要求，仿真各种测试信号，提供给被测电路，以达到测试的需要。

信号发生器有很多种分类方法，其中一种方法可分为混合信号发生器和逻辑信号发生器两种。其中，混合信号发生器主要输出模拟波形，逻辑信号发生器输出数字码形。混合信号发生器又可分为函数信号发生器和任意波形/函数发生器。其中，函数信号发生器输出标准波形，如正弦波、方波等，任意波/函数发生器输出用户自定义的任意波形；逻辑信号发生器又可分为脉冲信号发生器和码型发生器。其中，脉冲信号发生器驱动较小个数的方波或脉冲波输出，码型发生器生成许多通道的数字码型。如泰克生产的 AFG3000 系列就包括函数信号发生器、任意波形/函数信号发生器、脉冲信号发生器的功能。另外，信号发生器还可以按照输出信号的类型分类，如射频信号发生器、扫描信号发生器、频率合成器、噪声信号发生器、脉冲信号发生器等。信号发生器也可以按照使用频段分类，不同频段的信号发生器对应不同应用领域。

【项目目标】

学生在教师的指导下完成项目 3 的学习任务以后，弄清信号发生器的基本组成和工作原理，会制作简单的信号发生器，并能进行参数测试和故障排除。

【知识目标】

（1）明白正弦波振荡电路的组成、分类与特点及产生自激振荡的条件。

（2）弄清反馈、正反馈与负反馈的基本概念，熟悉负反馈对放大器性能的影响。

（3）掌握集成运算放大器符号及主要参数，了解集成运算放大器的组成及其特点。

（4）熟悉反相比例运算、同相比例运算、加减运算、积分运算及微分运算等电路的结构。

（5）熟悉电压比较器的概念，单限、滞回电压比较器的构成、特点。

【技能目标】

（1）会计算正弦振荡电路的振荡频率和判断起振条件。

（2）会测试 RC 和 LC 振荡电路频率、波形，并能进行调整；会判断负反馈的类型。

（3）会计算、分析理想运算放大器模型及运算放大器在线性区和非线性区的工作

特点。

（4）会选用运算放大器；会制作简单的信号发生器，并能进行参数测试和故障排除。

任务 3.1 正弦波振荡电路的认识

【任务描述】

给定的一个低频信号发生器中的振荡部分电路图及相关参数，要求指出振荡电路的组成元件及反馈网络，说出其中反馈网络及振荡电路的类型，计算电路振荡频率。并根据振荡电路的频率要求选择电路元件。

【任务分析】

顺利完成此任务，首先要建立振荡电路和电路反馈的概念，学习正弦波振荡电路组成与类型、反馈及正、负反馈的作用和判断方法，在教师引导下，会分析正弦波振荡电路的工作原理及产生振荡需满足的条件。通过进行振荡电路频率计算和根据需要选择振荡电路元件的训练等，能看懂信号发生器中的振荡电路结构，分析选取的振荡电路类型及工作原理，判断是否满足振荡的条件和计算相关参数。

【知识准备】

3.1.1 电路中的反馈

3.1.1.1 反馈的基本概念

反馈是将放大电路输出信号（电压或电流）的一部分或全部通过一定的方式回送到放大电路的输入端的过程。反馈放大电路有闭环和开环两种：由基本放大电路和反馈电路两部分构成的放大电路称为闭环放大电路。基本组成方框图如图 3-1 所示。带箭头的实线表示信号流通方向，符号⊗代表信号比较环节。反馈量为输出量通过反馈网络回送到输入回路的信号，而放大电路所获得的信号是输入量与反馈量比较的结果，称为净输入量。而未引入反馈的放大电路称为开环放大电路。开环放大电路性能不够完善，实际应用中很少采用。

图 3-1 反馈放大电路的方框图

3.1.1.2 反馈的类型及判断方法

A 正反馈与负反馈

根据反馈的极性来分，可以分为两类：正反馈和负反馈。反馈使放大器的净输入量增强的是正反馈，而使放大器的净输入量削弱的则是负反馈。通常采用"电压瞬时极性法"来判断反馈的极性（正、负反馈），即判断同一瞬间各交流量的相对极性。其步骤如下：

（1）先假定输入信号的极性（相对地，下同），根据放大电路各点的相位关系，逐级判断放大电路各点上该瞬时电压极性，用符号⊕和⊖表示。

（2）由反馈量在输入端连接方式，看反馈信号对输入信号的影响是增强还是削弱来判断反馈极性：反馈使放大器净输入量增强时是正反馈；使放大器净输入量减弱时是负反馈。对串联反馈，输入信号和反馈信号的极性相同时，是负反馈；极性相反时，是正反馈；对并联反馈，净输入电流等于输入电流和反馈电流之差时，是负反馈；否则是正反馈。

B　直流反馈和交流反馈

放大电路是交、直流并存的电路。那么，如果反馈回来的信号是直流成分，称为直流反馈；如果反馈回来的信号是交流成分，则称为交流反馈。例如在图 3-5 电路中，级间反馈支路是 R_{e1}、R_f，反馈直接从输出交流电压端引出，因此反馈信号是交流量，故为交流反馈。

C　电压反馈和电流反馈

根据反馈信号从输出端取样对象来分类，可以分为电压反馈和电流反馈。如果反馈信号取自输出电压，即反馈信号与输出电压成正比，称为电压反馈；如果反馈信号取自输出电流，即反馈信号与输出电流成正比，则称为电流反馈。

由于反馈量与取样对象有关，因此可用如下方法来判断。可设想将放大器的输出电压短路（一般可将 R_L 短接），此时如果使得反馈量为零，就是电压反馈。如果反馈量依然存在，就是电流反馈。

D　串联反馈和并联反馈

根据反馈信号与外加输入信号在放大电路输入端的连接方式，可以分为串联反馈和并联反馈。其反馈信号和输入信号是串联的反馈称为串联反馈；其反馈信号和输入信号是并联的反馈称为并联反馈。因此，也可以从电路结构上来判断：串联反馈是输入信号与反馈信号加在放大器不同的输入端上；并联反馈则是两者并接在同一个输入端上。

3.1.1.3　电路反馈类型判断训练示例

【例 3-1】　判断图 3-2 电路的反馈极性。

解：首先判断有无反馈。图 3-2 所示电路中输出端和输入端通过 R_f 联系起来，存在反馈。然后用电压瞬时极性法判断其反馈极性，方法如下：先将反馈支路在适当的地方断开（一般在反馈支路与输入回路的连接处断开），用"×"表示。再假定输入信号电压对地瞬时极性为正，在图中用"⊕"表示。这个电压使同相输入端的电压 U_+ 瞬时极性为正。由于输出端与同相输入端的极性相同，所以此时输出电压 U_o 的瞬时极性为正，故标"⊕"。输出的这个电压通过反馈支路 R_f 传到断点处也是正极性，所以，若将反馈支路断点连上，则会使得反相输入端的电压 U_- 瞬时极性为正。由于净输入电压 $U_i' = U_+ - U_-$，可见 U_- 的正极性会使净输入电压减小，因此这个反馈是负反馈。

【例 3-2】　将图 3-2 电路中的集成运算放大器同相端与反相端调换，调换后的电路如图 3-3 所示，试判断反馈极性。

解：图 3-3 电路也用同样的方法分析。在 K 点处断开反馈支路后，再假定 u_i 为⊕，由于输出端与反相输入端的信号极性是相反的，所以输出 u_o 应该为⊖。通过 R_f 传到断点处也是⊖，所以若将反馈连上，则会使得 u_+ 端为负极性，由于净输入电压 $u_i' = u_- - u_+$，可见 u_+ 的负极性使净输入量 u_i' 增大，因此，这个电路的反馈是正反馈。

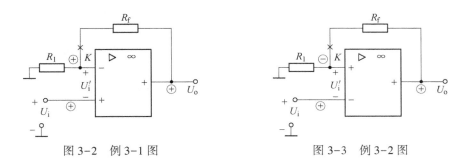

图 3-2　例 3-1 图　　　　　　　　　图 3-3　例 3-2 图

【例 3-3】　指出图 3-4 电路中的反馈元件，并判断反馈极性。

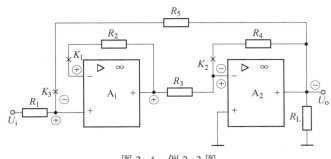

图 3-4　例 3-3 图

　　解： 图中，R_2 连接运算放大器 A_1 的输入回路和输出回路，是 A_1 本级反馈元件。同理，R_4 是 A_2 的本级反馈元件。R_5 连接 A_1 的输入回路与 A_2 的输出回路，是级间反馈元件。因此，电路存在三个反馈回路。

　　用瞬时极性法判断：先假设输入信号的瞬时极性为正，沿闭环系统，标出放大电路各级输入和输出的瞬时极性（见图 3-4 中标示），最后将反馈信号的瞬时极性和输入信号的瞬时极性相比较，得出 R_2 和 R_4 均为本级负反馈，R_5 为级间负反馈。

　　归纳得出如下结论：对于由运算放大器组成的反馈电路，在判断本级反馈的极性时，若反馈通路接回到反相输入端则为负反馈；接回到同相输入端则为正反馈。

　　【例 3-4】　判断图 3-5 电路的反馈极性。

　　解： 判断过程的瞬时极性如图 3-5 中所标。u_i 经两级放大后再经反馈支路 R_f 回送到输入回路产生反馈电压 u_{e1}。由图可见，u_i 和 u_{e1} 同相，则净输入电压 $u_{be1} = u_i - u_{e1}$，使净输入电压减小，因此是负反馈。

　　归纳得出如下判别方法：如果两个信号（输入信号与反馈信号）加到输入级的同一个电极上（如基极上），则两者极性相反者为负反馈，相同者为正反馈；如果两个信号加到输入级的两个不同的电极上，则两者极性相同者为负反馈，相反者为正反馈。

　　【例 3-5】　试判断图 3-5 电路是电压反馈还是电流反馈。

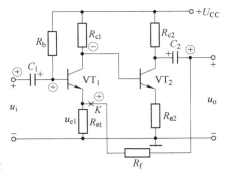

图 3-5　例 3-4 图

解：判断方法一：将输出电压短路，由图3-5可见，输出端接地，这样反馈支路也接地，反馈量为零。因此这个反馈是电压反馈。

判断方法二：由图3-5可见，反馈支路直接接在输出电压端，反馈信号与输出电压成正比，故为电压负反馈。

归纳得出如下方法：反馈电路直接从输出端引出的，是电压反馈；从负载电阻 R_L 的靠近"地"端引出的，是电流反馈。

【例3-6】 试判断图3-2所示电路是串联反馈还是并联反馈。

解：如图3-2所示电路中，$U'_i = U_+ - U_-$，即反馈信号与输入信号是串联关系，因此是串联反馈。如果从电路结构上来判断，输入信号与反馈信号加在放大器的不同输入端上，也可判断为串联反馈。

归纳得出如下方法：输入信号和反馈信号分别加在两个输入端（同相和反相）上的，是串联反馈；加在同一个输入端（同相或反相）上的，是并联反馈；对于分立元件组成的共发射极放大电路来说，有如下的判别口诀："集出为压，射出为流，基入为并，射入为串。"即从集电极引出反馈为电压反馈，从发射极引出反馈为电流反馈，反馈到基极为并联反馈，反馈到发射极为串联反馈。而共集电极电路为典型的电压串联负反馈。

正反馈虽然能使放大器净输入量增加，即放大倍数增大，但随之而来的是放大器其他性能变差，最终使放大器失去放大作用，因此，一般不采用正反馈。负反馈虽使放大器净输入量削弱，即放大倍数减小，但却能使放大器其他性能变好，因此负反馈在放大器中得到广泛应用。由于直流负反馈仅能稳定直流量，即稳定静态工作点，在此不做过多讨论。对交流负反馈而言，综合输出端取样对象的不同和输入端的不同接法，可以组成电压串联负反馈、电压并联负反馈、电流串联负反馈和电流并联负反馈四种类型的负反馈。

3.1.1.4 反馈的一般表示法

由以上分析可知，反馈放大器由基本放大电路和反馈网络两部分组成。如果用 $\dot{A}$ 表示基本放大电路的放大倍数，$\dot{F}$ 表示反馈网络的反馈系数，$\dot{X}_i$、$\dot{X}'_i$、$\dot{X}_o$ 和 $\dot{X}_f$ 分别表示放大电路的输入信号、净输入信号、输出信号和反馈信号，则反馈放大器的组成框图如图3-6所示。假设信号频率都处在中频段，同时为了表达式的简明，$\dot{X}_i$、$\dot{X}'_i$、$\dot{X}_o$ 和 $\dot{X}_f$ 均用有效值表示，$\dot{A}$ 和 $\dot{F}$ 用实数表示。

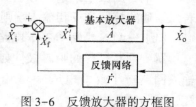

图3-6　反馈放大器的方框图

由图3-6方框图可得出一组反馈电路的基本关系式：

开放大倍数
$$A = \frac{X_o}{X'_i}$$

反馈系数
$$F = \frac{X_f}{X_o}$$

闭环放大系数
$$A_f = \frac{X_o}{X_i} = \frac{X_o}{X'_i + X_f} = \frac{AX'_i}{X'_i + X_oF} = \frac{AX'_i}{X'_i + X'_iAF} = \frac{A}{1 + AF}$$

式中，$1+AF$ 称为反馈深度，当 $1+AF \gg 1$ 时，称深度负反馈。此时有

$$A_f = \frac{A}{1+AF} \approx \frac{A}{AF} = \frac{1}{F}$$

可见，在深度负反馈情况下，闭环放大倍数 A_f 仅取决于反馈系数 F 的值。一般来说，反馈系数 F 的值比较稳定，因此闭环放大倍数 A_f 也比较稳定。另外，在深度负反馈情况下，由于净输入量很小，因而有 $X_i = X_f$。

3.1.1.5 负反馈对放大器性能的影响

（1）降低了放大倍数。由式 $A_f = \dfrac{A}{1+AF}$ 可知，引入负反馈后，由于 $1+AF \gg 1$，故 $A_f < A$，即闭环放大倍数减小到只有开环放大倍数的 $\dfrac{1}{1+AF}$。

（2）提高了放大倍数的稳定性。对闭环放大倍数的表达式进行微分得：

$$\frac{\mathrm{d}A_f}{\mathrm{d}A} = \frac{A}{1+AF} - \frac{AF}{(1+AF)^2} = \frac{1}{(1+AF)^2}$$

即

$$\mathrm{d}A_f = \frac{1}{(1+AF)^2}\mathrm{d}A$$

所以

$$\frac{\mathrm{d}A_f}{\mathrm{d}A_f} = \frac{A}{1+AF} \times \frac{\mathrm{d}A}{A}$$

可见，闭环放大倍数的相对变化量，只有开环放大倍数相对变化量的 $1/(1+AF)$，即放大倍数的稳定性提高了 $(1+AF)$ 倍。

（3）减小非线性失真以及抑制干扰和噪声。由于三极管是非线性器件，如果放大器的静态工作点选得不合适，输出信号波形将产生饱和失真或截止失真，即非线性失真。这种失真可以利用负反馈来改善，其原理是利用负反馈造成一个预失真的波形来进行矫正，如图 3-7 所示。无负反馈时的输出波形正半周幅度大，负半周幅度小。引入负反馈后，反馈信号波形也是正半周幅度大，负半周幅度小。将其回送到输入回路，由于净输入信号 $X_i' = X_i - X_f$，和无反馈时的输出波形正好相反，从而使输出波形失真获得补偿。

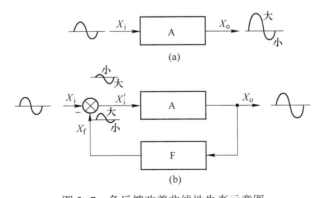

图 3-7 负反馈改善非线性失真示意图

（a）无反馈时的失真波形；（b）采用负反馈时的输出波形

同样道理，负反馈可以减小由于放大器本身所产生的干扰和噪声。但对随输入信号同

时加入的（或者说输入信号本身就失真）干扰和噪声没有作用。总之，负反馈只能抑制反馈环内的干扰和噪声。

（4）扩展通频带。由放大器的频率特性可知，对于阻容耦合放大器来讲，放大倍数在高频区和低频区都要下降，并且规定当放大倍数下降到 $0.707A_{um}$ 时，所对应的两个频率分别称为下限频率 f_L 和上限频率 f_H，这两个频率之间的频率范围称为放大器的通频带，用 BW 表示，即 $BW=f_L-f_H$。通频带越宽，表示放大器工作的频率范围越宽。特别是引入负反馈以后，虽然放大器的放大倍数下降了，但通频带却加宽了。如图 3-8 所示。

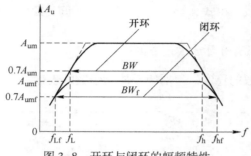

图 3-8　开环与闭环的幅频特性

理论证明，放大器的"增益带宽积等于常数"。设放大器的开环放大倍数为 A，闭环放大倍数为 A_f，开环带宽为 BW，闭环带宽为 BW_f，则

$$A_f BW_f = ABW$$

所以
$$BW_f = \frac{A}{A_f} \times BW = \frac{A}{\dfrac{A}{1+AF}} \times BW = (1+AF)BW$$

即
$$BW_f = (1+AF)BW$$

可见，负反馈使放大器通频带展宽（1+AF）倍。

（5）改变输入电阻和输出电阻。在放大电路中引入不同方式的负反馈，将对输入电阻和输出电阻产生不同的影响。

1）对输入电阻的影响。输入电阻是从输入端看进去的等效电阻，因此，输入电阻的变化仅决定于反馈网络与输入端的连接方式，而与输出端的取样方式无关。

分析证明：凡是串联负反馈，都能使输入电阻提高，即 $R_{if}>R_i$；凡是并联负反馈，都能使输入电阻降低，即 $R_{if}<R_i$。R_i 为无反馈时放大电路的输入电阻，称为开环输入电阻；R_{if} 为引入负反馈后放大电路的输入电阻，称为闭环输入电阻。

2）对输出电阻的影响。放大电路的输出电阻，是从其输出端看进去的等效电阻。负反馈对输出电阻的影响，决定于反馈网络在输出端的取样对象，而与输入端连接方式无关。

分析证明：凡是电压负反馈，都能稳定输出电压，使输出电阻降低，即 $R_{of}<R_o$；凡是电流负反馈，都能稳定输出电流，使输出电阻增大，即 $R_{of}>R_o$。R_o 为无反馈时放大电路的输出电阻，称为开环输出电阻；R_{of} 为引入负反馈后的输出电阻，称为闭环输出电阻。负反馈对输入、输出电阻的影响见表 3-1。

表 3-1 负反馈对 R_i、R_o 的影响

反馈类型	开环电阻	闭环电阻	反馈类型	开环电阻	闭环电阻
串联负反馈	R_i	$(1+AF)R_i$	电流负反馈	R_o	$(1+AF)R_o$
并联负反馈	R_i	$(1+AF)^{-1}R_i$	电压负反馈	R_o	$(1+AF)^{-1}R_o$

3.1.1.6 应用实例分析——反馈式音调控制器

如图 3-9 所示，R_1、R_2、C_1 组成低音音调控制器；而 R_3、R_4、C_3 组成高音音调控制器。实际上是电压并联负反馈的应用电路。

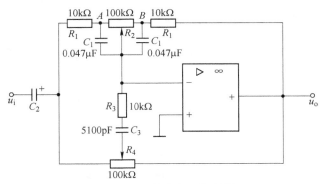

图 3-9 反馈式音调控制器

先考虑在频率很低的情况，此时 C_1、C_3 相当于开路，因此，高音音调控制器不起作用，低音音调控制器能起作用，当 R_2 动触点在 A 点时，输入电阻为 R_1，反馈电阻为 R_1+R_2；而当 R_2 动点在 B 点时，输入电阻为 R_1+R_2，反馈电阻为 R_1。可见电位器 R_2 能调节输出的低音放大倍数和音量。当频率逐渐上升时，C_1 开始起作用，C_1 对 R_2 起旁路作用。当频率上升到使 C_1 的容抗已将 R_2 短路时，电位器 R_2 就不起作用。所以电位器 R_2 只能对低音的输出音量起控制作用。

再考虑频率很高的情况，此时，C_1、C_3 相当于短路，因此，低音音调控制器无调节作用，高音音调控制器能起调节作用。电位器 R_4 能调节输出的高音音量。

3.1.1.7 负反馈放大电路的自激振荡

（1）自激振荡的概念。一个放大器只要接通电源，若在没有输入信号的情况下，在示波器上观察到其输出端有频率很高的稳定的正弦波信号输出，这种现象称为放大器的自激振荡，简称"自激"。自激现象破坏了放大器的正常工作，因此是有害的，应当消除。

（2）产生自激振荡的条件。在负反馈放大器的中频区，反馈信号 $\dot{x}_f$ 与输入信号 $\dot{x}_i$ 是反相的。然而在放大器的高频区和低频区，基本放大器 $\dot{A}$ 和反馈网络 $\dot{F}$ 都会产生附加相移。如果其总的附加相移达到 $180°$，那么，反馈信号 $\dot{x}_f$ 与输入信号 $\dot{x}_i$ 就变为同相，原来的负反馈就变成正反馈，于是电路就产生自激振荡。

（3）消除自激振荡的方法。常用的消除自激振荡的方法是在放大器中的适当位置加上 RC 网络，以破坏其产生自激的条件，从而达到消除自激的目的。

3.1.2 正弦波振荡电路的类型与工作原理

3.1.2.1 正反馈与自激振荡

A 自激条件

若将图 3-6 中的 $\dot{X}_f$ 的极性由"-"改成"+"，则净输入信号变成 $\dot{X}_i' = \dot{X}_i + \dot{X}_f$，这样，就成为正反馈放大器。如果 $\dot{X}_f$ 足够大，则可以实现在没有输入（$\dot{X}_i = 0$）时，保持有稳定的输出信号，即产生自激振荡。这种不需要外部输入，靠自身电刺激和正反馈引起输出的现象，称自激振荡。自激振荡器方框图如图 3-10 所示。

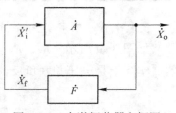

图 3-10 自激振荡器方框图

自激时，由图 3-10 可得 $\dot{X}_f = \dot{F}\dot{X}_o$，$\dot{X}_o = \dot{A}\dot{X}_i'$，在稳定振荡时，$\dot{X}_f = \dot{X}_i'$，所以产生正弦波振荡的条件是：

$$\dot{A}\dot{F} = 1$$

上式可以分别用幅度平衡条件和相位平衡条件表示，即

幅度平衡条件 $\qquad\qquad |\dot{A}\dot{F}| = 1$

相位平衡条件 $\qquad\qquad \varphi_A + \varphi_B = 2n\pi \quad (n = 0, 1, 2, \cdots)$

产生自激振荡必须同时满足相位和幅值两个基本条件。相位平衡条件指的是 $\dot{X}_f$ 与 $\dot{X}_i$ 必须同相位，就是要求反馈是正反馈；幅值平衡条件要求 X_f 与 X_i' 相等。在自激振荡的两个条件中，关键是相位平衡条件，如果电路不满足正反馈的要求，则肯定不会振荡。至于幅值条件，可以在满足相位条件后，通过调节电路参数来达到。

B 振荡的建立

欲使一个振荡电路能自行建立振荡，就必须满足 $|\dot{A}\dot{F}| > 1$ 的条件。这样，在接通电源后，振荡电路就有可能自行起振，或者说能够自激，最后趋于稳态平衡。振荡的建立过程：在电路接通电源后，各种电扰动形成微弱激励信号→放大→选频→正反馈→再放大→再选频→再正反馈→…→振荡器输出电压增大→器件进入非线性区→限幅→稳幅振荡（$|\dot{A}\dot{F}| = 1$）。这个由小到大逐步建立起稳幅振荡的过程是非常短暂的。

从振荡条件分析中可知，振荡电路是由放大电路和反馈网络两大主要部分组成的一个闭环系统。电路要得到单一频率的正弦波，必须具有选频特性，即只使某一特定频率的正弦波满足振荡条件，电路还应包含选频网络。要稳定振荡电路的输出信号幅值，又必须加上稳幅电路。因此，自激振荡电路包含放大电路、正反馈网络、选频网络和稳压电路四个部分。

根据选频网络的不同，正弦波振荡器可分为 LC 振荡器、RC 振荡器以及石英晶体振荡器。

3.1.2.2 LC 正弦波振荡器

下面介绍变压器反馈式 LC 振荡器。

A 电路形式

图 3-11 所示为一典型的变压器反馈式 LC 正弦波振荡电路的原理图。它的基本部分是一个分压偏置的共射放大电路，只是集电极负载由以前的 R_c 换成现在的 LC 并联电路，放

大电路没有外加的输入信号，而是由变压器耦合取得的反馈电压 $\dot{U}_{\mathrm{f}}$ 来提供。由于 LC 并联电路谐振时呈纯阻性，而 C_{b}、C_{e} 分别是耦合电容和旁路电容，对振荡频率信号可视为短路。因此，在 $f=f_0$（谐振频率）时，三极管的集电极输出电压信号与基极输入电压信号相位仍相差 180°。

B　振荡条件的分析

在图 3-11 所示电路中，输出电压 $\dot{U}_{\mathrm{o}}$ 经过变压器后得到反馈电压 $\dot{U}_{\mathrm{f}}$，并反馈到输入回路。由图中的同名端可见，反馈电压 $\dot{U}_{\mathrm{f}}$ 与 $\dot{U}_{\mathrm{e}}$ 反相，与 $\dot{U}_{\mathrm{i}}$ 同相，满足正弦波振荡的相位平衡条件。对于幅值条件，只要适当选择反馈线圈的匝数，使 U_{f} 较大；或者选配适当的电路参数（如三极管的 β），使放大电路具有足够的放大倍数，一般来说起振条件比较容易满足。

C　振荡频率及稳幅措施

由于只有当 LC 并联回路谐振时，电路才满足振荡的相位平衡条件。所以，变压器反馈式振荡电路的振荡频率为：

$$f \approx \frac{1}{2\pi\sqrt{LC}}$$

至于稳幅，图 3-11 所示是利用三极管的非线性实现的。当电路起振后，振荡幅度将不断增大，三极管逐渐进入非线性区，放大电路的电压放大倍数 $|\dot{A}|$ 将随 $U_{\mathrm{i}}=U_{\mathrm{f}}$ 的增加而下降，限制了 U_{o} 的继续增大，最终使电路进入稳幅振荡。

变压器反馈式 LC 振荡器便于实现阻抗匹配，容易起振，且调节频率方便。

3.1.2.3　电感三点式 LC 振荡器

A　电路形式

在实际电路中，为了避免变压器同名端容易搞错的问题，也为了制造简便，采取了自耦形式的接法，如图 3-12 所示。由于电感 L_1 和 L_2 引出三个端点，并且电感的三个端子分别与三极管三个电极相连接（指在交流通路中连接），所以通常称为电感三点式 LC 振荡电路。电感三点式振荡电路又称哈特莱（Hartley）振荡电路。

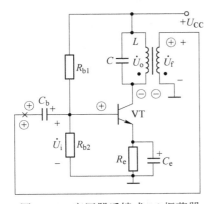

图 3-11　变压器反馈式 LC 振荡器

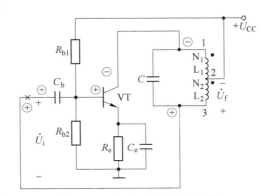

图 3-12　电感三点式振荡电路

B　振荡条件的分析

首先分析电路是否满足相位平衡条件。对于 LC 并联电路的谐振频率 f_0 而言，电感的首端、中间抽头、尾端三点中若有一点交流接地，则三个端点的相位关系有以下两种情况。

（1）若电感的中间抽头交流接地，则首端与尾端的相位相反；

（2）若电感的首端或尾端交流接地，则电感其他两个端点的相位相同。

由上可知，图3-12中2端交流接地，则电感1、3端相位相反。利用瞬时极性法，可判断出反馈电压 $\dot{U}_\mathrm{f}$ 与放大电路的输入电压 $\dot{U}_\mathrm{i}$ 同相，满足自激振荡的相位平衡条件。

关于幅值条件，只要使放大电路有足够的电压放大倍数，且适当选择 L_1 及其两段线圈的匝数比，即改变 L_1 和 L_2 电感量的比值，就可获得足够大的反馈电压 $\dot{U}_\mathrm{f}$，从而使幅度条件得到满足。

C　振荡频率及电路特点

电感三点式振荡电路的振荡频率基本上等于 LC 并联回路的谐振频率，即

$$f \approx \frac{1}{2\pi\sqrt{LC}} = \frac{1}{2\pi\sqrt{(L_1 + L_2 + 2M)C}}$$

式中，M 是电感 L_1 和 L_2 之间的互感；$L = L_1 + L_2 + 2M$ 为回路的等效电感。

电感三点式正弦波振荡电路容易起振，并且采用可变电容器调节频率方便。但由于它的反馈电压取自电感 L_2，因此振荡器的输出波形较差。

3.1.2.4　电容三点式 LC 振荡器

A　基本电路形式

为了获得良好的振荡波形，可采用图3-13所示电容三点式 LC 振荡电路。由于图中 LC 振荡回路电容 C_1 和 C_2 的三个端子和三极管的三个电极相连接，故称为电容三点式电路，又称考尔皮兹（Colpitts）振荡电路。

电容三点式和电感三点式一样，都具有 LC 并联回路，因此，电容 C_1、C_2 中的三个端点的相位关系与电感三点式也相似。同样利用瞬时极性法可判断出电路属于正反馈，满足振荡的相位平衡条件。至于幅值条件，只要将管子的值选得大一些（例如几十倍），并恰当选取比值 C_2/C_1（一般取 $C_2/C_1 = 0.01 \sim 0.5$ 左右），就有利于起振。

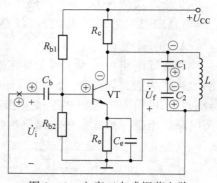

图3-13　电容三点式振荡电路

B　振荡频率及电路特点

电路的振荡频率为：

$$f \approx \frac{1}{2\pi\sqrt{LC}} = \frac{1}{2\pi\sqrt{L\dfrac{C_1C_2}{C_1 + C_2}}}$$

这种电路的特点是，由于反馈电压取自电容 C_2 两端，电容对高次谐波的容抗小，因而可将高次谐波滤掉，所以输出波形好。调节频率时要求 C_1、C_2 同时可变，否则影响幅值条件，这在使用上不方便，因而在谐振回路中将一可调电容并联于 L 的两端，可在小范围内调频。这种振荡电路的工作频率范围可从数百千赫兹到一百兆赫兹以上。它

通常用在调幅和调频接收机中。但是，由于该电路振荡频率较高，C_1、C_2 通常较小，三极管的极间电容随温度等因素变化，对振荡频率的稳定性有一定的影响。

C　电路的改进

为了保持电路振荡频率高的特点，同时又具有较高的稳定性，通常在电感 L 支路中串联一个小电容 C_3，构成图 3-14 所示的电容三点式改进型振荡电路，又称克莱普（Clapp）振荡电路。其振荡频率为：

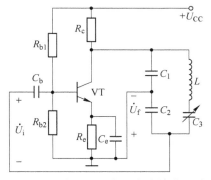

图 3-14　改进型电容三点式振荡电路

$$f \approx \frac{1}{2\pi \sqrt{L \dfrac{1}{\dfrac{1}{C_1} + \dfrac{1}{C_2} + \dfrac{1}{C_3}}}}$$

为了减小三极管极间电容的变化对振荡频率的影响，通常 $C_1 \gg C_3$，且 $C_2 \gg C_3$。因此上式可近似为：

$$f \approx \frac{1}{2\pi \sqrt{LC_3}}$$

【例 3-7】　试用相位平衡条件判断图 3-15（a）电路能否产生正弦波振荡。若能振荡，试计算其振荡频率 f_0，并指出它属于哪种类型的振荡电路。

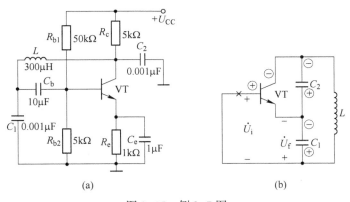

(a)　　　　　　　　　　　　　　(b)

图 3-15　例 3-7 图

（a）LC 振荡电路；（b）交流通路

解：

（1）从图中可以看出，C_1、C_2、L 组成并联谐振回路，且反馈电压取自电容 C_1 两端。由于 C_b 和 C_e 数值较大，对于高频振荡信号可视为短路。它的交流通路如图 3-15（b）所示。根据交流通路，用瞬时极性法判断，可知反馈电压和放大电路输入电压极性相同，满足相位平衡条件，可以产生振荡。

（2）振荡频率为：

$$f = \frac{1}{2\pi\sqrt{L\dfrac{C_1C_2}{C_1+C_2}}} = \frac{1}{2\pi\sqrt{300\times10^{-6}\times\dfrac{0.001\times10^{-6}\times0.001\times10^{-6}}{0.001\times10^{-6}+0.001\times10^{-6}}}} \approx 410.9\text{kHz}$$

（3）由图 3-15（b）可以看出，三极管的三个电极分别与电容 C_1 和 C_2 的三个端子相接，所以该电路属于电容三点式振荡电路。

图中 C_e 是 R_e 的旁路电容，如果去掉 C_e，振荡信号在发射极电阻 R_e 上将产生损耗，放大倍数降低，甚至难以起振。C_b 为耦合电容，它将振荡信号耦合到三极管基极。如果去掉 C_b，则三极管基极直流电位与集电极直流电位近似相等，由于静态工作点不合适，电路将无法正常工作。

3.1.2.5 RC 桥式正弦波振荡器

A 电路形式及振荡频率

图 3-16 所示为用集成运算放大器组成的 RC 桥式振荡电路，它由 RC 串并联电路组成的选频及正反馈网络和一个具有负反馈的同相放大电路构成。其中 R_f、R_1、串联的 RC、并联的 RC 各为一个桥臂构成一个电桥，放大电路的输出、输入分别接到电桥的对角线上。故称此振荡电路为 RC 桥式振荡器。

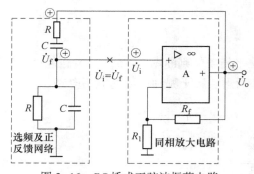

图 3-16　RC 桥式正弦波振荡电路

图的左边虚线框中是 RC 串并联网络，这个电路具有选频特性。输出电压 $\dot{U}_o$ 通过正反馈支路加到 RC 串并联网络两端，并从中取出 $\dot{U}_f$（反馈电压）加到放大器的同相输入端，作为输入信号 $\dot{U}_i$。其中只有 $f=f_0$ 的信号通过 RC 串并联网络时才不会产生相移，电路呈现纯电阻特性，并且信号的幅度最大（可以证明：当 $f_0 \approx \dfrac{1}{2\pi RC}$ 时，$U_i = U_f = \dfrac{1}{3}U_o$，$\varphi = 0°$）；而其他频率的信号都将产生相移，且幅度变小。因而可以设想，放大电路输入端的 $\dot{U}_i(f=f_0$ 信号）经过同相输入放大器放大后，得到的 $\dot{U}_o$ 再经过 RC 串并联网络回到输入端的信号 $\dot{U}_f$，其相位与 $\dot{U}_i$ 相同，加强了 $\dot{U}_i$，形成正反馈，满足相位平衡条件。由于只有当 $f=f_0$ 时，电路才满足自激振荡的条件，所以 RC 桥式振荡器的振荡频率为：

$$f_0 \approx \frac{1}{2\pi RC}$$

如果将 R 和 C 换成可变电阻和可变电容，则输出信号频率就可以在一个相当宽的范围内进行调节。实验室用的低频信号发生器多采用 RC 桥式振荡器。

B　起振和限幅

同相输入放大电路的电压放大倍数 $A_u = 1 + R_f/R_1$。电路起振时应使 $AF>1$，考虑对应于 $f=f_0$ 的频率信号的反馈系数 $F = U_f/U_o = 1/3$，故 A 应略大于 3，也就是要求 R_f/R_1 应大于 2 才能起振。通常 R_f 是具有负温度系数的热敏电阻，其作用是进行稳幅，减小波形失真。自动稳幅的过程解释如下：电路起振后，输出电压 $\dot{U}_o$ 的幅值不断增大，则流过热敏电阻 R_f 的电流也不断增大，引起 R_f 的温度升高和电阻值的减小，即 R_f/R_1 比值随之减小；直到 $R_f/R_1 = 2$，$A = 3$，$AF = 1$ 时，满足振幅平衡条件而维持等幅振荡。由于这个振荡电路输出电压的幅值不是依靠三极管的非线性来限幅，所以有良好的输出电压波形。

【例 3-8】　图 3-16 所示振荡电路，已知：$R = 5.6\text{k}\Omega$，$C = 2700\text{pF}$。求这个电路的振荡频率 f_0。设热敏电阻 $R_f = 12\text{k}\Omega$，问起振时电阻 R_1 应整定在何值？

解：

（1）根据振荡频率的计算公式可得：

$$f_0 = \frac{1}{2\pi RC} = \frac{1}{2\pi \times 5.6 \times 10^3 \times 2700 \times 10^{-12}} \approx 10.5\text{kHz}$$

（2）对于 f_0 振荡频率，反馈系数为 1/3，所以起振时 A 应大于 3，由此可知 R_f/R_1 应大于 2，故 R_1 应整定在小于 $6\text{k}\Omega$ 的阻值。

3.1.2.6　石英晶体振荡器

石英晶体振荡器是用石英晶体作为谐振选频元件的振荡器。其特点是有极高的频率稳定性，因而广泛使用于要求频率稳定性高的设备中。例如，石英钟、标准频率发生器、脉冲计数器及电子计算机中的时钟信号发生器等精密设备中。

A　石英晶体的特性

若在石英晶体的两个电极上加一电场，晶片就会产生机械变形。反之，若在晶片的两侧施加机械压力，则在晶片相应的方向上产生电场，这种物理现象称为压电效应。因此，当在晶片的两极加上交变电压时，晶片将会产生机械变形振动，同时晶片的机械振动又会产生交变电场。在一般情况下，这种机械振动的振幅和交变电场的振幅都很微小，只有在外加交变电压的频率为某一特定频率时，振幅才会突然增加，比其他频率下的振幅大得多，这种现象称为压电效应。它与 LC 回路的谐振现象十分相似，所以又称石英晶体为石英谐振器。上述特定频率称为晶体的固有频率或谐振频率，它与晶体的切割方式、几何形状、尺寸等有关。图 3-17 是石英晶体的结构示意图。

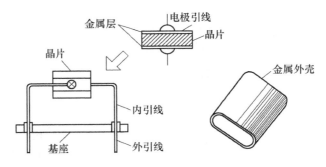

图 3-17　石英晶体结构示意图

B 石英晶体的符号和等效电路

石英晶体的符号和等效电路如图3-18(a)、(b) 所示。等效电路中，L 很大，C_0、C、R 很小，所以回路的品质因数 Q 很大，可达 $10^4 \sim 10^6$。而一般由电感线圈组成的谐振回路的品质因数 Q 不会超过400。所以，用石英谐振器组成的振荡电路，可获得很高的频率稳定性。

从石英晶体的符号和等效电路可知，这个电路有两个谐振频率。当 L、C、R 支路串联谐振时，等效电路的阻抗最小（等于 R），串联谐振频率为：

$$f_\mathrm{S} = \frac{1}{2\pi\sqrt{LC}}$$

当等效电路并联谐振时，并联谐振频率为：

$$f_\mathrm{P} = \frac{1}{2\pi\sqrt{L\dfrac{CC_0}{C+C_0}}} = f_\mathrm{S}\sqrt{1+\frac{C}{C_0}}$$

由于 $C \ll C_0$，因此，f_S 和 f_P 两个频率非常接近。

石英谐振器的电抗-频率特性如图3-18(c) 所示。当信号频率 f 正好处于 f_S 和 f_P 之间，石英晶体呈现感性，可看成电感。而在此之外则呈现出容性。

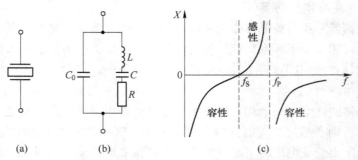

图3-18 石英晶体谐振器的符号和等效电路及电抗特性

(a) 符号；(b) 等效电路；(c) 电抗-频率特性

C 石英晶体正弦波振荡电路

石英晶体振荡电路的类型可分为两类，即并联型晶体振荡电路和串联型晶体振荡电路。前者石英晶体作为一个电感 L，工作在 f_S 和 f_P 之间；后者工作在串联谐振频率 f_S 处。

（1）并联型石英晶体振荡电路。图3-19为典型的并联型石英晶体振荡电路。这里石英晶体作为电容三点式电路的感性元件，起电感 L 的作用。其振荡频率应落在 f_S 和 f_P 之间，外接电容 C_3 和 C_1、C_2 组成并联回路，显然，它的工作原理可从图3-14所示的克莱普（Clapp）振荡电路得到解释。

（2）串联型晶体振荡电路。图3-20是一种串联型石英晶体振荡电路。将图3-20与图3-16对照可以看出，石英晶体（起电阻 R 的作用）与电容 C 和 R 组成选频及正反馈网络，运算放大器 A 与电阻 R_f、R_1 组成同相负反馈放大电路，其中具有负温度系数的热敏电阻 R_f 和 R_1 所引入的负反馈用于稳幅。因此，图3-20为一桥式正弦波振荡电路。显然，

在石英晶体的串联谐振频率 f_s 处，石英晶体的阻抗最小，且为纯电阻，可满足振荡的相位平衡条件。

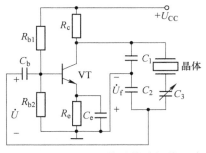

图 3-19 并联型石英晶体谐振荡电路

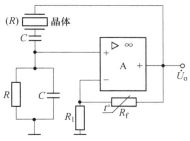

图 3-20 串联型石英晶体振荡电路

在图 3-20 中，为了提高正反馈网络的选频特性，应使振荡频率既符合晶体的串联谐振频率，又符合通常的 RC 串并联网络所决定的振荡频率。即应使振荡频率 f_0 既等于 f_s，又等于 $1/2\pi RC$，为此，需要进行参数的匹配。即选电阻 R 等于石英晶体串联谐振时的等效电阻，选电容 C 满足等式 $f_s = 1/2\pi RC$。

任务 3.2 集成运算放大器的认识与应用

【任务描述】

如图 3-21 某信号发生器电路原理图中有两个集成运算放大器，说出其作用与功能。

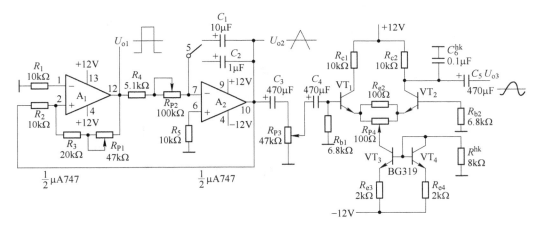

图 3-21 信号发生器的电路原理图

【任务分析】

集成运算放大器（可简称集成运放）是应用极为广泛的一种模拟集成电路。要会分析集成运算放大器在电路中的作用，首先要明白集成电路的基本知识，集成运算放大器的基本结构、主要参数和工作特点及其典型的应用电路，然后再结合实际电路进行分析判断即可。

【知识准备】

3.2.1 集成运算放大器的性能指标

3.2.1.1 集成电路简介

A 概述

集成电路是采用半导体制造工艺，在一小块半导体基片上，把电子元件以及连接导线集中制造而构成的一个完整电路，是将元器件和电路融为一体的固态组件，故又称为固体电路。它具有质量轻、体积小、外部焊点少、工作可靠等优点，这是分立元件电路无法相比之处。集成电路可按集成度、功能等进行分类。按集成度（一块硅片上所包含的元器件数目）来分，可分为小规模、中规模、大规模和超大规模集成电路。按功能划分，集成电路有数字集成电路和模拟集成电路两大类。数字集成电路用于产生、变换和处理各种数字信号；模拟集成电路用于放大变换和处理模拟信号。模拟集成电路种类较多，有集成运算放大器、集成功放、集成稳压器、集成模数和数模转换器等多种。其中应用最为广泛的为集成运算放大器。

B 基本结构

集成运算放大器是一种高电压增益、高输入电阻和低输出电阻的直接耦合多级放大电路。它具有两个输入端，一个输出端，大多数型号的集成运算放大器为两组电源供电。其内部电路结构框图如图 3-22 所示。它由高阻输入级、中间级、输出级和偏置电路四部分组成。

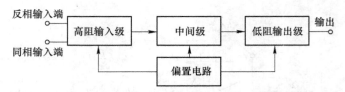

图 3-22　集成运算放大器的内部电路框图

输入级是一个输入阻抗高，且静态输入电流极小的差动放大电路，是提高集成运算放大器质量的关键部分。它有两个输入端，即同相输入端和反相输入端。如果输出信号与输入信号相位相同，则输入信号加在同相输入端；如果输出信号与输入信号相位相反，则输入信号加在反相输入端。

中间级主要进行电压放大，一般由共发射极放大电路构成，能提供足够大的电压放大倍数。

输出级接负载，要求其输出电阻低，带负载能力强，一般由互补对称射极输出电路构成。偏置电路的作用是向各个放大级提供合适的偏置电流，决定各级的静态工作点。

图 3-23 是集成运算放大器的外形图。国产集成运算放大器的封装外形主要有金属壳圆筒式、陶瓷或塑料封装双列直插式、陶瓷或塑料封装扁平式。管脚数有 8、10、12、14四种。集成运算放大器除了输入、输出、公共接地端子和电源端子外，有些还有调零端、相位补偿端以及其他一些特殊引出端子。由于这些端子对分析电路的输入、输出关系没有作用，所以没有画出。

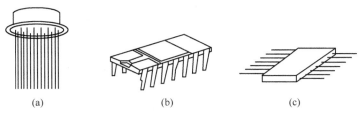

图 3-23　几种集成运算放大器的外形图

（a）圆筒式；（b）双列直插式；（c）扁平式

图 3-24 为集成运算放大器的图形符号及电压传输特性。图中 "−" 表示反相输入端，"+" 表示同相输入端。">" 表示信号的传输方向，"∞" 表示理想条件。

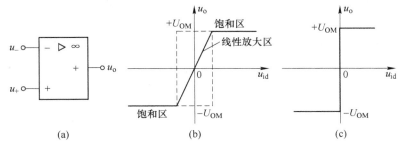

图 3-24　集成运算放大器的图形符号及电压传输特性

（a）图形符号；（b）运算放大器的电压传输特性；（c）理想运算放大器的电压传输特性

C　主要参数

（1）输入失调电压 U_{IO} 及其温漂 $\Delta U_{IO}/\Delta T$。在理想的运算放大器中，当输入电压为零时，输出电压应为零，但实际上并非如此。为了使当输入电压为零时，输出电压也为零，需在集成运算放大器两输入端额外附加的补偿电压，该补偿电压称为输入失调电压 U_{IO}。它反映了运算放大器内部输入级不对称的程度。U_{IO} 越小越好，一般约为 $\pm(1 \sim 10)$ mV。

U_{IO} 通常是由于差动输入极两个晶体管的基–集间电 U_{BE} 引起，而 U_{BE} 受温度的影响，故 U_{IO} 也是受温度影响的参数，则其受温度影响的程度称为输入失调电压的温漂，用 $\Delta U_{IO}/\Delta T$ 表示，单位通常用 $\mu V/℃$，一般都在几微伏每摄氏度以下。

（2）输入失调电流 I_{IO} 及其温漂 $\Delta I_{IO}/\Delta T$。静态时，当集成运算放大器输出电压为零时，流入两个输入端的基极电流之差，即 $I_{IO} = |I_{B+} - I_{B-}|$。$I_{IO}$ 反映了输入级电流参数不对称程度，I_{IO} 越小越好。一般约为 $1nA \sim 0.1\mu A$。

因为静态基极电流是受温度影响的函数，所以 I_{IO} 也是温度函数，通常用 $\Delta I_{IO}/\Delta T$ 来表示，称为输入失调电流的温漂。单位为 $pA/℃$ 或 $nA/℃$，一般为几纳安每摄氏度。

（3）开环差模电压放大倍数 A_{ud}。A_{ud} 指集成运算放大器工作在线性区，在没有接反馈电路，而接入规定的负载时，差模电压放大倍数。A_{ud} 是影响运算精度的重要因素，其值越大，其运算精度越高，性能越稳定。A_{ud} 耐常用分贝（dB）表示。

$$A_u(dB) = 20\lg A_{ud}(倍)$$

高增益集成运算放大器的 A_{ud} 可超过 $10^7(140dB)$。

（4）开环共模电压放大倍数 A_{uc}。开环共模电压放大倍数 A_{uc} 是指当集成运算放大器在开环状态下，两输入端加相同信号（称为共模）时，输出电压与该输入信号电压的比值。由于共模信号一般为电路中的无用信号或有害信号，应该加以抑制。因此，共模电压放大倍数越小越好。

（5）差模输入电阻 r_{id}。r_{id} 是指集成运算放大器开环时，差模输入信号电压的变化量与它所引起的输入电流的变化量之比，即从输入端看进去的动态电阻。r_{id} 越大越好，一般在几百千欧到几兆欧。

（6）差模输出电阻 r_o。集成运算放大器在开环情况下，输出电压与输出电流之比称为差模输出电阻 r_o。r_o 越小性能越好，一般在几百欧左右。

（7）最大输出电压 U_{PP}。在额定电源电压（±15V）和额定输出电流时，集成运算放大器不失真最大输出电压 U_{PP} 的峰值可达±13V 左右。

（8）共模抑制比 K_{CMR}。差模电压放大倍数和共模电压放大倍数之比称为共模抑制比，用 K_{CMR} 表示，即 $K_{CMR} = A_{ud}/A_{uc}$。K_{CMR} 越大越好，一般在 80dB 以上。

集成运算放大器的性能指标比较多，具体使用时要查阅有关的产品说明书或手册。由于集成运算放大器的结构及制造工艺上有许多特点，其性能非常优异。通常在电路分析中把集成运算放大器作为一个理想化器件来处理，从而大为简化集成运算放大器的电路分析。

3.2.1.2 理想运算放大器及其分析特点

A 电压传输特性

集成运算放大器输出电压 u_o 与其输入电压 $u_{id}(u_{id} = u_+ - u_-)$ 之间的关系曲线称为电压传输特性，即

$$u_o = f(u_{id})$$

由于集成运算放大器的开环差模电压放大倍数 A_{ud} 非常高，所以它的线性区非常窄。如图 3-24（b）所示，在 u_{id} 很小的范围内为线性区。当 $|u_{id}| < |U_{OM}|/A_{od}$ 时，输出信号 u_o 不再跟随 u_i 线性变化，进入饱和工作区，输出电压 u_o 只有 $+U_{OM}$ 和 $-U_{OM}$ 两种取值可能，而其饱和值 $\pm U_M$ 接近正、负电源电压值。

B 理想运算放大器的技术指标

所谓理想运算放大器就是将各项技术指标理想化的集成运算放大器，理想运算放大器的电压传输特性如图 3-24（c）所示。具有下面特性的运算放大器称为理想运算放大器：

（1）输入为零时，输出恒为零；

（2）开环差模电压放大倍数 $A_{ud} = \infty$；

（3）差模输入电阻 $r_{id} = \infty$；

（4）差模输出电阻 $r_o = 0$；

（5）共模抑制比 $K_{CMR} = \infty$；

（6）失调电压、失调电流及温漂为 0。

C 集成运算放大器应用电路的分析方法

集成运算放大器应用广泛，其工作区域不是在线性区，就是在非线性区。在分析运算

放大器应用电路时，用理想运算放大器代替实际运算放大器所带来的误差很小，在工程计算中是允许的。

理想运算放大器工作在线性区的特点：

（1）"虚短"。当集成运算放大器工作在线性区时，它的输出信号与输入信号应满足：

$$u_o = A_{ud}(u_+ - u_-)$$

由于 u_o 是有限的，而 A_{ud} 为无穷大，所以有 $u_+ - u_- = 0$，即

$$u_+ = u_-$$

这说明在线性工作区时，理想运算放大器的两输入端电位相等，相当于同相输入端与反相输入端短路，但不是真短路，故称"虚短"。

（2）"虚断"。由于理想运算放大器的输入电阻 r_{id} 为无穷大，所以运算放大器的输入电流为零。相当于两输入端对地开路，这种现象被称作"虚断"。即

$$i_+ = i_- = 0$$

另外，在分析电路时经常会碰到"虚地"的概念，如图 3-25 所示。因 $i_+ = i_- = 0$，所以 $u_+ = 0$；又因 $u_+ = u_-$，所以 u_- 点虽不接地却如同接地一样，故称为"虚地"。

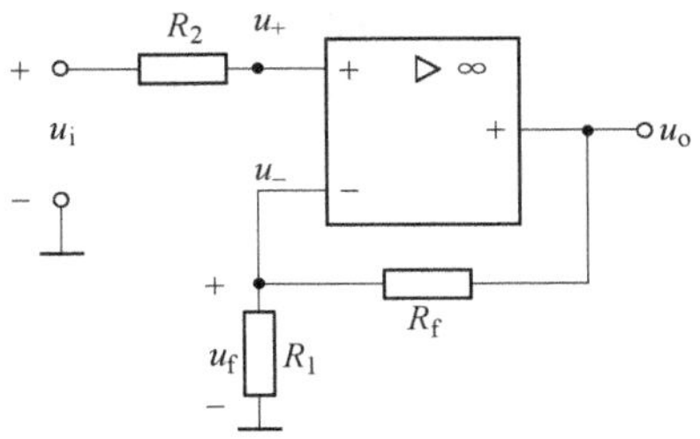

理想运算放大器工作在非线性区的特点：

（1）理想运算放大器的输出电压 u_o 的值只有两种可能，即输出为正向饱和电压 $+U_{OM}$，或负向饱和电压 $-U_{OM}$。

图 3-25 运算放大器中的"虚地"

当 $u_+ > u_-$ 时， $u_o = +U_{OM}$

当 $u_+ < u_-$ 时， $u_o = -U_{OM}$

其电压传输特性如图 3-24（b）所示。在非线性区内，"虚短"现象不复存在。

（2）理想运算放大器的输入电流等于零。因为 $R_{id} = \infty$，所以 $i_+ = i_- = 0$。

另外，运算放大器工作在非线性区时，仍 $u_+ \neq u_-$，其净输入电压 $u_+ - u_-$ 的大小取决于电路的实际输入电压及外接电路的参数。

总之，在分析集成运算放大器的应用电路时，一般将它看成理想运算放大器，首先判断集成运算放大器的工作区域，然后根据不同区域的不同特点分析电路输出与输入的关系。

3.2.2 集成运算放大器的简单应用

3.2.2.1 集成运算放大器的线性应用电路

集成运算放大器的线性应用电路有比例运算、加法运算、减法运算、积分运算、微分运算、对数运算、指数运算、乘法和除法运算等电路。以下介绍集成运算放大器的几种常见基本线性应用电路。

A 比例运算电路

集成运算电路的输出与输入电压之间存在比例关系，即电路可实现比例运算的电路称为比例运算电路，是各种运算电路的基础。根据输入信号接法的不同，比例运算电路有三种基本形式：反相输入、同相输入和差动输入比例运算电路，下面介绍前两种。

（1）反相比例运算电路。反相比例运算电路如图 3-26 所示。外加输入信号 u_i 通过电

阻 R_1 加在集成运算放大器的反相输入端，而同相输入端通过电阻 R_2 接地，故称为反相输入方式。由图可以看出，运算放大器工作在线性区。所以利用"虚短""虚断"和"虚地"特点，可得出

$$i_i = \frac{u_i}{R_1} \quad i_f = -\frac{u_o}{R_f} \quad i_i = i_f \quad u_o = -\frac{R_f}{R_1}u_i$$

可见输出电压与输入电压成比例关系，"$-R_f/R_1$"为其比例系数。式中，"$-$"表示 u_o 与 u_i 反相。当 $R_f = R_1$ 时，比例系数为"-1"，电路成为反相器。

在图 3-26 中，电阻 R_2 称为平衡电阻，其作用是为了保证运算放大器的两个输入端处于静态平衡的状态，避免因电阻不平衡时，偏置电流引起的失调。它的求法是：令运算放大器电路中所有信号电压为零，使从同相端和反相端向外看对地的电阻相等。即

$$R_2 = R_f \;/\!/\; R_1$$

（2）同相比例运算电路。同相比例运算电路如图 3-27 所示。外加输入信号 u_i 通过平衡电阻 R_2 加在集成运算放大器的同相输入端，而反相输入端没有外加输入信号，只有反馈信号。故称其为同相输入方式。电阻 $R_2 = R_f \;/\!/\; R_1$，起平衡补偿作用。由图可以看出，运算放大器工作在线性区。因此有：

$$u_- = \frac{R_1}{R_1 + R_f}u_o \quad u_+ = u_- \quad u_+ = u_i \quad u_o = \left(1 + \frac{R_f}{R_1}\right)u_i$$

可见，同相比例运算电路的比例系数大于 1，其值为（$1 + R_f/R_1$）。当 R_1 开路时，$u_o = u_i$，电路成为电压跟随器。

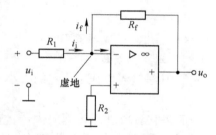

图 3-26　反相比例运算电路

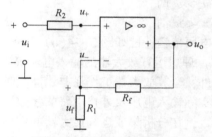

图 3-27　同相比例运算电路

B　加法运算电路

加法器或求和电路是指能实现加法运算的电路。根据信号输入方式的不同，加法器有反相输入式和同相输入式之分。图 3-28 是反相加法运算电路。运算放大器工作在线性区，且反相端为"虚地"，即 $u_+ = u_- = 0$。因此有：

$$i_1 = \frac{u_{i1}}{R_1} \quad i_2 = \frac{u_{i2}}{R_2} \quad i_3 = \frac{u_{i3}}{R_3} \quad i_f = -\frac{u_o}{R_f}$$

$$i_f = i_1 + i_2 + i_3$$

由以上各式可得：

$$u_o = -i_f R_f = -R_f\left(\frac{u_{i1}}{R_1} + \frac{u_{i2}}{R_2} + \frac{u_{i3}}{R_3}\right)$$

令 $R_f = R_1 = R_2 = R_3$，则

$$u_o = -(u_{i1} + u_{i2} + u_{i3})$$

图 3-28 中，电阻 R 为平衡电阻，取

$$R = R_f \mathbin{/\mkern-4mu/} R_1 \mathbin{/\mkern-4mu/} R_2 \mathbin{/\mkern-4mu/} R_3$$

该电路的突出优点是各路输入电流之间相互独立，互不干扰。

C　减法运算电路

减法运算是指电路的输出电压与两个输入电压之差成比例。基本电路如图 3-29 所示。外加输入信号 u_{i1} 和 u_{i2} 分别通过电阻加在运算放大器的反相输入端和同相输入端，称为差动输入方式。

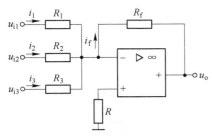

图 3-28　反相加法运算电路

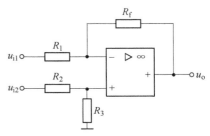

图 3-29　减法运算电路

为了保证运算放大器两个输入端对地电阻平衡，通常有 $R_1 = R_2$，$R_f = R_3$。对于这种电路用叠加原理求解比较简单。

设 u_{i1} 单独作用时输出电压为 u_{o1}，此时应令 $u_{i2} = 0$，电路为反相比例运算电路。

$$u_{o1} = -\frac{R_f}{R_1}$$

设 u_{i2} 单独作用时输出电压为 u_{o2}，此时应令 $u_{i1} = 0$，电路为同相比例运算电路。

$$u_+ = \frac{R_3}{R_2 + R_3} u_{i2}$$

$$u_{o2} = \left(1 + \frac{R_f}{R_1}\right) u_+ = \left(1 + \frac{R_f}{R_1}\right) \left(\frac{R_3}{R_2 + R_3}\right) u_{i2}$$

当 u_{i1} 和 u_{i2} 同时作用于电路时，

$$u_o = u_{o1} + u_{o2} = \left(1 + \frac{R_f}{R_1}\right) \left(\frac{R_3}{R_2 + R_3}\right) u_{i2} - \frac{R_f}{R_1} u_{i1}$$

当 $R_1 = R_2$，$R_f = R_3$ 时，

$$u_o = \frac{R_f}{R_1}(u_{i2} - u_{i1})$$

可见，差动输入运算放大器能实现两个信号的减法运算。

D　积分运算电路

当如图 3-30(a) 所示为简单积分电路及充电过程，当 u_i 从零值突变到某一定值时，则 u_o 按指数规律上升，充电规律是，电容电压 $u_C = u_o$ 正比于电容充电电流 i_C 对时间的积分，即

$$u_o = -\frac{1}{C} i_C \mathrm{d}t$$

这种 RC 积分电路的缺点是随着充电时间的增长，充电电流不断减小，不能实现输出电压随时间线性增长的实际要求。为了实现恒流充电，提高积分电压的线性度，采用集成运算放大器构成的积分运算电路如图 3-30(b) 所示。由于同相输入端通过 R_1 接地，所以运算放大器的反相输入端为虚地。

电容 C 上流过的电流等于电阻 R 中的电流，即

$$i_C = i_R = \frac{u_i}{R} \qquad u_C = u_- - u_o = -u_o$$

$$u_o = -u_C = -\frac{1}{C}\int \frac{u_i}{R}dt = \frac{1}{RC}\int u_i dt$$

可见，输出电压与输入电压之间成积分关系。当 u_i 为常量，即 $u_i = U_i$ 时

$$u_o = \frac{1}{RC}U_i t$$

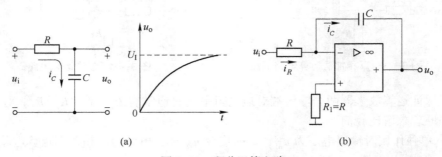

图 3-30　积分运算电路

(a) 简单积分电路及充电过程；(b) 积分运算电路

E　微分运算电路

积分的逆运算是微分，所以只要将积分运算电路的电阻与电容位置互换，便可得到如图 3-31 所示的微分运算电路。根据理想运算放大器工作在线性区"虚短"和"虚断"的特点可知，反相端仍为虚地，由图可知：

$$i_C = C\frac{du_C}{dt} = C\frac{du_i}{dt}$$

$$i_C = i_R$$

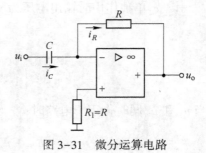

图 3-31　微分运算电路

故

$$u_o = -i_R R = -RC\frac{du_i}{dt}$$

可见，输出电压正比于输入电压对时间的微分。图 3-31 中 R_1 为平衡电阻，取 $R_1 = R$。

【例 3-9】　电路如图 3-32 所示，求解 u_o 与 u_1、u_2 之间的运算关系。

解：当多个运算电路相连接时，应按顺序求出每个运算电路输入与输出间的运算关系，然后求出整个电路的运算关系。

u_{o1} 的表达式为：

$$u_{o1} = -\frac{1}{R_1 C}\int u_1 dt = -\frac{1}{100\times10^3\times10^{-6}}\int u_1 dt = -10\int u_1 dt$$

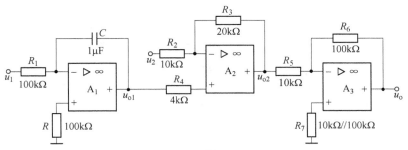

图 3-32　例 3-9 图

u_{o2} 的表达式为：

$$u_{o2} = \left(1 + \frac{R_3}{R_2}\right)u_{o1} - \frac{R_3}{R_2}u_2 = \left(1 + \frac{20}{10}\right)\left(-10\int u_1 dt\right) - \frac{20}{10}u_2 = -30\int u_1 dt - 2u_2$$

u_o 的表达式为：

$$u_o = -\frac{R_6}{R_5}u_{o2} = -\frac{100}{10}\left(-30\int u_1 dt - 2u_2\right) = 300\int u_1 dt + 20u_2$$

3.2.2.2　集成运算放大器线性应用电路实例分析

A　电流-电压转换电路

如图 3-33 所示电路。由图可得：

$$u_o = -i_R R_f = -i_S R_f$$

可见，输出电压 u_o 与输入电流 i_S 成正比，实现了线性变换的目的。负载电阻 R_L，则输出电压与负载电流成正比，即

$$i_o = \frac{u_o}{R_L} = -\frac{R_f}{R_L}i_S$$

B　电压-电流转换电路

电路如图 3-34 所示，u_S 为电压源，根据"虚短"有：

$$u_S = i_o R$$

所以

$$i_o = \frac{u_S}{R}$$

可见输出电流 i_o 与输入电压 u_S 成正比，实现了线性转换。

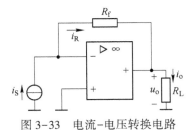

图 3-33　电流-电压转换电路　　　　图 3-34　电压-电流转换电路

3.2.2.3　集成运算放大器的非线性应用电路

运算放大器非线性应用的实例很多，以下只介绍比较器和限幅器。

A　比较器

比较器是比较两个电压大小的电路，常用于测量、控制和信号处理等电路中。

（1）过零电压比较器。过零电压比较器是参考电压为零的比较器。根据输入方式的不同又可分为反相输入和同相输入两种。当同相输入端接地时为反相输入过零电压比较器，而当反相输入端接地时为同相输入过零电压比较器。它们的工作原理分析如下。

反相输入过零电压比较器电路如图3-35(a) 所示，其电压传输特性如图3-35(b) 所示。当输入信号电压 $u_i>0$ 时，输出电压 u_o 为 $-U_{OM}$；当 $u_i<0$ 时，u_o 为 $+U_{OM}$。

同相输入过零电压比较器电路如图3-36(a) 所示，其电压传输特性如图3-36(b) 所示。当输入信号电压 $u_i>0$ 时，输出电压 u_o 为 $+U_{OM}$；当 $u_i<0$ 时，u_o 为 $-U_{OM}$。

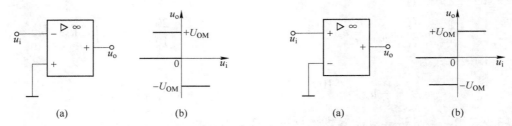

图3-35　反相输入过零电压比较器　　　　图3-36　同相输入过零电压比较器
(a) 电路；(b) 电压传输特性　　　　　　(a) 电路；(b) 电压传输特性

（2）单限电压比较器。可用于检测输入信号电压是否大于或小于某一特定值称为单限电压比较器（又称电平检测器）。

根据输入方式不同，也可分为反相输入和同相输入两种。图3-37 所示为反相输入单限电压比较器电路和电压传输特性。

当输入电压 $u_i>U_R$ 时，u_o 为 $-U_{OM}$；当输入电压 $u_i<U_R$ 时，u_o 为 $+U_{OM}$。其电压传输特性如图3-37(b) 所示。在传输特性上输出电压发生转换时的输入电压称为门限电压 U_{th}，单限电压比较器只有一个门限电压，其值可以为正，也可以为负。实际上前面介绍的过零电压比较器是单限电压比较器的一种特例，它的门限电压 $U_{th}=0$。

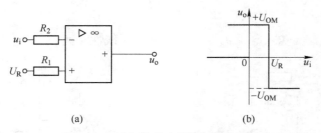

图3-37　反相输入式单限电压比较器
(a) 电路；(b) 电压传输特性

（3）滞回电压比较器单限电压比较器虽然电路比较简单，灵敏度高，但它的抗干扰能力却很差。当输入信号在 U_R 处上下波动（有干扰）时，电路会出现多次翻转，时而为 $+U_{OM}$，时而为 $-U_{OM}$，输出波形不稳定。用这样的输出信号是不允许去控制继电器的。采用以下介绍的滞回电压比较器可以消除上述现象。

滞回电压比较器又称为施密特触发器，其电路如图 3-38（a）所示。它是在电压比较器的基础上加上正反馈构成的。通过正反馈支路，门限电压就随输出电压 u_o 的变化而变化，所以这种电路有两个门限电压。虽然灵敏度低一些，但抗干扰能力却大大提高了，只要干扰信号的变化不超过两个门限电压值之差，其输出电压是不会出现反复变化的。电路的工作原理分析如下。

当 u_i 从很小逐渐增大，但 $u_i < u_{i+}$ 时，运算放大器输出为正向最大值，即

$$u_o = + U_{OM}$$

此时同相输入端的电位为：

$$u'_+ = \frac{R_2}{R_2 + R_f}(+ U_{OM}) = U_{th+}$$

当输入电压 u_i 增大到 $u_i < U_{th+}$ 时，由于强正反馈，输出跳变到负向最大值，即

$$u_o = - U_{OM}$$

此时同相输入端的电位变为：

$$u''_+ = \frac{R_2}{R_2 + R_f}(- U_{OM}) = U_{th-}$$

以后在 u_i 由大逐渐减小的过程中，只要 $u_- = u_i > u''_+$，输出仍为负向饱和电压。只有当 u_i 减小到使 $u_- < u''_+$ 时，输出才由负向饱和电压变为正向饱和电压。其电压传输特性如图 3-38（b）所示。

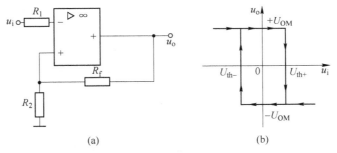

图 3-38　滞回电压比较器
（a）电路；（b）电压传输特性

可以看出，滞回电压比较器存在两个门限电压：上门限电压 U_{th+} 和下门限电压 U_{th-}，两者之差称为回差电压，即

$$\Delta U_{th} = U_{th+} - U_{th-} = 2 \frac{R_2}{R_2 + R_f} U_{OM}$$

回差电压的存在，提高了电路的抗干扰能力。并且改变 R_2 和 R_f 的数值就可以改变 U_{th+}、U_{th-} 和 ΔU_{th}。

B　限幅器

有时为了与输出端的数字电路的电平配合，需要将比较器的输出电压限定在某一特定的数值上，这就需要在比较器的输出端接上限幅电路。图 3-39（a）为一电阻 R 和双向稳压管 VZ 构成的限幅电路，输出电压值限制在 $u_o = \pm(U_Z + U_D)$ 范围之内。在实用电路中，

有时在比较器的输出端与反相输入端之间跨接一个双向稳压管进行双向限幅，如图 3-39（b）所示。假设稳压管 VZ 截止，则集成运算放大器必工作在开环状态，其输出不是 $+U_{OM}$ 就是 $-U_{OM}$。所以双向稳压管中总有一个工作在稳压状态，一个工作在正向导通状态，故输出电压 $u_o = \pm(U_Z + U_D)$，达到限幅的目的。

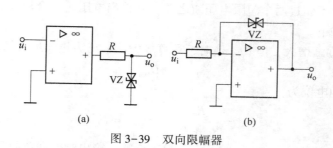

图 3-39　双向限幅器

3.2.2.4　使用运算放大器注意事项

（1）集成运算放大器的选用。选择集成运算放大器的原则，应从电路的主要功能指标和各类运算放大器的不同特点两方面来综合考虑。在满足主要功能指标前提下，兼顾其他指标，并尽可能采用通用型运算放大器以降低成本。

（2）集成运算放大器的调零。因为存在失调电压和失调电流，当集成运算放大器输入为零时，输出不为零。为了补偿这种由输入失调造成的不良影响，使用时大都要采用调零措施。集成运算放大器通常都有规定的调零端子、调零电位器的阻值及连接方法。在集成运算放大器良好的情况下，只要调零电路及施加的电压没有问题，一般都不难调好零点。

（3）集成运算放大器的自激。集成运算放大器内部是一个多级放大电路，运算放大电路部分又引入了深度负反馈，因此大多数集成运算放大器在内部都设置了消除自激的补偿电路，来消除其工作时易产生的自激振荡。有些集成运算放大器引出了消振端子，用外接 RC 消除自激现象。实际使用时，通常在电源端、反馈支路及输入端连接电容或阻容支路来消除自激。

（4）集成运算放大器的保护。集成运算放大器在使用时，如果输入、输出电压过大、输出短路及电源极性接反等原因会造成集成运算放大器损坏，因此，需要采取保护措施。其中，为防止输入差模或共模电压过高而损坏集成运算放大器的输入级，可并接极性相反的两只二极管在集成运算放大器的输入端，从而使输入电压的幅度限制在二极管的正向导通电压之内；为了防止集成运算放大器使用时接正负电源极性接反，可采用电源极性保护电路；为了防止运算放大器输出端因接到外部电压引起击穿或过流，可在输出端接上稳压管，当因意外原因外部较高电压接到运算放大器的输出端时，稳压管反向击穿，集成运算放大器的输出端电压将受稳压管的稳压值限制，从而可避免损坏。

任务 3.3　信号发生器的制作、参数测试与故障排除

【任务描述】

按图 3-40 组装、制作一个低频信号发生器，对其输出参数进行测定，对其功能进行

检测，确保制作质量。

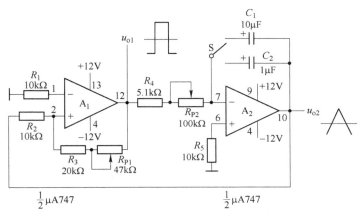

图 3-40　方波-三角波信号发生器的电路原理图

【任务分析】

完成任务的第一步是能看懂电路原理图，弄清电路结构、电路每部分的功能，认识构成电路的各元器件。而后，要会根据给定参数要求选定元器件，会编制工艺流程，会绘制 PCB 板图元件布局图，具备一定的焊接技能，会使用检测工具，明白检测标准和检测方法，才能较好地完成任务（说明：本任务可只完成方波-三角波信号发生器电路组装、调试及故障排除，检测几组电压、输出频率，不需要安装面板及相关旋钮、开关）。

【知识准备】

3.3.1　工具、材料、器件准备

工具：螺丝刀、电烙铁、万用表、镊子、小刀、试电笔、偏口钳等。

材料：焊锡、导线、洞洞板、封装面板等。

器件：集成运算放大器两个，10kΩ 电阻 3 个，90kΩ 电阻 1 个，5.1kΩ 电阻 1 个，100kΩ 可变电阻 1 个，47kΩ 可变电阻 1 个，10μF 电容器 1 个，1μF 电容器 1 个，两孔插头 2 个，选择开关 1 个。

3.3.2　电子元器件布局

电子元件布局情况如图 3-41 所示。

3.3.3　信号发生器的制作

3.3.3.1　低频信号发生器组装的工艺流程

A　准备工作

（1）清洁、防静电的工作环境，着装规范、良好接地处理的烙铁、防静电护腕等。

（2）良好的心态。

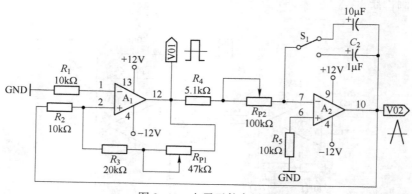

图 3-41 电子元件布局图

（3）准备好必备的工具、烙铁、剪线钳子、焊丝、清洁海绵等。

（4）补充好水分，清理好肠道。

（5）开工。识图，开始上套件。

（6）全部安装焊接好后，进行通电测试。

B 注意事项

（1）正式组装前，必须根据电路图、准的洞洞板大小先进行电路组装布局设计，否则会导致因为布局不合理而返工的现象。

（2）同型号电阻先插到板上，尽量不要混插，混插看起来很快，但出错的概率也很大。

（3）插好电阻后，再仔细检查电路，确认无误后，用另外一块 PCB 压住电阻，然后整体翻过来焊接。焊接时先焊接一边的"腿"，让电阻不会掉，然后翻转过来看有没有压实，焊接要尽量贴近电路板，这样才会更美观。

（4）配线等均焊接好后再插上集成运算放大器，避免烙铁静电损坏集成运算放大器。

（5）通电测试要注意采用的电源电压是否符合要求。

3.3.3.2 低频信号发生器面板设计安装

一般低频信号发生器面板上所具有的控制装置有频段（频率倍乘）开关、频率调节（调度盘、频率微调旋钮、输出调节旋钮、衰减选择开关、输出阻抗选择开关、内部负载开电压输出插座、功率输出接线柱、电压表输入接线柱、电压表头、电源开关与指示灯现分别介绍如下。

（1）频段开关。亦称为频率倍乘开关，通常有 4 挡：$20 \sim 200 \mathrm{Hz}$（或 $\times 1$），$200 \mathrm{Hz} \sim 2 \mathrm{kHz}$（或 $\times 10$），$2 \sim 20 \mathrm{kHz}$（或 $\times 100$），$20 \sim 200 \mathrm{kHz}$（或 $\times 1000$）。

（2）频率调节度盘。亦称为调谐旋钮，这是各频段内连续调节频率用的。有些仪器的 4 个频段分别对应刻度；有些仪器是一条刻度对应 4 个频段，用倍乘数计算频率值。

（3）频率微调（%）旋钮。有些仪器上具有该装置，是对输出信号频率进行微调的旋钮。现以刻度上标有 $\pm 1.5\%$ Hz 符号的频率微调（%）旋钮为例，对于某一个特定频率点而言，例如 1000Hz 频率点，微调范围为 $\pm 15 \mathrm{Hz}$；100Hz 频率点，微调范围为 $\pm 1.5 \mathrm{Hz}$。

（4）输出调节旋钮。连续调节输出信号（电压、功率）大小。

（5）衰减选择开关。输出信号衰减值通常用分贝（dB）表示。有些仪器有个位数（0~10dB）和十位数（10~90dB）两个衰减选择开关，此种情况下的实际输出信号衰减数为两开关读数之和；有些仪器只有一个衰减选择开关，此种情况下的衰减数一般仅有 0dB（衰减倍数为 1），20dB（衰减倍数为 10），40dB（衰减倍数为 100），60dB（衰减倍数为 1000），80dB（衰减倍数为 10000）数挡。后一种情况的衰减选择开关往往是与输出阻抗选择开关合而为一的。

（6）输出阻抗选择开关。通常具有若干个挡级。供选用的输出阻抗有如 8Ω、50Ω、75Ω、150Ω、600Ω 和 5kΩ 等。一般仪器根据各自的应用场合，均配备有若干挡阻抗值供选用。

（7）内部负载开关。有些仪器上各有此开关。有通、断两挡。置于通挡时，机内负载电阻（通常是 600Ω）与输出变压器次级抽头相接。这种情况主要是用于信号发生器外接负载为高阻抗状态（如外接示波器、电子电压表或高输入阻抗电路等）时。如果外部负载正好为 600Ω 时，输出阻抗选择开关应置于 600Ω 挡，而内部负载开关应置于断挡。如果外部负载为 8Ω、50Ω、75Ω、150Ω 或 5kΩ 等时，输出阻抗选择开关应置于相应的阻抗挡级，内部负载开关也应置于断挡。

（8）输出端。一般低频信号发生器都具有两个输出端子。一个是电压输出插座，它通常输出 0~5V 的小失真的正弦信号电压，另一个是功率输出接线柱（有输出Ⅰ、输出Ⅱ、中心端和接地 4 个接线柱）。当短路片连接输出Ⅱ和接地柱时，信号发生器输出为不对称（不平衡式）；当中心端和接地柱相连接时，信号发生器输出为对称式（平衡式）。两种不同的接法具体如图 3-42 所示。

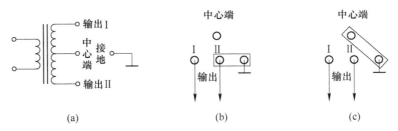

图 3-42　低频信号发生器功率输出端及其接法
（a）输出变压器；（b）不平衡输出；（c）平衡输出

（9）电压表量程开关。有些信号发生器（如 XFD7A 型等）的电压指示电路可单独作电子电压表用，通常设有若干挡量程（如 15V、30V、75V、150V 等）供选用。

（10）电压表输入接线柱信号发生器中凡单独作电子电压表用的指示电路，均具有电压表输入接线柱。当测量信号发生器自身输出电压时，要用一根导线连接信号发生器的输出接线柱Ⅰ（仅测量不平衡电压）。如果测量外界电压时，外界电压由此接线柱和信号发生器接地接线柱输入。

（11）电压表表头及其刻度。电压表表头上有对应不同量程的刻度线若干条，有些信号发生器（如 XD-7A 型等）的电压表所测得的是衰减电路之前的电压值，输出端电压值的计算要计入衰减分贝数，这一点在使用中一定要注意区分。

（12）电源开关和指示灯。电源开关用来控制信号发生器所接外电源的通断，指示灯用来指示信号发生器内部电路是否通电正常。

3.3.4　信号发生器的参数测试

3.3.4.1　低频信号发生器的主要性能指标与要求

（1）频率范围。频率范围是指各项指标都能得到保证时的输出频率范围，或称有效频率范围。一般为 20Hz～20.0kHz，现在做到 1Hz～1MHz 并不困难。在有效频率范围内，频率应能连续调节。

（2）频率准确度。频率准确度是表明实际频率值与其标称频率值的相对偏离程度，一般为 ±3%。

（3）频率稳定度。频率稳定度是表明在一定时间间隔内，频率准确度的变化，所以实际上是频率不稳定度或漂移。没有足够的频率稳定度，就不可能保证足够的频率准确度。另外，频率的不稳定可能使某些测试无法进行。频率稳定度分长期稳定度和短期稳定度，且一般应比频率准确度高一至二个数量级，一般应为 0.1%～0.4%/小时。

（4）非线性失真。振荡波形应尽可能接近正弦波，这项特性用非线性失真系数表示，希望失真系数不超过 1%～3%，有时要求低至 0.1%。

（5）输出电压。输出电压须能连续或步进调节，幅度应在 0～10V 范围内连续可调。

（6）输出功率。某些低频信号发生器要求有功率输出，以提供负载所需要的功率。输出功率一般为 0.5～5W 连续可调。

（7）输出阻抗。对于需要功率输出的低频信号发生器，为了与负载完美地匹配以减小波形失真和获得最大输出功率，必须有匹配输出变压器来改变输出阻抗以获得最佳匹配。如 50Ω、75Ω、150Ω、600Ω 和 1.5kΩ 等几种。

（8）输出形式。低频信号发生器应可以平衡输出与不平衡输出。

3.3.4.2　低频信号发生器的参数测试

A　测试步骤与技巧

（1）准备工作。先把输出调节旋钮置于逆时针旋到底的起始位置，然后开机预热片刻，使仪器稳定工作后使用。

（2）选择频率。根据测试需要调节频段选择开关于相应挡级；调节频率刻度盘于相应的频率点上。例如，需要获得频率为 1000Hz 的正弦信号，频率选择开关应置于 ×10 挡（亦有标 200～2000Hz 挡），频率刻度盘应置于 100Hz 刻度点频率，即为 100Hz×10 = 1000Hz。在具有频率微调（%）旋钮的信号发生器上，通常该旋钮应置于零位置。

（3）输出阻抗的配接。输出阻抗的配接应根据外接负载电路的实际负载值具体考虑。若被测电路的实际输入阻抗值与信号发生器输出阻抗选择开关有对应数值时，则信号发生器的输出阻抗选择开关应置于相对应（阻抗值相等或相近）的挡级，以获得最佳负载输出，即获得功率大而失真小的输出信号。如果信号发生器输出阻抗与负载阻抗失配过大，将引起输出信号的较大失真，若被测电路的输入阻抗与信号发生器的输出阻抗挡级不相符，则应在信号发生器功率输出端与被测电路输入端之间接入阻抗变换电路。图 3-43 匹配电路实例中，列举了 3 种由电阻组成的不平衡式匹配电路，这 3 种电路还有 20dB（即 10 倍）的衰减量。在许多场合下的外接负载为高阻抗（例如外接负载为示波器、电子电压表或高阻抗电路等）时，通常宜在信号发生器功率输出端并联上一个相应的等效负载电阻。有些信号发生器（XFD7A 型等）中各有内部开关，设有通、断两挡，当其打到通挡时，功率输出端自行并联上一个等效负载电阻，这个电阻值取 600Ω，所以一般与 600Ω 挡配接。

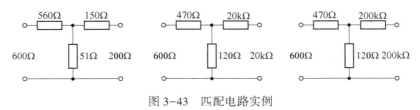

图 3-43 匹配电路实例

如果实际使用中，由于要求输出电压值比较大，超出了 600Ω 挡所能输出的最大电压值（XFD7A 型该挡输出最大电压不超过 75V），则可选用比 600Ω 阻值更高的挡，如 5000Ω（此挡输出最大电压值可达 150V 左右），但此时宜将信号发生器的内部负载开关打到断挡，信号发生器的输出接线柱上宜并联上一个 5000Ω 的等效负载电阻。如果使用信号发生器电压输出端的输出信号，或经仪器内部衰减后（即使用了衰减选择开关）的功率输出端的输出信号，而作为负载的电路又处于高的输入阻抗状态（20 倍于信号发生器的输出阻抗），则此时信号发生器的输出和被测放大电路的输入可直接相连而不必考虑阻抗匹配。

（4）输出电路形式的选择。根据外接负载电路是不对称（不平衡）输入还是对称（平衡）输入，用输出短路片变换信号发生器的输出接线柱的接法，可获得不对称（不平衡）输出或对称（平衡）输出。

（5）输出电压的调节和测读。调节输出电压旋钮，可以连续改变输出信号大小。输出电压的大小可由信号发生器电压表读数、输出阻抗选择开关和输出衰减选择开关挡级决定。一般在改变信号频率后，应重新调整输出电压大小。

B 测试

观察信号发生器输出信号。

（1）低频信号发生器输出已知频率和已知电压的信号。$f_1 = 10\text{kHz}$、$u_1 = 2\text{V}$，$f_2 = 1\text{kHz}$、$u_2 = 5\text{V}$。用电子电压表测量输出电压值。用示波器观察输出信号波形，并测量、计算电压（峰-峰值、有效值）、周期、频率。

（2）低频信号发生器输出频率 $f = 1\text{kHz}$、$u = 5\text{V}$ 的信号，将分贝衰减器置于 0dB、20dB、40dB、60dB，用电子电压表测量低频信号发生器输出电压。

本任务完成时，按表 3-2 记录所组装的方波-三级波低频信号发生器电路测试数据。调节电路，用电子电压表测量输出电压值，用示波器观测五种情况下输出频率以及 V_{O1} 和 V_{O2} 的波形。

表 3-2 方波-三级波低频信号发生器电路测试数据记录表

序　号	电压/V	频率/kHz	V_{O1} 输出波形	V_{O2} 输出波形
1	3	1		

序　号	电压/V	频率/kHz	V$_{O1}$输出波形	V$_{O2}$输出波形
2	3	10	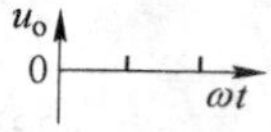 u_o 0 ωt	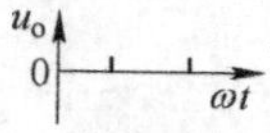 u_o 0 ωt
3	5	1	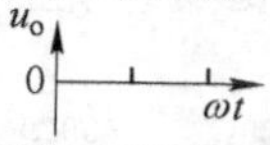 u_o 0 ωt	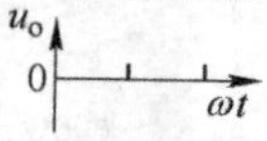 u_o 0 ωt
4	5	10	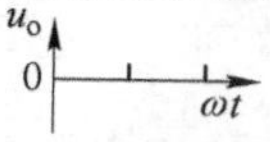 u_o 0 ωt	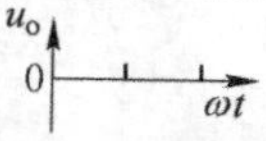 u_o 0 ωt

3.3.5　低频信号发生器的故障排除

发现低频信号发生器故障后，先检查各元器件是否出现虚焊或短路等现象。确认电路焊接等无误后，对故障进行分析，弄清可能是哪部分电路或哪个元器件出现问题，可采取测试元器件两端电压或电阻的方法确认元器件本身是否存在故障。

如果出现方波输出不正常，首先要分析方波产生电路，参阅原理图寻找故障点。发现输出端有方波，但波形畸变，所以，首先设置电路的有关参数，即频率为 1kHz，方波幅度控制置于最大输出，功能开关置于方波位。用示波器检查各点波形，通过测各点波形，查找出故障点。

如果出现电压不稳定并有漂移现象。正常情况下调校好后，不会出现漂移现象，而现在出现漂移及不稳定，调整后面板，调不出正确电平，经分析，问题有可能出在两个放大板，表 3-2 方波-三角波低频信号发生器电路测试数据记录表两个电平偏离方向相同（都是正或负），故障可以就在 A1 板（主自动幅度控制板），如两个电平偏离方向不同（一正一负），故障可能出现在 A2 放大板，为确定故障点，采用了信号跟踪法，将外部信号源接入本机，这个信号源能向 1kΩ 负载提供 1kHz、10Vrms 的正弦波输入。进一步寻找故障。将外部信号源接入本机，这个信号源能向 1kΩ 负载提供 1kHz、10Vrms 的正弦波输入。

【任务实施】

·任务一

如图 3-44 所示为实验室用低频信号发生器电路的核心部分电路。（1）振荡电路的组成与类型是什么，写出振荡频率的计算公式。（2）振荡电路中哪些元件构成选频网络？（3）转换开关 S 有什么作用？（4）电容为何用双链可变电容器？

分小组讨论完成后进行汇报，师生互评，教师小结。

解答参考：

（1）实用的低频信号发生器要求频率可调，图 3-44 所示电路就是一个频率可调的低频振荡器电路。该电路的频率 $f_0 = 1/2\pi RC$，改变 R 或 C 均可改变频率。

（2）R_1、R_2、R_3 和双链电容器构成 RC 选频电路。

（3）转换开关 S 用作频率粗调。

（4）双链可变电容器用作频率细调。

图 3-45 所示电路是收录机的本机振荡电路。（1）指出反馈网络。（2）说明其是否满足振荡的相位条件。（3）若 L_3 接反，电路能否振荡?

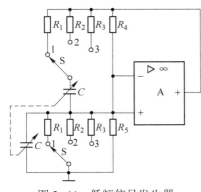

图 3-44   低频信号发生器

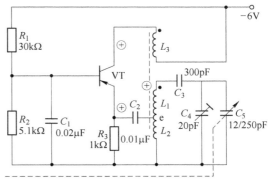

图 3-45   收录机的本机振荡电路

解答参考:

（1）反馈网络由 L_3、L_2、L_1、C_3、C_4 和 C_5 等元件组成。反馈信号从 L_2 两端取出，经电容 C_2 耦合到晶体管 VT 的发射极，充当输入信号。

（2）图 3-45 中，VT 的基极通过电容 C_1 交流接地，是一个共基极接法的电路。设发射极信号瞬时极性为正，则其他各点的瞬时极性如图中 "$\oplus$" 所示。可知是正反馈，满足相位条件。

（3）若 L_3 接反，则电路由正反馈变成负反馈，不满足相位条件，故不能振荡。

·**任务二**

分组分析讨论图 3-46 中两个集成运算放大器的作用及构成方波-三角波产生电路的工作原理，形成书面报告。

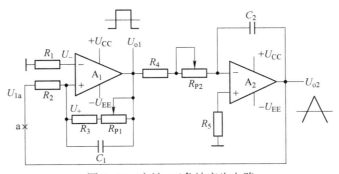

图 3-46   方波-三角波产生电路

运算放大器 A_1 与 R_1、R_2、R_3、R_{P1} 组成滞回电压比较器。

运算放大器的反相端接基准电压，即 $U_- = 0$；同相端接输入电压 U_{ia}。

比较器的输出 U_{o1} 的高电平等于正电源电压 $+U_{CC}$，低电平等于负电源电压 $-U_{EE}$（| U_{CC} | = | U_{EE} |）。

当输入端 $U_+ = U_- = 0$ 时，比较器翻转，U_{o1} 从 $+U_{CC}$ 跳到 $-U_{EE}$，或从 $-U_{EE}$ 跳到 $+U_{CC}$。设 $U_{o1} = +U_{CC}$，则

$$U_+ = \frac{R_2}{R_2 + R_3 + R_{P1}}U_{CC} + \frac{R_3 + R_{P1}}{R_2 + R_3 + R_{P1}}U_{ia} = 0$$

整理上式，得比较器的下门限电位为：

$$U_{ia-} = \frac{-R_2}{R_3 + R_{P1}}U_{CC}$$

若 $U_{o1} = -U_{EE}$，则比较器的上门限电位为：

$$U_{ia+} = \frac{-R_2}{R_3 + R_{P1}}(-U_{EE}) = \frac{R_2}{R_3 + R_{P1}}U_{CC}$$

比较器的门限宽度 U_H 为：

$$U_H = U_{ia+} - U_{ia-} = 2\frac{R_2}{R_3 + R_{P1}}U_{CC}$$

由上面公式可得比较器的电压传输特性，如图 3-47 所示。

从电压传输特性可见，当输入电压 U_{ia} 从上门限电位 U_{ia+} 下降到下门限电位 U_{ia-} 时，输出电压 U_{o1} 由高电平 $+U_{CC}$ 突变到低电平 $-U_{EE}$。

a 点断开后，运算放大器 A_2 与 R_4、R_{P2}、R_5、C_2 组成反相积分器，其输入信号为方波 U_{o1} 时，则积分器的输出为：

$$U_{o2} = \frac{-1}{(R_4 + R_{P2})C_2}\int U_{o1}dt$$

当 $U_{o1} = +U_{CC}$ 时，
$$U_{o2} = \frac{-1}{(R_4 + R_{P2})C_2}\int U_{o1}dt$$

当 $+U_{CC} = -U_{EE}$ 时，
$$U_{o2} = \frac{-1}{(R_4 + R_{P2})C_2}U_{CC}t$$

a 点闭合，形成闭环电路，则自动产生方波-三角波，其波形如图 3-48 所示。

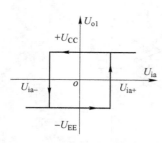

图 3-47　比较器的电压传输特性

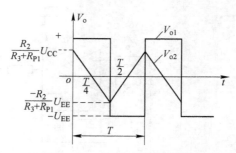

图 3-48　方波-三角波转换

比较器的门限电压为 U_{ia+} 时，输出 U_{o1} 为高电平（$+U_{CC}$）。这时积分器开始反向积分，三角波 U_{o2} 线性下降。

当 U_{o2} 下降到比较器的下门限电位 U_{ia-} 时，比较器翻转，输出 U_{o1} 由高电平跳到低电平。这时积分器又开始正向积分，U_{o2} 线性增加。

如此反复，就可自动产生方波-三角波。方波-三角波的幅度和频率方波的幅度略小于 $+U_{CC}$ 和 $-U_{EE}$。

三角波的幅度为：

$$U_{o2m} = \frac{-1}{(R_4 + R_{P2})C_2}\int_0^{\frac{T}{4}} U_{o1}\mathrm{d}t = \frac{U_{CC}}{(R_4 + R_{P2})C_2}\frac{T}{4}$$

实际上，三角波的幅度也就是比较器的门限电压 U_{ia+}。

$$U_{o2m} = \frac{R_2}{(R_3 + R_{P1})C_2}U_{CC} = \frac{U_{CC}}{(R_4 + R_{P2})C_2}\frac{T}{4}$$

将上面两式整理可得三角波的周期 T，而 $f=1/T$，方波-三角波的波频率为：

$$f = \frac{R_3 + R_{P1}}{4R_2(R_4 + R_{P2})C_2}$$

由此可见：

（1）方波的幅度由 $+U_{CC}$ 和 $-U_{EE}$ 决定。

（2）调节电位器 R_{P1}，可调节三角波的幅度，但会影响其频率。

（3）调节电位器 R_{P2}，可调节方波-三角波的频率，但不会影响其幅度，可用 R_{P2} 实现频率微调，而用 C_2 改变频率范围。

小 结

（1）将放大电路输出信号（电压或电流）的一部分或全部通过一定方式回送到放大电路的输入端，称为反馈。反馈分正反馈与负反馈。

（2）正反馈可提高放大倍数，使电路产生振荡；负反馈降低放大倍数，使放大器的性能改善。负反馈可以提高放大倍数的稳定性、减小非线性失真、抑制干扰和噪声、扩展通频带以及改变输入电阻和输出电阻。

（3）反馈的实质是输出量参与控制，正反馈使净输入量增强，负反馈使净输入量削弱。用"瞬时极性法"能判断正、负反馈。

（4）常用的负反馈类型有电压并联、电压串联、电流并联和电流串联。

（5）分析反馈电路的思路与步骤：第一，在输出与输入电路之间找出反馈网络（或反馈元件），用虚线框出，将它分离出来；第二，查找反馈信号来源和去处，从而确定反馈类型；第三，分析反馈对放大器性能的影响。

（6）产生振荡的相位条件是 $\varphi_A + \varphi_F = 2n\pi$，幅值条件是 $AF=1$，起振条件是 $AF>1$。

（7）根据选频网络的不同，正弦波振荡器可分为 LC 振荡器、RC 振荡器以及石英晶体振荡器。LC 振荡器的典型电路有变压器反馈式、电感三点式及电容三点式三种，都是利用 LC 谐振回路来选频，振荡频率相对较高；RC 桥式振荡电路利用 RC 串并联选频网络作为选频网络，振荡频率相对较低；而石英晶体振荡器的频率稳定度极高。

（8）正确判断电路中有无正反馈是分析振荡电路的关键。有正反馈才有可能振荡，而振荡的幅值条件，是可以通过增加放大倍数或改变反馈网络的参数得到满足的。

（9）在模拟集成电路中，集成运算放大器是一种应用最广、通用性最强的集成组件。因为集成放大电路具有体积小、工作稳定可靠、安装调试方便等一系列优点，而得到广泛应用。

（10）在分析集成运算放大器所组成的应用电路时，将实际运算放大器按理想运算放大器处理，是不仅可以简化分析过程，而且所得结果可以满足一般工程实际要求。

（11）集成运算放大器的线性和非线性两种工作状态呈现不同的特点。故在分析运算放大器应用电路时，首先，应确定运算放大器的工作状态，其次才能根据理想运算放大器在两种工作状态时各自的特点，结合外围电路进行分析计算。

（12）求解集成运算放大器所组成的电路时，先判断运算放大器的工作区域。当工作在线性区时，要牢牢掌握运算放大器在线性工作区的特点，即"虚短"（$u_+ = u_-$）和"虚断"（$i_+ = i_- = 0$）的基本概念。然后逐级推导出输出与输入之间的关系。如果工作在非线工作区，则要根据非线性区的特点求解。

（13）多级集成运算放大器电路的分析与计算：因为理想运算放大器的输出电阻等于0，可以把从多级集成运算放大器电路从各输出端断开，成为单级运算放大器，然后逐级进行分析计算即可。

（14）实际应用中，必须高度重视集成运算放大器电路中自激的消除、集成运算放大器的选用和保护等常见的技术问题。

（15）简单低频信号发生器电路图的识图和分析。能看懂电路的组成，能说出电路中主要元器件如集成运算放大器、电阻、电容器的作用。

（16）手工组装低频信号发生器的基本工艺与注意事项。分类清理好选用元器件，准备好组装用的材料和工具，无论是采用洞洞板、面包板，还是 PCB 板，都应按照电路布局依次组装元件，易损元件最后安装。

（17）低频信号发生器基本参数及测试方法。了解基本测试方法，其中主要掌握波形和频率的测试方法。

（18）低频信号发生器故障排除技巧。首先排除各元器件出现虚焊或短路等现象的故障，然后对故障进行分析，可采取测试元器件两端电压或电阻的方法确认元器件本身是否存在故障，对输出波形不正常等故障采取参照原理图寻找故障点的方法排除。

自 测 题

扫描二维码获得本项目自测题。

数字电子技术部分

项目 4　三人表决器电路的设计与制作

【项目目标】

　　学生学完该项目，清楚数字信号用"0"或"1"表示。熟悉进制、转换及编码；逻辑函数的表达方法及相互转换。为了保证设计的逻辑电路尽可能简单、可靠，就必须对逻辑函数进行化简，掌握化简的方法（公式法、卡诺图法）。

【知识目标】

　　（1）了解数字信号及数字电路，了解数字电路的分类。
　　（2）了解数字系统中的计数体制，熟悉二进制、十进制、十六进制的表示方法，掌握进制之间的相互转换。
　　（3）了解 BCD 编码，能把 BCD8421 码转换成十进制数。
　　（4）熟悉逻辑变量的概念和基本的逻辑运算关系，掌握基本的逻辑门电路及常用的逻辑门电路。能根据门电路写出逻辑表达式，列出真值表。
　　（5）了解半导体开关器件的特性，了解二极管、三极管构成的基本逻辑门电路。
　　（6）掌握逻辑代数中的基本定律和规则，会利用公式法、卡诺图法对函数进行化简。

【技能目标】

　　（1）能将进制进行转换，同时能将 8421BCD 码与十进制间进行转换。
　　（2）能进行逻辑函数之间的相互转换。
　　（3）能根据要求画出门电路符号、写出表达式、总结逻辑功能。
　　（4）能将逻辑函数进行公式法化简。
　　（5）能将逻辑函数进行卡诺图法化简。

任务 4.1　数字电路基本概念

【任务描述】

　　学习数字信号及数字电路，了解数字电路的分类。了解 SSI、MSI、LSI、VLSI、ULSI、

GLSI 在数字电路中各表示什么意义。

【知识准备】

4.1.1 数字信号和数字电路

数字信号、数字电路与模拟信号、模拟电路的概念见表 4-1。

表 4-1 数字信号、数字电路与模拟信号、模拟电路

模拟信号	模拟电路	数字信号	数字电路
在时间上和数值上连续的信号，如图 4-1(a) 所示	传输、处理模拟信号的电路	在时间上和数值上不连续的（即离散的）信号。通常用 0 和 1 表示两种对应的状态。如图 4-1(b) 所示	用数字信号完成对数字量进行算术运算和逻辑运算的电路，简单说就是传输、处理数字信号的电路

数字信号只要求分辨两种状态：高电平和低电平。对应表示逻辑 1 和逻辑 0。

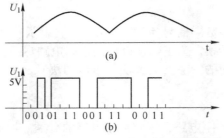

图 4-1 模拟信号与数字信号
(a) 模拟信号；(b) 数字信号

4.1.2 数字电路的分类

（1）根据电路的功能来分类。数字电路可分为组合逻辑电路和时序逻辑电路两大类。

（2）按构成电路的半导体器件来分类。数字电路可分为双极型（TTL 型）和单极型（CMOS 型）两大类。

TTL（Transistor-Transistor Logic）电路是晶体管-晶体管逻辑电路的英文缩写，是数字集成电路的一大门类。它采用双极型工艺制造，具有高速度和品种多等特点。

CMOS（Complementary Metal Oxide Semiconductor）互补金属氧化物半导体，是电压控制的一种放大器件，是组成 CMOS 数字集成电路的基本单元。

（3）按电路结构来分类。数字电路可分为分立电路和集成电路 IC（Integrated Circuits）两种类型。分立电路是指将电阻、电容、晶体管等分立器件用导线在电路板上逐个连接起来的电路，从外观上可以看到一个一个的电子元器件。

集成电路则是用特殊的半导体制造工艺将许多微小的电子元器件集中做在一块硅片上而成为一个不可分割的整体电路（集成芯片），从外观上看不到任何元器件，只能看到一个一个的引脚。通常把一个芯片封装内含有等效元器件个数（或逻辑门的个数）定义

为集成度。

（4）按集成电路的集成度进行分类。数字电路可分为小规模集成数字电路（Small Scale Integrated Circuits，SSI）、中规模集成数字电路（Medium Scale Integrated Circuits，MSI）、大规模集成数字电路（Large Scale Integrated Circuits，LSI）和超大规模集成数字电路（Very Large Scale Integrated Circuits，VLSI）、特大规模集成电路（Ultra Large Scale Integrated Circuits，ULSI）、巨大规模集成电路（Gigantic Scale Integration Circuits，GLSI）。数字集成电路分类见表4-2。

表4-2　数字集成电路分类

IC的分类（按集成度） IC规模的划分及应用	SSI	MSI	LSI	VLSI	ULSI	GLSI
芯片所含元件数	$<10^2$	$10^2 \sim 10^3$	$10^3 \sim 10^5$	$10^5 \sim 10^7$	$10^7 \sim 10^9$	$>10^9$
芯片所含门电路数	<10	$10 \sim 10^2$	$10^2 \sim 10^4$	$10^4 \sim 10^6$	$10^6 \sim 10^8$	$>10^8$
应用	逻辑门电路集成触发器逻辑单元电路	编码器、译码器、计数器、寄存器、数据选择器、加法器、转换器等逻辑器件	中央控制器、1KB动态随机存储器、各种接口电路等数字逻辑系统	各种型号的单片机、存储器和8086微处理器等高集成度的数字系统	16M动态随机存储器（3500万个晶体管）、64位通用处理器（近5700万只晶体管）	1GB RAM、SOC（System on Chip）即片上系统，指的是将处理器、存储控制器、图像处理器等集成到一个硅片上

4.1.3　数字电路的特点

（1）易于集成。

（2）数字电路的抗干扰能力较强。

（3）保密性好，数字信息容易进行加密处理，不易被窃取。

（4）数字信息便于长期保存。

（5）数字集成电路的产品系列多、通用性强、成本低。

4.1.4　数字电路的应用

数字电路用于数字测量系统、数字通信系统、数字控制系统以及数字计算机等，广泛应用于自动控制、仪表、电视、雷达、通信、电子计算机、核物理、航天等各个领域。数字电视已经进入千家万户，它是一个从节目采集、节目制作、节目传输直到用户端都以数字方式处理信号的端到端的系统，该系统所有信号传播均采用0、1信号串的数字流。在电子计算机中，数字电路可以通过电子控制开关来实现使用二进制数的算术运算和逻辑运算。

任务 4.2　数制与编码

【任务描述】

了解数字系统中的计数体制；熟悉二进制、十进制、十六进制的表示方法。掌握二进制、十进制、十六进制间的相互转换。熟悉 8421BCD 编码，了解其他 BCD 编码，能把 8421BCD 码转换成十进制数。

【知识准备】

4.2.1　数制

（1）进制。数码从低位向高位的进位规则称为进制。常用的进制有十进制、二进制、十六进制和八进制。十进制是逢十进一，十六进制是逢十六进一，二进制就是逢二进一。人们日常习惯用十进制数，但计算机只认识二进制数。

（2）数码。十进制数码为 0~9；二进制数码为 0、1；十六进制数码为 0~F。

（3）位权（位的权数）。在某一进制数中，每一位的大小都对应着该位上的数码乘上一个固定的数，这个固定的数就是这一位的权数。如十进制数的位权为：以 10 为底的幂；二进制数的位权为：以 2 为底的幂；十六进制数的位权为：以 16 为底的幂。幂到底是几，取决于这位后面的位数。

【例 4-1】

（1）将 198 这个十进制数按权展开。

$$(198)_{10} = 1 \times 10^2 + 9 \times 10^1 + 8 \times 10^0$$

（2）将 1001101 这个二进制数按权展开。

$$(1001101)_2 = 1 \times 2^6 + 1 \times 2^3 + 1 \times 2^2 + 1 \times 2^0$$

（3）将 FF 这个十六进制数按权展开。

$$(FF)_{16} = 1 \times 16^1 + 1 \times 16^0$$

4.2.2　数制之间的相互转换

4.2.2.1　二进制转换成十进制

方法：按权展开，二进制数的权是以 2 为底的幂。如 1001 这个四位二进制数，最高位的 1 后面有三位数，这位的权为 2^3，最低位的 1 后面有 0 位，这位的权就为 2^0，$(1001)_2 = 1 \times 2^3 + 1 \times 2^0 = 9$。

【例 4-2】　将二进制数 1100100 转换成十进制数。

$$(1100100)_2 = 1 \times 2^6 + 1 \times 2^5 + 1 \times 2^2 = 100$$

4.2.2.2　十进制转换成二进制

方法一：整数部分采用"除二取余数法"，最早得出的余数是二进制的最低位，最后得出的余数是二进制的最高位。小数部分采用"乘 2 取整法"，即乘 2 取整，最早得到的整数是最高位，依次类推排序。

方法二：将该数化成 2 的 n 次方相加，将 n 写在相应的位。没有的位填 0。

【例 4-3】　将十进制数 30 和 30.125 转换为二进制数。

按方法一进行转换。

	余数			取整	
2|30	…0	低	$0.125×2=0.25$	……0	高位
2|15	…1	位	$0.25×2=0.5$	……0	↓
2|7	…1	↓	$0.5×2=1.0$	……1	低位
2|3	…1	高			
2|1	…1	位			
0					

结果为：
$$(30)_{10}=(11110)_2$$
$$(30.125)_{10}=(11110.001)_2$$

按方法二进行转换。
$$(30)_{10}=16+8+4+2=1×2^4+1×2^3+1×2^2+1×2^1$$
$$(30.125)_{10}=16+8+4+2+0.125=1×2^4+1×2^3+1×2^2+1×2^1+2^{-3}$$

4.2.2.3　十六进制转换成二进制

将每一位十六进制数用四位二进制数来表示。当二进制的最高位是零时，零可以省掉。

【例 4-4】　进制数 3F.D 和 5D.7 转换为二进制数。

（1）$(3F.D)_{16}=(00111111.1101)_2=(111111.1101)_2$

（2）$(5D.7)_{16}=(01011101.0111)_2=(1011101.0111)_2$

4.2.2.4　二进制转换成十六进制

整数从二进制数的最低位开始向高位，将每四位二进制数翻译成一位十六进制数。最高位如果不够四位，可以填 0 顶位。小数从二进制数的最高位开始向低位，将每四位二进制数翻译成一位十六进制数。

【例 4-5】　将二进制数 00111111.1101 转换成十六进制数。
$$(00111111.1101)_2=(3F.D)_{16}$$

4.2.3　编码

用数字、文字、图形、符号等代码来表示某一特定对象的过程称为编码。数字系统中常用的编码有两类，一类是二进制编码，另一类是十进制编码。计算机只能识别二进制数，人们习惯使用十进制数，就需要将十进制数转换为二进制数。BCD（Binary - Coded Decimal）码是二进制编码的十进制数或二-十进制代码。BCD 是一种二进制的数字编码形式，将十进制代码用二进制编码表示。这种编码形式利用了四位二进制来储存一位十进制的数码，使二进制和十进制之间的转换得以快捷的进行。

BCD 码大致可以分成有权码和无权码两种：有权 BCD 码，如 8421（最常用）、2421、5421；无权 BCD 码，如余 3 码、格雷码。

格雷码属于可靠性编码，是一种错误最小化的编码方式，因为自然二进制码可以直接由数/模转换器转换成模拟信号，但某些情况，例如从十进制的 3 转换成 4 时二进制码的每一位都要变，使数字电路产生很大的尖峰电流脉冲。而格雷码则没有这一缺点，它是一种数字排序系统，其中所有相邻整数在它们的数字表示中只有一个数字不同。它在任意两个相邻的数之间转换时，只有一个数位发生变化。它大大地减少了由一个状态到下一个状态时逻辑的混淆。另外由于最大数与最小数之间也仅有一个数不同，故通常又叫格雷反射码或循环码。常用的 BCD 编码表见表 4-3。

表 4-3　常用的 BCD 编码表

十进制数码	8421 码	5421 码	2421 码	余 3 码	格雷码
0	0000	0000	0000	0011	0000
1	0001	0001	0001	0100	0001
2	0010	0010	0010	0101	0011
3	0011	0011	0011	0110	0010
4	0100	0100	0100	0111	0110
5	0101	1000	1011	1000	0111
6	0110	1001	1100	1001	0101
7	0111	1010	1101	1010	0100
8	1000	1011	1110	1011	1100
9	1001	1100	1111	1100	1101
权	8421	5421	2421	无权	无权

BCD 中 8421 码最常用。每位十进制代码用 8421 编码的四位二进制代码来表示。

【例 4-6】　将十进制数 68、3479.38、902.45 用 8421 码来表示。

(1) $(68)_{10} = (0110\ 1000)_{8421\ BCD}$

(2) $(3479.38)_{10} = (0011\ 0100\ 0111\ 1001.0011\ 1000)_{8421\ BCD}$

(3) $(902.45)_{10} = (1001\ 00000010.01000101)_{8421\ BCD}$

若要知道 BCD 码代表的十进制数，只要 BCD 码以小数点为起点向左、右每四位分成一组，再写出每一组代码代表的十进制数，并保持原排序即可。如

$$(001101000111.1001)_{8421\ BCD} = (347.9)_{10}$$

任务 4.3　逻辑函数与逻辑门电路

【任务描述】

通过普通函数引入逻辑函数，掌握逻辑函数与普通函数的区别。掌握基本逻辑关系及实现基本逻辑关系的逻辑符号、逻辑真值表，掌握基本逻辑运算规则。了解由基本逻辑门电路派生出的其他逻辑门电路。熟练掌握常用的逻辑电路的逻辑符号、逻辑表达式、逻辑真值表几种表示方法。

【知识准备】

4.3.1　概述

逻辑，就是输入、输出之间变化的因果关系。逻辑函数与普通函数相比，都用字母

A、B、C、X 等表示变量，L、Y、Z 等来表示函数。但在逻辑函数中的变量和函数，要么是"0"，要么是"1"。"0"和"1"并不表示具体的数量大小，而是表示两种相互对立的逻辑状态。例如，可以用"1"表示开关接通，用"0"表示开关的断开；用"1"表示灯亮，用"0"表示灯暗；用"1"表示高电平，用"0"表示低电平等，这与普通代数有着截然的不同。

基本逻辑关系有与、或、非。实现基本逻辑关系的基本逻辑电路有与门、或门、非门；还有一些常用的门电路有与非门、或非门、与或非门、异或门、同或门、OC 门、三态门等。

4.3.2 "逻辑与"和"与逻辑"符号

只有条件同时满足时，结果才发生。这种因果关系称为"逻辑与"，或者称为"逻辑乘"，用"·"表示。与运算的运算规则为：

$$0 \cdot 0 = 0 \quad 1 \cdot 0 = 0 \quad 0 \cdot 1 = 0 \quad 1 \cdot 1 = 1$$

如图 4-2(a) 所示，只有当两个开关同时闭合时，指示灯才会亮，Y 等于 A、B 相与（或相乘）。与逻辑符号如图 4-2(b) 所示。与逻辑真值见表 4-4。实现逻辑与的电路称为"与门"。

表 4-4   与逻辑真值表

A	B	Y	A	B	Y
0	0	0	1	0	0
0	1	0	1	1	1

4.3.3 "逻辑或"和"或逻辑"符号

只要有任意一个开关闭合，指示灯就亮，只要条件之一满足时，结果就发生，这种因果关系称为"逻辑或"。如图 4-3(a) 所示，Y 等于 A、B 相或（或相加）。或逻辑符号如图 4-3(b) 所示。或逻辑真值见表 4-5。实现逻辑或的电路叫"或门"。"逻辑或"也称"逻辑加"，用"+"表示。或运算的运算规则为：

$$0+0=0 \quad 1+0=1 \quad 0+1=1 \quad 1+1=1$$

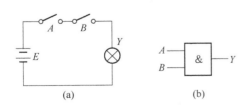

图 4-2   与逻辑电路及符号

（a）由开关组成的与逻辑电路；（b）与逻辑符号

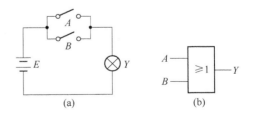

图 4-3   或逻辑电路与符号

（a）由开关组成的或逻辑电路；（b）或逻辑符号

表 4-5　或逻辑真值表

A	B	Y	A	B	Y
0	0	0	1	0	1
0	1	1	1	1	1

4.3.4　"逻辑非"和"非逻辑"符号

当开关 A 闭合时，灯 Y 熄灭；当开关 A 断开时，灯 Y 点亮。决定某事件的条件只有一个，当条件出现时，事件不发生，而条件不出现时，事件才发生，这种因果关系称为"非逻辑"。由"开关"组成的非逻辑电路如图 4-4(a) 所示，非逻辑符号如图 4-4(b) 所示，非逻辑真值见表 4-6。Y 等于 A 的非或称 A 的反。"逻辑非"也称"逻辑反"，用"－"表示或运算的运算规则：

$$\overline{0} = 1 \quad \overline{1} = 0$$

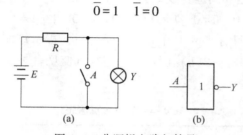

图 4-4　非逻辑电路与符号

(a) 由开关组成的非逻辑电路；(b) 非逻辑符号

表 4-6　非逻辑真值表

A	Y
0	1
1	0

4.3.5　常用逻辑门电路

用以实现基本和常用逻辑运算的电子电路，简称门电路。门就是一种开关，它能按照一定的条件去控制信号的通过或不通过。门电路的输入和输出之间存在一定的逻辑关系（因果关系），所以门电路又称为逻辑门电路。

基本逻辑电路有与门、或门、非门；还有一些常用的门电路有与非门、或非门、与或非门、异或门、同或门、OC 门、三态门等。

（1）三种基本的逻辑门：与门、或门、非门。

与门：实现与逻辑关系的电路称为与门。表达式为：$Y = A \cdot B$

或门：实现或逻辑关系的电路称为或门。表达式为：$Y = A + B$

非门：实现非逻辑关系的电路称为非门。表达式为：$Y = \overline{A}$

（2）其他常用的逻辑门有：与非门、或非门、与或非门、异或门、同或门、OC 门、三态门等。逻辑门电路的表达方法及功能见表 4-7。

表 4-7 逻辑门电路的表达方法及功能

表达方法 / 逻辑门电路	表达式	逻辑符号	功 能
与门	$Y=A \cdot B$	$\begin{array}{c} A \\ B \end{array} - \boxed{\&} - Y$	有 0 为 0，全 1 为 1
或门	$Y=A+B$	$\begin{array}{c} A \\ B \end{array} - \boxed{\geqslant 1} - Y$	有 1 为 1，全 0 为 0
非门	$Y=\overline{A}$	$A - \boxed{1} \circ - Y$	有 0 为 1，有 1 为 0
与非门	$Y=\overline{AB}$	$\begin{array}{c} A \\ B \end{array} - \boxed{\&} \circ - Y$	有 0 为 1，全 1 为 0
或非门	$Y=\overline{A+B}$	$\begin{array}{c} A \\ B \end{array} - \boxed{\geqslant 1} \circ - Y$	有 1 为 0，全 0 为 1
与或非门	$Y=\overline{AB+CD}$	$\begin{array}{c} A \\ B \\ C \\ D \end{array} \boxed{\& \quad \geqslant 1} \circ - Y$	A、B 全为 1，或者 C、D 全为 1，结果为 0，否则结果为 1
异或	$Y=\overline{A}B+A\overline{B}=A \oplus B$	$\begin{array}{c} A \\ B \end{array} - \boxed{=1} - Y$	相异为 1，相同为 0
同或门	$Y=\overline{A}\overline{B}+AB=A \odot B$	$\begin{array}{c} A \\ B \end{array} - \boxed{=} - Y$	相同为 1，相异为 0。异或 = 同或的非，同或 = 异或的非
OC 门	$Y=\overline{AB}$	$\begin{array}{c} A \\ B \end{array} - \boxed{\& \diamondsuit} - Y$	可以满足与非门的逻辑功能，同时还可以实现线与
三态门	当 $\overline{EN}=0$ 时，$Y=\overline{AB}$ 当 $\overline{EN}=1$ 时，高阻态	$\begin{array}{c} A \\ B \\ \overline{EN} \end{array} \boxed{\& \bigtriangledown} - Y$	输出有三种状态，0 态、1 态、高阻态

任务 4.4　门电路

【任务描述】

　　了解数字电子电路中使用的二极管、三极管、场效应管等电子控制的开关，工作条件。了解分立元件门电路，熟悉常用的集成逻辑门电路的使用。了解 TTL 型元件门电路及集成门电路，熟悉常用的集成逻辑门电路的使用。了解 CMOS 型集成门电路的结构、原理及其特性。

【知识准备】

门电路分类：

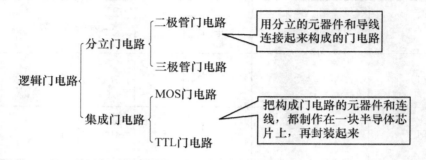

4.4.1 二极管、三极管、场效应管的开关特性

4.4.1.1 二极管的开关特性

一个理想二极管相当于一个理想的开关，如图 4-5 所示。当二极管两端的正向电压大于 0 时，相当于二极管导通；当极管两端的正向电压小于 0 时，相当于二极管截止。二极管导通时相当于开关闭合，即短路，不管流过其中的电流是多少，它两端的电压总是 0V；二极管截止时相当于开关断开，即断路；状态的转换能在瞬间完成。

当然，实际上并不存在理想的二极管。下面以硅二极管为例，分析一下实际二极管的开关特性。根据二极管的伏安特性曲线，当二极管两端的正向电压大于等于 0.7V 时，相当于二极管导通；当二极管导通时，就近似认为二极管电压保持为 0.7V 不变，如同一个具有 0.7V 电压降的闭合开关。当二极管两端的正向电压小于 0.5V 时，相当于二极管截止。而且一旦截止，如同断开的开关，如图 4-6 所示。

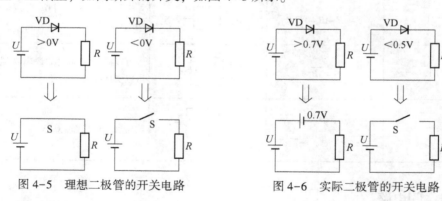

图 4-5 理想二极管的开关电路　　图 4-6 实际二极管的开关电路

4.4.1.2 三极管的开关特性

从三极管的输出特性曲线可以看出，三极管有三个工作区：放大区、饱和区、截止区，如图 4-7（a）所示。在放大电路中的三极管工作在放大区。在数字电路中，三极管不是工作在饱和区，就是工作在截止区，这相当于电路开关的通和断。

（1）截止区——开关断开。三极管工作于截止区的条件是：发射结、集电结均处于反向偏置状态。截止态如同断路，就像开关断开一样。如图 4-7（b）所示。

（2）饱和区——开关接通。三极管处于饱和导通状态的特征是发射结、集电结均处于正向偏置。理想的三极管 C、E 间的电压为 0V，相当于开关接通。理想的三极管的开关电路如图 4-8 所示。

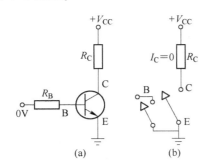 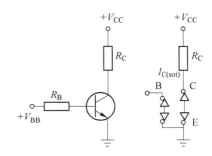

图 4-7　三极管截止态如同断路　　　　图 4-8　理想三极管的开关电路图

实际的三极管只有零点几伏（C、E 间的电压：硅管为 0.3V，锗管 0.1V），饱和态如同通路，就像开关接通一样。实际三极管的开关电路如图 4-9 所示（以硅管为例）。

三极管在数字电路里广泛用作电子开关。二极管作为一个开关来使用时，是一个没有机械触点的开关，其开关速度可以达到每秒几百万次。正是因为这一点，才使计算机技术有了突飞猛进的发展。

4.4.1.3　场效应管的开关特性

由于场效应管的构造原理比较抽象，所以不详细描述，由于根据使用的场合要求不同做出来的种类繁多，特性也都不尽相同，我们常用的一般是作为电源供电的电控开关使用，所以需要通过电流比较大，所以是使用的比较特殊的一种制造方法做出来了增强型的场效应管（MOS 型），这实际上是两种不同的增强型场效应管，第一个叫 N 沟道增强型场效应管，第二个叫 P 沟道增强型场效应管，它们的作用是刚好相反的。

场效应管是用电控制的开关，从图中可以看到它也像三极管一样有三个脚，这三个脚分别称为栅极（G）、源极（S）和漏极（D）。N 沟道的，在栅极（G）加上电压，源极（S）和漏极（D）就通电了，去掉电压就关断了。而 P 沟道的刚好相反，在栅极（G）加上电压就关断（高电位），去掉电压（低电位）就相通了。

在电源开机电路中经常遇到的就是 P 沟道 MOS 管。它的开关电路图如图 4-10 所示。

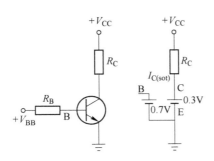 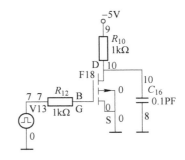

图 4-9　实际三极管的开关电路　　　　图 4-10　P 沟道 MOS 管开关电路

4.4.2 分立元件门电路

4.4.2.1 二极管与门

实现与逻辑关系的电路称为与门。通过二极管实现的与门称为二极管与门。二极管与门电路如图4-11所示。其对应的逻辑符号如图4-12所示。

图4-11 二极管与门电路　　　　　　图4-12 与门逻辑符号

分析图4-11得到的输入与输出的关系见表4-8。将表4-8转换成高、低电平形式，得到表4-9与逻辑关系。

表4-8 输入与输出之间的关系表

A/V	B/V	Y/V	A/V	B/V	Y/V
0	0	0.7	5	0	0.7
0	5	0.7	5	5	5

表4-9 与逻辑真值表

A/V	B/V	Y/V	A/V	B/V	Y/V
0	0	0	1	0	0
0	1	0	1	1	1

4.4.2.2 二极管或门

实现或逻辑关系的电路称为或门。通过二极管实现的或门称为二极管或门。二极管或门电路如图4-13所示。其对应的逻辑符号如图4-14所示。

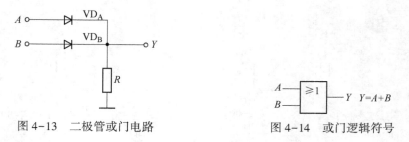

图4-13 二极管或门电路　　　　　　图4-14 或门逻辑符号

分析图4-13得到的输入与输出的关系见表4-10。表4-10输入与输出之间的关系表将表4-10转换成高、低电平形式，得到表4-11或逻辑关系。

表 4-10　输入与输出之间的关系表

A/V	B/V	Y/V	A/V	B/V	Y/V
0	0	0	5	0	4.3
0	5	4.3	5	5	5

表 4-11　或逻辑真值表

A/V	B/V	Y/V	A/V	B/V	Y/V
0	0	0	1	0	1
0	1	1	1	1	1

4.4.2.3　三极管非门

实现非逻辑关系的电路称为非门。通过三极管实现的非门称为三极管非门。三极管非门电路如图 4-15 所示。其对应的逻辑符号如图 4-16 所示。

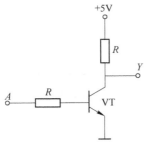

图 4-15　三极管非门电路

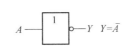

图 4-16　非门逻辑符号

分析图 4-15 得到的输入与输出的关系见表 4-12。将表 4-12 转换成高、低电平形式，得到表 4-13 非逻辑关系。

表 4-12　输入与输出之间的关系表

A/V	Y/V
0	5
5	0.7

表 4-13　非逻辑真值表

A/V	Y/V
0	1
1	0

4.4.3　集成逻辑门电路

TTL（Transistor-Transistor Logic Gate）是晶体管-晶体管逻辑电路的简称。TTL 门电路是双极型集成电路，与分立元件相比，具有速度快、可靠性高和微型化等优点，目前分立元件电路已被集成电路替代。下面介绍 TTL "非"门、OC 门、三态输出与非门电路的工作原理及特性和参数。

4.4.3.1 TTL 与非门

TTL "非"门电路如图 4-17 所示。逻辑门电路如图 4-18 所示。

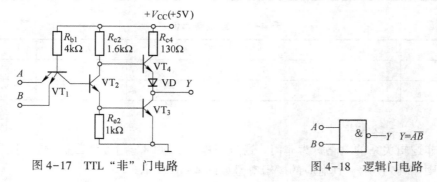

图 4-17　TTL "非"门电路　　　　图 4-18　逻辑门电路

$A \cdot B$ 由多发射极三极管实现。

当 A 和 B 有一个为 0.2V 时，$V_{B1} = 0.9V$，VT_2、VT_3 截止，VT_4 导通，$V_O = V_{OH} = 3.6V$；当 A 和 B 同为高电平时，$V_{B1} = 2.1V$，VT_4 截止，VT_2 和 VT_3 导通，$V_O = V_{OL} = 0.3V$。

可见 A 和 B 输入有一个为低电平，输出 Y 就为高电平；当输入 A 和 B 全为高电平时，输出 Y 才为低电平。该 TTL 门电路实现与非的逻辑关系是与非门电路。

4.4.3.2 集电极开路与非门（Open Collector, OC）

工程中常常将两个门电路并联起来实现与的逻辑功能，称为线与。那么这两个逻辑门是否可以并联？如图 4-19 所示为两个逻辑门并联。

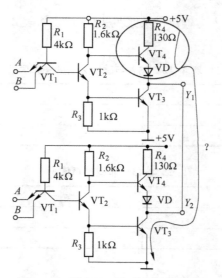

图 4-19　两个 TTL 与非门并联电路

若 Y_1、Y_2 都为高电平，输出为高电平；若其中有一个为低电平，会将输出拉至低电平；若全为低电平，输出也为低电平。因此，从理论上可以实现与逻辑。

然而，当 Y_1、Y_2 中一个为低电平，一个为高电平时，会形成一个低阻通道，导致 VT_3 损坏，因此实际中无法实现与逻辑。

将与非门集电极开路，称为集电极开路与非门（或 OC 门）。实际电路如图 4-20 所示。当输出为低电平时正常，但是如果输出为高电平时，此时 VT_3 截止，无法输出高电平，因此在工作时，必须接入外接电阻和电源。

OC 门的符号如图 4-21 所示。OC 门实现的线与电路和逻辑符号如图 4-22、图 4-23 所示。Y_1、Y_2 有一个低，Y 即为低，只有两者同高，Y 才为高。即

$$Y = Y_1 Y_2 = \overline{AB} \cdot \overline{CD} = \overline{AB + CD}$$

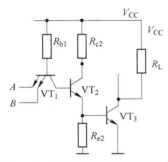

图 4-20　TTL 与非门集电极开路

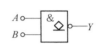

图 4-21　OC 门的符号

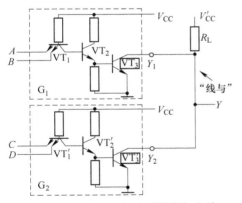

图 4-22　两个 OC 门实现的线与电路

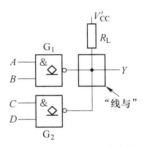

图 4-23　两个 OC 门实现的线与的逻辑符号

4.4.3.3　三态输出与非门（Three State Output Gate Logic，TSL）

三态输出与非门电路图如图 4-24 所示。三态输出与非门逻辑电路符号如图 4-25 所示。

功能分析：

（1）$EN = 1$ 时，二极管 VD 导通，VT_1 基极和 VT_1 基极均被钳制在低电平，因而 $VT_2 \sim VT_3$ 均截止，输出端开路，电路处于高阻状态。

（2）$EN = 0$ 时，二极管 VD 截止，TS 门的输出状态完全取决于输入信号 A、B 的状态，电路输出与输入的逻辑关系和一般逻辑门相同，即 $Y = \overline{AB}$。

结论：电路的输出有 0 态、1 态、高阻态 3 种状态。

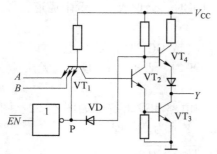

图 4-24　三态输出与非门电路　　　　　　图 4-25　三态输出与非门逻辑符号

三态门的应用：

（1）用作多路开关。$E=0$ 时，门 G_1 使能，G_2 禁止，$Y=A$；$E=1$ 时，门 G_2 使能，G_1 禁止，$Y=B$。如图 4-26（a）所示。

（2）信号双向传输。$E=0$ 时信号向右传送，$B=A$；$E=1$ 时信号向左传送，$A=B$。如图 4-26（b）所示。

（3）构成数据总线。让各门的控制端轮流处于低电平，即任何时刻只让一个 TS 门处于工作状态，而其余 TS 门均处于高阻状态，这样总线就会轮流接受各 TS 门的输出。如图 4-26（c）所示。

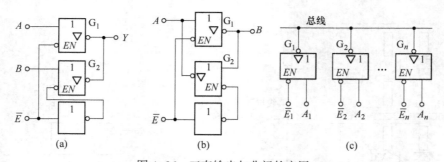

图 4-26　三态输出与非门的应用
（a）多路开关；（b）双向传输；（c）单向总线

4.4.3.4　TTL 门电路的外特性与参数（74 系列）

A　电压传输特性

电压传输特性是门电路输出电压 U_0 随输入电压 U_I 变化的特性曲线。测试电压传输特性的电路如图 4-27 所示。电压传输特性如图 4-28 所示。

电压传输特性曲线可以分为四段来分析。

AB 段：当输入电压 $U_I < 0.6V$ 时，U_0 为高电平 3.6V，此时与非门处于截止（关门）状态。

BC 段：当输入电压 $0.6V \leqslant U_I < 1.3V$ 之间变化时，从而使输出电压 U_0 随输入电压 U_I 的增加而线性下降，故称 *BC* 段为线性区。

CD 段：当输入电压 $1.3V < U_I < 1.4V$ 之间变化时，输出电压 U_0 随输入电压 U_I 的增加而迅速下降，并很快达到低电平 U_{OL}，即 $U_0 = 0.3V$，所以 *CD* 段称为转折区。

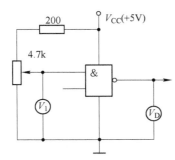

图 4-27　电压传输特性的电路

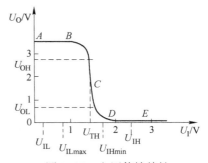

图 4-28　电压传输特性

DE 段：当输入电压 $U_I > 1.4V$ 时，U_O 为低电平 0.3V，此时与非门处于导通（开门）状态。

B　集成门电路的参数

（1）TTL 器件输入、输出高低电平。

1）输出高电平 U_{OH} 和输出低电平 U_{OL}。

输出高电平 U_{OH}：典型值 3.6V，$U_{OH(min)} = 2.4V$。

输出低电平 U_{OL}：典型值 0.3V，$U_{OL(max)} = 0.4V$。

2）输入高电平 U_{IH} 和输入低电平 U_{IL}：$U_{IH} \geq 2.0V$，$U_{IL} \leq 0.8V$。

（2）输入和输出电流及扇入扇出数。

1）输入低电平电流 I_{IL}：典型值 1.6mA，I_{IL} 如图 4-29 所示。

2）输入高电平电流 I_{IH}：典型值 40μA，I_{IH} 如图 4-30 所示。

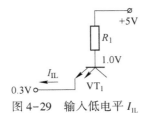

图 4-29　输入低电平 I_{IL}　　　　　　图 4-30　输入高电平电流 I_{IH}

3）输出低电平电流 I_{OL}：典型值 16mA。

4）输出高电平电流 I_{OH}：典型值 0.4mA。

5）扇入扇出数：扇入数为输入端的个数；扇出数为驱动同类逻辑门的个数。

（3）平均传输延迟时间 t_{Pd}。表征电路开关速度的参数，如图 4-31 所示。

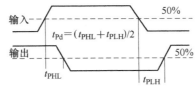

图 4-31　平均传输延迟时间 t_{Pd}

t_{PHL}—输出由高电平变为低电平的时间；t_{PLH}—输出由低电平变为高电平的时间

（4）功耗。

$$P_{CC} = V_{CC}(电源电压) \times I_{CC}(电源总电流)$$

空载导通功耗 P_{ON}：输出为低电平时的功耗。截止功耗 P_{OFF}：输出为高电平时的功耗。$P_{ON} > P_{OFF}$。

4.4.3.5 多余端的处理

A TTL 与门、与非门电路多余端的处理方法

（1）将多余输入端接高电平，即通过限流电阻与电源相连接，如图 4-32(a) 所示。

（2）当 TTL 门电路的工作速度不高，信号源驱动能力较强，多余输入端也可与使用的输入端并联使用，如图 4-32(b) 所示。

（3）根据 TTL 门电路的输入特性可知，当外接电阻为大电阻时，其输入电压为高电平，这样可以把多余的输入端悬空，此时输入端相当于外接高电平，如图 4-32(c) 所示。但在实际运行电路中，这样的电路抗干扰不强。

（4）通过大电阻（大于 1kΩ）到地，这也相当于输入端外接高电平，如图 4-32(d) 所示。

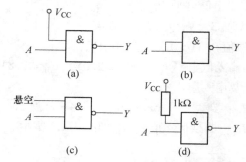

图 4-32 TTL 与门、与非门电路多余端的处理
（a）直接接 V_{CC}；（b）和有用输入端并联；（c）悬空；（d）通过电阻接 V_{CC}

B TTL 或门、或非门多余端的处理方法

（1）接地，如图 4-33(a) 所示。

（2）多余输入端也可与使用的输入端并联使用，如图 4-33(b) 所示。

（3）由 TTL 输入端的输入伏安特性可知，当输入端接小于 1kΩ 的电阻时输入端的电压很小，相当于接低电平，所以可以通过接小于 1kΩ(500Ω) 的电阻到地。如图 4-33(c) 所示。

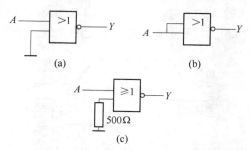

图 4-33 TTL 或门、或非门电路多余端的处理
（a）接地；（b）和有用输入端并联；（c）通过电阻接地

4.4.4　集成逻辑门电路使用注意事项

TTL 门电路使用的注意事项：

（1）对于不用的输入端按功能要求接电源或接地。将与门、与非门不用的输入端接电源。将或门、或非门不用的输入端接地。

（2）电路的安装应尽量避免干扰信号的侵入，保证电路稳定工作。

1）在每一块插板的电源线上并接几十微法的低频去耦电容和 $0.01 \sim 0.047 \mu F$ 的去耦电容。以防止 TTL 路动态尖峰电流产生的干扰。

2）整机装置应有良好的接地系统。

任务 4.5　逻辑代数

【任务描述】

熟悉逻辑代数的基本规则。掌握逻辑代函数的基本运算定律。学习逻辑函数的描述方式及相互转换。

【知识准备】

4.5.1　逻辑代数的基本运算规则

逻辑代数的基本运算应遵守三个规则：代入规则、反演规则和对偶规则。

（1）代入规则。在任一个逻辑等式中，如果将等式两边所有出现的某一变量都代之以同一个逻辑函数，则此等式仍然成立，这一规则称为代入规则。

【例 4-7】　在式 $Y=\bar{A}B+A\bar{B}$ 中，A 用 C 替代，代入后求 $Y=\bar{A}B+A\bar{B}$ 的表达式。

解：如果 A 用 C 替代，那么 $\bar{A}$ 就用 $\bar{C}$ 替代，则有 $Y=\bar{A}B+A\bar{B}=B\bar{C}+\bar{B}C$。

（2）反演规则。已知一个逻辑函数 Y，求其反函数时，只要将原函数 Y 中所有的原变量变为反变量，反变量变为原变量；"+"变为"·"，"·"变为"+"；"0"变为"1"；"1"变为"0"。这就是逻辑函数的反演规则。

【例 4-8】　试求 $Y=AB+\overline{ABC}+\overline{BD}$ 的反函数 $\bar{Y}$。

解：根据反演规则，将 AB 变成 $\bar{A}+\bar{B}$；将 $\overline{ABC}$ 变成 $A+B+C$；将 $\overline{BD}$ 变成 $B+D$；原先这三项之间是相"或"的关系，需要将"或"关系变成"与"关系。则：

$Y=AB+\overline{ABC}+\overline{BD}$ 的反函数为

$$\bar{Y} = (\bar{A} + \bar{B}) \cdot (A + B + C) \cdot (B + D)$$

（3）对偶规则。已知一个逻辑函数 Y，只要将原函数中 Y 所有的"+"变为"·"，"·"变为"+"；"0"变为"1"；"1"变为"0"，而变量保持不变、原函数的运算先后顺序保持不变，那么就可以得到一个新函数，这新函数就是对偶函数 Y'。其对偶与原函数具有如下特点：

（1）原函数与对偶函数互为对偶函数；

（2）任两个相等的函数，其对偶函数也相等。

这两个特点即是逻辑函数的对偶规则。

如：$Y = AB + \overline{AB}C + \overline{B}D$ 的对偶式为

$$Y' = (A + B) \cdot (\overline{A} + \overline{B} + \overline{C}) \cdot (\overline{B} + \overline{D})$$

4.5.2 逻辑代函数的基本运算定律

逻辑函数的运算必须依据一定的规则、定律及定理。表 4-14 为逻辑函数的运算定律及定理。

表 4-14 逻辑函数的运算定律及定理

定律名称	公　式
交换律	$A \cdot B = B \cdot A,\ A + B = B + A$
结合律	$A \cdot (B \cdot C) = (A \cdot B) \cdot C,\ A + (B + C) = (A + B) + C$
分配律	$A \cdot (B + C) = A \cdot B + A \cdot C,\ A + BC = (A + B) \cdot (A + C)$
0 - 1 律	$A \cdot 0 = 0 \quad A + 1 = 1 \quad A \cdot 1 = A \quad A + 0 = A$
重叠律	$A \cdot A = A,\ A + A = A$
互补律	$A\overline{A} = 0,\ A + \overline{A} = 1$
还原律	$\overline{\overline{A}} = A$
反演律	$\overline{AB} = \overline{A} + \overline{B} \cdot \overline{A + B} = \overline{A} \cdot \overline{B}$(德·摩根定理)
吸收律	$AB + \overline{A}C + BC = AB + \overline{A}C$

4.5.3 逻辑函数的描述方式及相互转换

4.5.3.1 逻辑函数的描述方式

（1）真值表。采用一种表格来表示逻辑函数的运算关系，其中输入部分列出输入逻辑变量的所有可能组合，输出部分给出相应的输出逻辑变量值。

（2）逻辑图。采用规定的逻辑符号，来构成逻辑函数运算关系的网络图形。

（3）卡诺图。卡诺图是一种几何图形，可以将真值表中的内容填入这个几何图形中。可以用来表示和化简逻辑函数表达式，使最后的表达式达到最简。

（4）波形图。一种表示输入输出变量动态变化的图形，反映了函数值随时间变化的规律。

4.5.3.2 逻辑函数的相互转换

（1）真值表→逻辑表达式。由真值表写表达式的方法主要有以下两种。

1）积之和表达式（与或式）。找 1，1 原，0 反。例如真值表 4-15，分析该真值表写成表达式的方法。

表 4-15 真值表

输　入			输出	输　入			输出
A	B	C	Y	A	B	C	Y
0	0	0	0	1	0	0	0
0	0	1	0	1	0	1	1

输　　入			输出	输　　入			输出
A	B	C	Y	A	B	C	Y
0	1	0	0	1	1	0	1
0	1	1	1	1	1	1	1

找出输出为 "1" 的项。有四项，分别是 011 组合、101 组合、110 组合、111 组合。1 原：在组合中是 1 的就写它对应变量的原变量，0 反：在组合中是 0 的就写它对应变量的反变量。如 011 写成对应的 $\overline{A}BC$；101 写成对应的 $A\overline{B}C$；110 应写成 $AB\overline{C}$；111 应写成 ABC。这些项应该相或。表 4-15 就应写成：$Y=\overline{A}BC+A\overline{B}C+AB\overline{C}+ABC$（与或式）。

2）和之积表达式（或与式）。找 0，0 原，1 反。例如真值表 4-15，找出输出是 0 的组合项，即 000、001、010、100。000——$A+B+C$ 或式；001——$A+B+\overline{C}$ 或式；010——$A+\overline{B}+C$ 或式；100——$\overline{A}+B+C$ 或式。最后 $Y=(A+B+C)(A+B+\overline{C})(A+\overline{B}+C)(\overline{A}+B+C)$

虽然这两个表达式形式不一样，但是，最后的结果一样。输出 1 的个数特别少时，使用第二种方法比较好；否则，第一种方法比较好。

（2）真值表→卡诺图。将四个组合 011、101、110、111 分别填入卡诺图中，如图 4-34 所示。

（3）逻辑表达式→真值表。$Y=\overline{A}BC+A\overline{B}C+AB\overline{C}+ABC$ 表达式要想填入真值表很简单。ABC 组合中，011、101、110、111 时，Y 为 1；否则为 0。如表 4-15 中所示。

（4）逻辑表达式→逻辑图。用逻辑符号代表函数式中的逻辑关系。对应的逻辑符号图如图 4-35 所示。

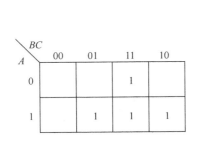

图 4-34　表 4-15 的卡诺图

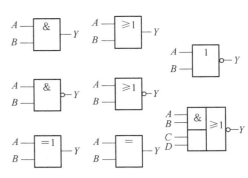

图 4-35　逻辑符号图

当逻辑表达式想要转化成逻辑图时，就需要对逻辑表达式进行化简，化成最简后，再使用相应的逻辑门符号来表示就可以了。一般将与或式写成与非与非表达式的形式，使用与非门的比较常用。如 $Y=\overline{A}BC+A\overline{B}C+AB\overline{C}+ABC$ 经过化简后会得到 $Y=AC+AB+BC=\overline{\overline{AC}\,\overline{AB}\,\overline{BC}}$，对应的逻辑图如图 4-36 所示。

（5）波形图→真值表。波形图如图 4-37 所示，将该波形图中的高电平用 "1" 表示，低电平用 "0" 表示。填入真值表如表 4-16 所示。

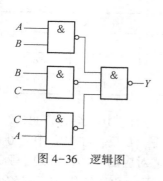

图 4-36 逻辑图

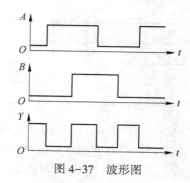

图 4-37 波形图

表 4-16 真值表

输	入	输 出
A	B	Y
0	0	1
0	1	0
1	0	0
1	1	1

任务 4.6 逻辑函数的化简

【任务描述】

熟悉逻辑代数的基本规则。掌握逻辑代函数的基本运算定律。会利用公式法和卡诺图法化简逻辑函数。

【知识准备】

4.6.1 逻辑函数的公式化简法

用逻辑门电路实现一个逻辑函数，逻辑函数需要化简。如果表达式比较简单，那么实现这个逻辑函数所需要的元件（门电路）就比较少，需要的连线就少，可靠性就高，这在节约器材、降低成本、提高可靠性方面具有重要意义。逻辑函数化简方法有：公式化简法、卡诺图化简法。

用基本定律和定理进行逻辑函数化简的方法，称为公式化简法（也称为代数化简法）。

（1）并项法。利用 $A+\bar{A}=1$，将两项合并为一项，消去一个变量。

【例 4-9】 $Y = \bar{A}B + AB = (\bar{A} + A)B = B$

（2）吸收法。利用 $A+AB=A$ 吸收多余项。

【例 4-10】 $Y = A + ABC + A\,\overline{BC} = A(1 + BC + \overline{BC}) = A$

（3）消去法。利用 $A+\bar{A}B=A+B$ 消去多余的因子。

【例 4-11】 $AB + \bar{A}C + \bar{B}C = AB + (\bar{A} + \bar{B})C = AB + \overline{AB}C = AB + C$

（4）消项法。利用 $AB+\bar{A}C+B\bar{C}=AB+\bar{A}C$ 消去多余的项。

【例4-12】 $AB + \bar{A}C + B\bar{C} = AB + \bar{A}C + BC + B\bar{C} = AB + \bar{A}C + B = \bar{A}C + B$

（5）配项法。利用 $A = A(B+\bar{B})$ 将一项变为两项，或者利用冗余定理增加冗余项，$AB+\bar{A}C=AB+\bar{A}C+BC$，配项的目的是寻找新的组合关系进行化简。

【例4-13】

$$A\bar{B} + B\bar{C} + \bar{B}C + \bar{A}B = A\bar{B} + B\bar{C} + (A + \bar{A})\bar{B}C + \bar{A}B(C + \bar{C})$$

$$= A\bar{B} + B\bar{C} + A\bar{B}C + \bar{A}\bar{B}C + \bar{A}BC + \bar{A}B\bar{C}$$

$$= (A\bar{B} + A\bar{B}C) + (B\bar{C} + \bar{A}B\bar{C}) + (\bar{A}\bar{B}C + \bar{A}BC)$$

$$= A\bar{B} + B\bar{C} + \bar{A}C$$

4.6.2 逻辑函数的卡诺图化简法

虽然使用公式化简法对逻辑函数进行化简，它的使用不受任何条件的限制，但是它没有固定的步骤可循，在化简一些复杂的逻辑函数时，不仅需要熟练掌握各种基本公式和定理，而且还需要掌握一定的经验和运算技巧，有时很难判断出化简后的结果，是否为最简形式。而卡诺图化简法简单、直观，使用者不需要熟练掌握繁杂的基本公式和定理，也不需要特殊的技巧，只需要按照一些简单的规则进行化简，就能得到最简的结果。

4.6.2.1 卡诺图及其画法

卡诺图是把最小项按照一定规则排列而构成的方框图。

（1）构成卡诺图的原则：

1）n 变量的卡诺图有 2^n 个小方块（最小项）；

2）最小项排列规则——几何相邻的必须逻辑相邻。

逻辑相邻：两个最小项，只有一个变量的形式不同，其余的都相同（例如：ABC 与 $AB\bar{C}$ 只有一个变量不同，可以合并成 AB）。逻辑相邻的最小项可以合并。

逻辑相邻的含义：一是相邻——紧挨的；二是相对——任一行或一列的两头；三是相重——对折起来后位置相重（四个角）。

（2）卡诺图的画法。首先讨论三变量（A、B、C）函数卡诺图的画法：

1）3变量的卡诺图有 2^3 个小方块；n 个变量的卡诺图有 2^n 个小方块。

2）几何相邻的必须逻辑相邻：变量的取值按 00、01、11、10 的顺序（循环码）排列。

正确认识卡诺图的"逻辑相邻"：上下相邻，左右相邻，并呈现"循环相邻"的特性，它类似于一个封闭的球面，如同展开了的世界地图一样。对角线上不相邻。3个变量的卡诺图如图4-38所示，4个变量的卡诺图如图4-39所示。

4.6.2.2 用卡诺图表示逻辑函数

（1）从真值表画卡诺图。根据变量个数画出卡诺图，再按真值表填写每一个是1的小方块即可。需注意二者顺序不同。

已知 Y 的真值表如表4-17所示，要求画 Y 的卡诺图。

A \ BC	00	01	11	10
0	m_0	m_1	m_3	m_2
1	m_4	m_5	m_7	m_6

图4-38 3个变量的卡诺图

将表 4-17 中 Y 为 1 的项填入卡诺图中，如图 4-40 所示。

表 4-17 真值表

输 入			输出	输 入			输出
A	B	C	Y	A	B	C	Y
0	0	0	0	1	0	0	1
0	0	1	1	1	0	1	0
0	1	0	1	1	1	0	0
0	1	1	0	1	1	1	1

AB \ CD	00	01	11	10
00	m_0	m_1	m_3	m_2
01	m_4	m_5	m_7	m_6
11	m_{12}	m_{13}	m_{15}	m_{14}
10	m_8	m_9	m_{11}	m_{10}

图 4-39 4 个变量的卡诺图

A \ BC	00	01	11	10
0		1		1
1	1		1	

图 4-40 表 4-17 真值表对应的卡诺图

（2）从最小项表达式画卡诺图。把表达式中所有的最小项在对应的小方块中填入 1，其余的小方块中填入 0 即可。

画出函数 $Y(A、B、C、D) = \sum m(0, 3, 5, 7, 9, 12, 15)$ 的卡诺图。原式中的相应编号填入卡诺图如图 4-41(a) 所示，将对应的编号填入卡诺图如图 4-41(b) 所示。

AB \ CD	00	01	11	10
00	m_0		m_3	
01		m_5	m_7	
11	m_{12}		m_{15}	
10		m_9		

(a)

AB \ CD	00	01	11	10
00	1		1	
01		1	1	
11	1		1	
10		1		

(b)

图 4-41 函数 $Y(A、B、C、D) = \sum m(0, 3, 5, 7, 9, 12, 15)$ 的卡诺图

（3）从一般表达式画卡诺图。先将表达式变换为与或表达式，再画卡诺图。把每一个乘积项所包含的那些最小项（该乘积项就是这些最小项的公因子）所对应的小方块都填上 1，就可以得到逻辑函数的卡诺图。

【例 4-14】 已知 $Y=AB+A\overline{C}D+\overline{A}BCD$，画卡诺图。

解：$AB=11$，$\overline{A}BCD=0111$，$A\overline{C}D=101$ 时 $Y=1$，最后剩下的小方块就是 0 的位置，不需填写，否则会很乱。卡诺图如图 4-42 所示。

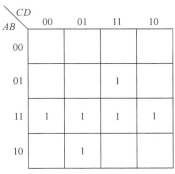

图 4-42　$Y=AB+A\overline{C}D+\overline{A}BCD$ 的卡诺图

4.6.2.3　用卡诺图化简逻辑函数

由于卡诺图两个相邻最小项中，只有一个变量取值不同，而其余的取值都相同。所以，合并相邻最小项，利用公式 $A+\overline{A}=1$，$AB+A\overline{B}=A$，可以消去一个或多个变量，从而使逻辑函数得到简化。合并相邻最小项，可消去变量。

卡诺图中最小项合并的规律：合并两个最小项，可消去一个变量；合并四个最小项，可消去两个变量；合并八个最小项，可消去三个变量。合并 2^n 个最小项，可消去 n 个变量。

（1）两个最小项合并，如图 4-43 所示。

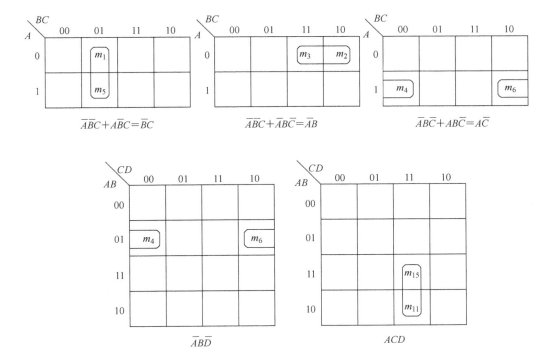

图 4-43　合并两个最小项的卡诺图及化简结果

（2）四个最小项合并，如图 4-44 所示。

（3）八个最小项的合并，如图 4-45 所示。

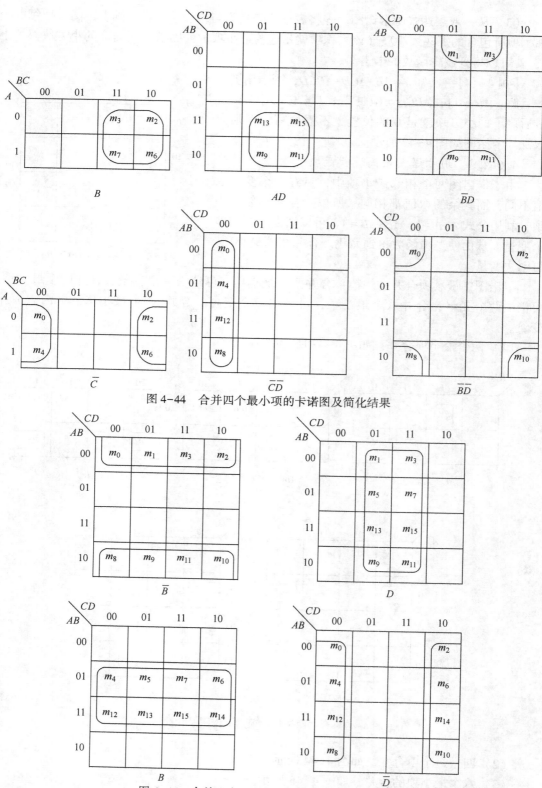

图 4-44　合并四个最小项的卡诺图及简化结果

图 4-45　合并八个最小项的卡诺图及化简结果

4.6.2.4   卡诺图化简法

A   基本步骤

（1）画出逻辑函数的卡诺图。

（2）合并相邻最小项（圈圈：必须圈 2^n 个最小项）。

（3）将圈圈写出最简与或表达式。

关键是能否正确圈圈。

B   正确圈圈的原则

（1）必须按 2、4、8、…、2^n 的规律来圈取值为 1 的相邻最小项。

（2）每个取值为 1 的相邻最小项，至少必须圈一次，但可以圈多次。

（3）圈的个数要最少（与项就少），并要尽可能大（消去的变量就越多），并且每个圈内必须有没被别的圈圈过的最小项（避免圈圈重复）。

C   从圈圈写最简与或表达式的方法

（1）将每个圈用一个与项表示，圈内各最小项中互补的因子消去，相同的因子保留，相同取值为 1 用原变量，相同取值为 0 用反变量。

（2）将各与项相或，便得到最简与或表达式。

【例 4-15】 化简 $Y = \sum m(0, 2, 5, 6, 7, 9, 10, 14, 15)$。

解：第一步：画卡诺图，并填好卡诺图；第二步：圈孤立 "1" 的格；第三步：圈只有一种合并可能的 "1" 格；第四步：余下未被覆盖的 "1" 格加圈覆盖，如图 4-46 所示。

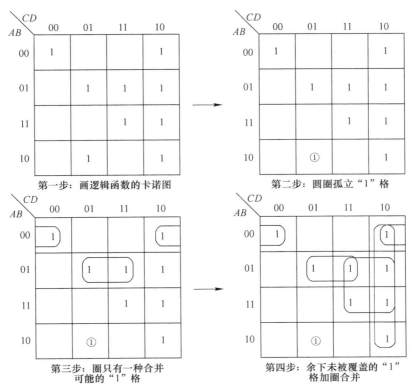

图 4-46   卡诺图化简

最后，写出每个圈的表达式，然后相或 $Y = \overline{ABCD} + \overline{A}\overline{B}D + \overline{A}BD + BC + C\overline{D}$。

【例 4-16】 用卡诺图化简逻辑函数 $Y(A、B、C、D) = \sum m(0, 1, 2, 3, 4, 5, 6, 7, 8, 10, 11)$。

解：填入卡诺图并化简，结果如图 4-47 所示。

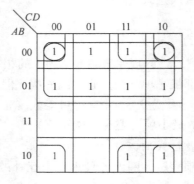

图 4-47　$Y = \sum m(0, 1, 2, 3, 4, 5, 6, 7, 8, 10, 11)$ 的卡诺图

化简得到的表达式：　　　　　　$Y = \overline{A} + \overline{B}C + \overline{B}D$

【例 4-17】 用卡诺图化简逻辑函数 $Y(A、B、C) = \sum m(3, 4, 5, 7, 9, 13, 14, 15)$。

解：先填入卡诺图，按化简原则进行化简，如图 4-48(a) 所示，经检查该卡诺图中，有多余的圈圈。去掉多余圈的卡诺图如图 4-48(b) 所示。

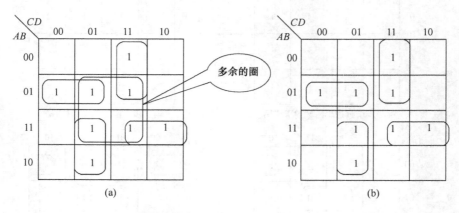

(a)　　　　　　　　　　　　　　(b)

图 4-48　卡诺图化简逻辑函数

（a）有多余圈的卡诺图；（b）最终的卡诺图

最后，得到表达式：　　　　$Y = \overline{A}B\overline{C} + A\overline{C}D + \overline{A}CD + ABC$

圈圈技巧（防止多圈的方法）：先圈孤立的 1；再圈只有一种圈法的 1；最后圈大圈；检查每个圈中至少有一个 1 未被其他圈圈过。

4.6.3　具有约束项的逻辑函数化简

4.6.3.1　约束项

在逻辑函数中，不可能出现或者不允许出现的这些变量组合对应的最小项，称为约束项。

以电梯运行状态指示电路为例。A、B、C 表示电梯上行、下行、停止的逻辑信号，设取 1 时有效；Y 表示电梯运行情况，$Y=1$ 表示电梯运行中；$Y=0$ 表示电梯停止。

分析：将上述功能描述填入真值表（表 4-18）。着重注意表中的 X 所对应的变量组合：011、101、110、111。经过分析就会发现 A、B、C 三个逻辑信号，由于分别代表上行、下行、停止三个信号，每一时刻只能有一个信号是 1（有效），不可能出现两个 1（有效），更不可能出现三个 1。所以 A、B、C 中出现两个或者三个 1 的变量组合不允许出现，011 代表 $\overline{A}BC$，101 代表 $A\overline{B}C$，110 代表 $AB\overline{C}$，111 代表 ABC。

表 4-18　真值表

输　　入			输出	输　　入			输出
A	B	C	Y	A	B	C	Y
0	0	0	0	1	0	0	1
0	0	1	0	1	0	1	X
0	1	0	1	1	1	0	X
0	1	1	X	1	1	1	X

4.6.3.2　具有约束项的逻辑函数表示方法

（1）真值表。根据功能先设变量及函数，后填写真值表，见表 4-18。

（2）逻辑表达式。

$$\begin{cases} Y = \overline{A}B\overline{C} + A\overline{B}\,\overline{C} \\ \overline{A}BC + A\overline{B}C + AB\overline{C} + ABC = 0 \quad 约束条件 \end{cases} \rightarrow \begin{cases} Y = \sum m(2,\ 4) \\ \sum d(3,\ 5,\ 6,\ 7) = 0 \quad 约束条件 \end{cases}$$

（3）卡诺图。将表 4-18 填入卡诺图中，如图 4-49 所示。

（4）具有约束项的逻辑函数化简。

1）公式化简法。

$$\begin{cases} Y = \overline{A}B\overline{C} + A\overline{B}\,\overline{C} \\ \overline{A}BC + A\overline{B}C + AB\overline{C} + ABC = 0 \quad 约束条件 \end{cases}$$

由于约束条件为 0，所以将为 0 的式子加在逻辑表达式的后边不会影响式子的相等，还有利于式子的化简：

$$\begin{aligned} Y &= \overline{A}B\overline{C} + A\overline{B}\,\overline{C} + \overline{A}BC + A\overline{B}C + AB\overline{C} + ABC \\ &= \overline{A}(B\overline{C} + BC) + A(\overline{B}\,\overline{C} + \overline{B}C + B\overline{C} + BC) \\ &= \overline{A}B + A(\overline{B} + B) = \overline{A}B + A = B + A \end{aligned}$$

2）卡诺图化简法。卡诺图化简法如图 4-50 所示。

$$\begin{cases} Y = B + A \\ \overline{A}BC + A\overline{B}C + AB\overline{C} + ABC = 0 \quad \text{约束条件} \end{cases}$$

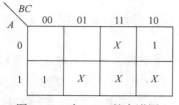

图 4-49 表 4-18 的卡诺图

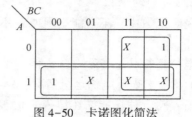

图 4-50 卡诺图化简法

【任务实施】三人表决器电路的设计与制作

（1）学习目的。

1）学习运用门电路构成实际逻辑电路。

2）通过一个输入与输出的关系通俗易懂、结果显而易见的项目设计与制作，理解门电路、熟悉门电路的功能及应用。

（2）所用器材：74LS00 一块；74LS20 一块；数字实验箱；导线若干。

（3）设计步骤。根据三变量表决器的功能，设置三变量 A、B、C，同意为 1，不同意为 0；表决结果为 Y，通过为 1，不同意为 0。然后，填写真值表如表 4-19 所示。通过真值表写出逻辑表达式。当只有 74LS00 四输入与非门时，需要将与或表达式根据定律与定理，化简为最简的与或表达式，再根据反演率变成与非与非表达式。

表 4-19 真值表

输		入	输出	输		入	输出
A	B	C	Y	A	B	C	Y
0	0	0	0	1	0	0	0
0	0	1	0	1	0	1	1
0	1	0	0	1	1	0	1
0	1	1	1	1	1	1	1

$$Y = \overline{A}BC + A\overline{B}C + AB\overline{C} + ABC = AB + BC + AC = \overline{\overline{AB} \cdot \overline{BC} \cdot \overline{AC}}$$

得到如图 4-51 所示逻辑电路图。接上输入开关与输出指示灯的电路如图 4-52 所示。

（4）制作步骤。

1）所用的 3 个二输入端与非门使用一块 74LS00TTL 集成与非门；1 个三输入端与非门使用一块 74LS20TTL 集成与非门。74LS00、74LS20 引脚图如图 4-53、图 4-54 所示。

2）准备数字电路实验箱，将 74LS00、74LS20 集成与非门电路在其上面的实验板上将集成块插好，熟悉每个引脚，以便于连接。

3）将设计好的三人表决器逻辑电路图 4-51，按照图 4-52 接好输入开关，以便于给出输入高电平和低电平，开关合上为高电平；断开则为低电平。同样，需要将输出 Y 接到

LED 发光二极管上，当 $Y = 1$ 时，发光二极管就会发光，说明此时输出高电平；否则，LED 灯灭相当于输出低电平。

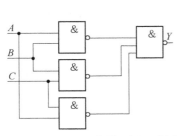

图 4-51 三人表决器逻辑电路图

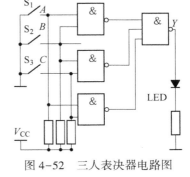

图 4-52 三人表决器电路图

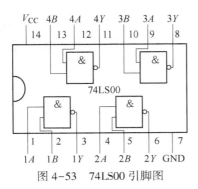

图 4-53 74LS00 引脚图

图 4-54 74LS20 引脚图

4）将 74LS00、74LS20 的 14 引脚分别接上 +5V 电源。

5）其他连线需要按图 4-52 接好即可。

6）测试开始，记录输入电平的不同组合时，得到的输出结果，填入真值表 4-20 中。

表 4-20 真值表

输　　入			输出	输　　入			输出
A	B	C	Y	A	B	C	Y
0	0	0		1	0	0	
0	0	1		1	0	1	
0	1	0		1	1	0	
0	1	1		1	1	1	

（5）结论。根据上述得到的真值表，即可得出结论。

（6）报告。

1）对电路进行测试，列写测试数据，写出测试结果。

2）写出通过制作得到什么结论，获得哪些经验。

小　结

（1）逻辑电路研究的是逻辑事件，逻辑事件有个共同的特点：有且仅有两个相反的状态（电位的高、低；开关的开、关；灯的亮、灭等），而且这个事件无论何时，必定是这两个状态中的一个。这两个状态用 1、0 表示。各种复杂的逻辑关系都可以由一些基本的逻辑关系表示。基本逻辑关系有：与关系、或关系、非关系。"与"相当于"逻辑乘"；"或"相当于"逻辑或"；"非"是入与出相反的关系。

（2）实现逻辑关系的电路，就叫逻辑门电路（简称门电路）。门电路有与门、或门、非门、与非门、或非门、与或非门、异或门、同或门。

（3）表示逻辑电路逻辑关系的方法：逻辑表达式、真值表、卡诺图、逻辑图、波形图。

（4）设计逻辑电路希望电路尽可能简单、可靠，就必须对逻辑函数进行化简，化简的方法有公式法、卡诺图法。公式法化简逻辑函数依据基本定律、定理，公式法化简优点：变量数目不限，但缺点是需要熟练掌握基本定律及定理，还需要掌握一定的化简技巧，不知道化简结果是否为最简。而卡诺图法克服了公式法的缺点，只要按照化简卡诺图的规则进行化简，化简结果一定是最简的；卡诺图法的缺点是逻辑变量数有限制。

自　测　题

扫描二维码获得本项目自测题。

项目 5　编码、译码、显示电路的设计与制作

【项目目标】

学完该项目，应会分析给定的组合逻辑电路的逻辑功能；也能根据给定的逻辑功能，设计出符合要求的逻辑电路。通过学习常用的集成组合逻辑电路器件如编码器、译码器、数据选择器、数据分配器、加法器等，熟悉其逻辑功能，可以通过这些器件完成要求的逻辑功能。

【知识目标】

（1）掌握分析与设计组合逻辑电路的方法。
（2）熟悉常用的集成逻辑电路芯片引脚的有效电平及功能。
（3）熟悉常用的集成逻辑电路芯片的应用。

【技能目标】

（1）逻辑分析能力。
（2）逻辑设计能力。
（3）器件应用能力。

任务 5.1　组合逻辑电路的分析与设计

【任务描述】

掌握分析组合逻辑电路的方法。掌握设计组合逻辑电路的方法。

【知识准备】

5.1.1　组合逻辑电路的概念与特点

根据逻辑功能的不同特点，常把数字电路分成组合逻辑电路（简称组合电路）和时序逻辑电路（简称时序电路）两大类。

当逻辑电路在任一时刻的输出状态仅取决于在该时刻的输入信号，而与电路原有的状态无关，就称为组合逻辑电路。组合逻辑电路在结构上是由各种门电路组成的。

组合电路逻辑功能表示方法，通常有逻辑函数表达式、真值表（或功能表）、逻辑图、卡诺图、波形图等五种。

5.1.2　组合逻辑电路的分析与设计

5.1.2.1　组合逻辑电路的分析方法

分析，指的是逻辑分析，即根据已知的逻辑电路找出电路的输入和输出之间的逻辑关

系，最后得到电路的功能。

分析步骤，如图 5-1 所示。写出逻辑函数表达式；列真值表；描述电路逻辑功能。

图 5-1　组合逻辑电路的分析步骤

【例 5-1】　分析图 5-2 所示电路的逻辑功能。

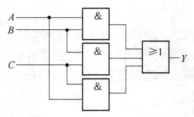

图 5-2　例 5-1 的逻辑电路图

解：（1）写出逻辑函数表达式 $Y=AB+BC+AC$。

（2）列真值表，见表 5-1。

表 5-1　例 5-1 的逻辑真值表

输　　入			输出	输　　入			输出
A	B	C	Y	A	B	C	Y
0	0	0	0	1	0	0	0
0	0	1	0	1	0	1	1
0	1	0	0	1	1	0	1
0	1	1	1	1	1	1	1

（3）描述电路逻辑功能。A、B、C 三个变量中，若有两个变量或者两个以上的变量为 1，Y 就为 1；否则，Y 就为 0。

【例 5-2】　分析图 5-3 所示电路的逻辑功能。

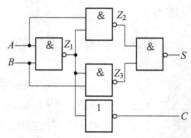

图 5-3　例 5-2 的逻辑电路图

解：（1）逐级写出表达式。

$$Z_1 = \overline{AB}$$

$$Z_2 = \overline{AZ_1} = \overline{A\,\overline{AB}}$$

$$Z_3 = \overline{B\,\overline{AB}}$$

$$S = \overline{Z_2 Z_3} = \overline{\overline{A\,\overline{AB}}\,\overline{B\,\overline{AB}}} = A\,\overline{AB} + B\,\overline{AB} = A\,\overline{AB} + B\,\overline{AB} = (\overline{A} + \overline{B}) \cdot (A + B) = A \oplus B$$

$$C = \overline{Z_1} = \overline{\overline{AB}} = AB$$

（2）根据表达式，列写图 5-3 的真值表，见表 5-2。

表 5-2　例 5-2 的真值表

输　入		输出		输　入		输出	
A	B	S	C	A	B	S	C
0	0	0	0	1	0	1	0
0	1	1	0	1	1	0	1

（3）简述其逻辑功能。A、B 表示两个 1 位二进制的加数，S 是它们相加的本位和，C 是向高位的进位。这种电路可用于实现两个 1 位二进制数的相加，它是运算器中的基本单元电路，称为半加器。

5.1.2.2　组合逻辑电路的设计方法

设计的步骤如图 5-4 所示。分析要求，列真值表。由真值表写表达式。化简（公式法或者卡诺图法）。化简的目的是为了减少门电路数量，从而减少连线的数量。画逻辑图。

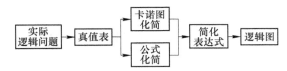

图 5-4　组合逻辑电路的设计步骤

【例 5-3】　设有甲、乙、丙三人进行表决，若有两人以上（包括两人）同意，则表决通过，用 ABC 代表甲、乙、丙，用 Y 表示表决结果。试列出真值表，写出逻辑表达式，并画出用"与非门"构成的逻辑图。

解：（1）分析题意，写出真值表。用 1 表示同意，0 表示不同意或弃权。可列出真值表，见表 5-3。

表 5-3　例 5-3 的真值表

输　入			输出	输　入			输出
A	B	C	Y	A	B	C	Y
0	0	0	0	1	0	0	0
0	0	1	0	1	0	1	1
0	1	0	0	1	1	0	1
0	1	1	1	1	1	1	1

（2）由真值表写表达式 $Y = A\overline{B}C + AB\overline{C} + ABC + \overline{A}BC$。

（3）化简函数表达式。

方法一：公式法

$$Y = A\bar{B}C + AB\bar{C} + ABC + \bar{A}BC$$

$$=AC + AB + BC$$

$$=\overline{\overline{AC + AB + BC}}$$

$$=\overline{\overline{AC} \cdot \overline{AB} \cdot \overline{BC}}$$

方法二：卡诺图法，卡诺图如图 5-5 所示。卡诺图化简结果：

$$Y = AC + BC + CA = \overline{\overline{AB} \cdot \overline{BC} \cdot \overline{CA}}$$

（4）画逻辑图，如图 5-6 所示。

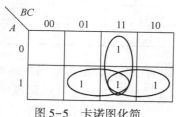

图 5-5 卡诺图化简

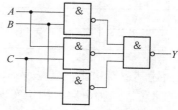

图 5-6 例 5-3 的逻辑图

【例 5-4】 某设备有开关 A、B、C，要求：只有开关 A 接通的条件下，开关 B 才能接通；开关 C 只有在开关 B 接通的条件下才能接通。违反这一规程，则发出报警信号。设计一个由与非门组成的能实现这一功能的报警控制电路。

解：由题意可知，该报警电路的输入变量是三个开关 A、B、C 的状态，设开关接通用 1 表示，开关断开用 0 表示；设该电路的输出报警信号为 F，F 为 1 表示报警，F 为 0 表示不报警。

（1）列出真值表，见表 5-4。

表 5-4 例 5-4 的真值表

A	B	C	F	A	B	C	F
0	0	0	0	1	0	0	0
0	0	1	1	1	0	1	1
0	1	0	1	1	1	0	0
0	1	1	1	1	1	1	0

（2）由真值表写表达式。

（3）化简函数表达式。

（4）画逻辑图，如图 5-7 所示。

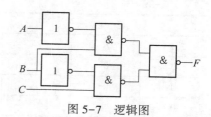

$$F = \bar{A}\bar{B}C + \bar{A}B\bar{C} + \bar{A}BC + A\bar{B}C$$

$$F = \bar{A}B + \bar{B}C = \overline{\overline{\bar{A}B} \cdot \overline{\bar{B}C}}$$

图 5-7 逻辑图

任务 5.2 常用的集成组合逻辑电路

【任务描述】

学习常用集成组合逻辑电路的功能。

能应用译码器及数据选择器构成逻辑函数。

【知识准备】

5.2.1　常用的组合集成电路简介

常用组合集成电路见表 5-5。

表 5-5　常用组合集成电路简介

类　型	型　号	功　能
编码器	74LS147	10 线-4 线编码器（8421BCD 编码器或二-十进制优先编码器）
	74LS148	8 线-3 线编码器（二进制优先编码器）
译码器	74LS139	2 线-4 线译码器
	74LS138	3 线-8 线译码器
	74LS154	4 线-16 线译码器
	74LS47	显示译码器（低电平有效，驱动共阳极数码管）
	74LS48	显示译码器（高电平有效，驱动共阴极数码管）
	74LS42	BCD 码译码器
数据选择器	74150	16 选 1 数据选择器（有选通输入，反码输出）
	74LS151	8 选 1 数据选择器（有选通输入，互补输出）
	74LS153	双 4 选 1 数据选择器（有选通输入）
	74157	四 2 选 1 数据选择器（有公共选通输入）
	74253　74LS253	双 4 选 1 数据选择器（三态输出）
	74353　74LS353	双 4 选 1 数据选择器（三态输出，反码）
	74351	双 8 选 1 数据选择器（三态输出）
比较器	7485　74LS85	4 位幅度比较器
	74LS686	8 位数值比较器
	74LS687	8 位数值比较器（OC）
	74688　74LS688	8 位数值比较器/等值检测器
	74689	8 位数值比较器/等值检测器（OC）
全加器	74283　74LS283	4 位二进制超前进位全加器

5.2.2　编码器（Coder）

编码：用文字、符号或数码表示特定的对象的过程。实现编码操作的逻辑电路叫作编码器。键盘就是以一个编码器。编码器分二进制编码器、二-十进制编码器、优先编码器。

5.2.2.1　二进制编码器

输入 n 位二进制代码，就会有 2^n 个信号输出。如 2 线-1 线编码器、4 线-2 线编码器、8 线-3 线编码器、16 线-4 线编码器。图 5-8 是 4 线-2 线编码器符号图。

图 5-8　4 线-2 线编码器符号图

【例 5-5】　试设计一个 4 线-2 线编码器。高电平表示请求编码。

解：设 I_0、I_1、I_2、I_3 为 4 个输入信号，分别表示数字 0、1、2、3。输出为 Y_1、Y_0，真值表见表 5-6。

表 5-6　4 线-2 线编码器真值表

I_0	I_1	I_2	I_3	Y_1	Y_0
1	0	0	0	0	0
0	1	0	0	0	1
0	0	1	0	1	0
0	0	0	1	1	1

由于输入四个变量 I_0、I_1、I_2、I_3，高电平表示请求编码，每次只能有一个变量为高电平。4 个变量本应该有 16 个组合状态，只出现了 4 种组合状态，其他 12 种状态在编码时不允许出现，也就是说这 12 种状态受约束。

根据表 5-6 画出卡诺图，将取值组合使 $Y_1=1$ 的最小项填入卡诺图中，受约束的 12 个组合需要填 "X"，如图 5-9(a) 所示；同样，将 $Y_0=1$ 的最小项填入卡诺图中，受约束的 12 个组合需要填 "X"，如图 5-9(b) 所示。

根据图 5-9 卡诺图化简得逻辑表达式 $Y_1=I_2+I_3$，$Y_0=I_1+I_3$，逻辑图如图 5-10 所示。

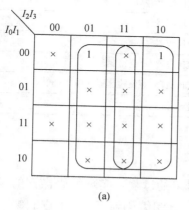
(a)

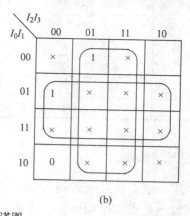
(b)

图 5-9　卡诺图

（a）Y_1 的卡诺图；（b）Y_0 的卡诺图

5.2.2.2　二-十进制编码器（或者 8421BCD 码编码器）

将十进制数的 0~9 编成二进制代码的电路。10 线-4 线编码器符号图如图 5-11 所示。

其功能表同表 5-6 类似，只不过是 10 个输入 $I_0 \sim I_9$，4 个输出是 $Y_3 \sim Y_0$。

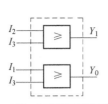

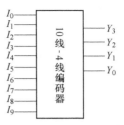

图 5-10　4 线-2 线编码器逻辑电路图　　　　图 5-11　10 线-4 线编码器符号图

二进制编码器、二-十进制编码器的缺点是每次只能有一个输入请求编码，而下面要讲的优先编码器就克服了这一问题。所有的输入端均可请求编码，但是根据优先级别，每次也只能对一个输入进行编码。

5.2.2.3　优先编码器

A　二进制优先编码器（以 74LS148 为例）

74LS148 是一个 8 线-3 线二进制优先编码器。其引脚图如图 5-12 所示，逻辑符号图如图 5-13 所示。其功能是将 0～7 用三位二进制信息来表示。0 应该用 000 来表示，但是由于输出是低电平有效，所以应该用其反码 111 来表示，其他类同。其功能表见表 5-7。

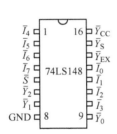

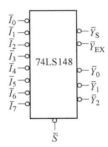

图 5-12　74LS148 编码器引脚图　　　　图 5-13　74LS148 编码器符号图

表 5-7　74LS148 功能表

输　入									输　出				
$\bar{S}$	$\bar{I_0}$	$\bar{I_1}$	$\bar{I_2}$	$\bar{I_3}$	$\bar{I_4}$	$\bar{I_5}$	$\bar{I_6}$	$\bar{I_7}$	$\bar{Y_2}$	$\bar{Y_1}$	$\bar{Y_0}$	$\bar{Y_{EX}}$	$\bar{Y_S}$
1	×	×	×	×	×	×	×	×	1	1	1	1	1
0	1	1	1	1	1	1	1	1	1	1	1	1	0
0	×	×	×	×	×	×	×	0	0	0	0	0	1
0	×	×	×	×	×	×	0	1	0	0	1	0	1
0	×	×	×	×	×	0	1	1	0	1	0	0	1
0	×	×	×	×	0	1	1	1	0	1	1	0	1

输　入									输　出				
$\bar{S}$	$\overline{I_0}$	$\overline{I_1}$	$\overline{I_2}$	$\overline{I_3}$	$\overline{I_4}$	$\overline{I_5}$	$\overline{I_6}$	$\overline{I_7}$	$\overline{Y_2}$	$\overline{Y_1}$	$\overline{Y_0}$	$\overline{Y_{EX}}$	$\overline{Y_S}$
0	×	×	×	0	1	1	1	1	1	0	0	0	1
0	×	×	0	1	1	1	1	1	1	0	1	0	1
0	×	0	1	1	1	1	1	1	1	1	0	0	1
0	0	1	1	1	1	1	1	1	1	1	1	0	1

$\bar{S}$（Selection 选择）为芯片选择信号，低电平有效，即低电平该芯片被选中工作。$\overline{Y_S}$ 为使能输出端，通常接至低位芯片的 $\bar{S}$ 端，意思是当 $\overline{Y_S}$ 为低电平时，该芯片的低位芯片被选中工作。$\overline{Y_{EX}}$ 为扩展输出端，是控制标志，$\overline{Y_{EX}}=0$ 表示是编码输出；$\overline{Y_{EX}}=1$ 表示不是编码输出。

$\overline{I_7} \sim \overline{I_0}$ 为 8 个编码 $\overline{I}$ 输入端，低电平有效。$\overline{I_7}$ 优先级别最高，$\overline{I_0}$ 优先级别最低。$\overline{Y_7} \sim \overline{Y_0}$ 为三位二进制代码输出端，低电平有效，即采用反码形式。

功能总结：

（1）当 $\bar{S}=1$ 时，禁止编码器工作。此时不管编码输入端有无编码请求，输出 $\overline{Y_2}\,\overline{Y_1}\,\overline{Y_0}=111$，$\overline{Y_S}=1$，此时低位芯片也不允许编码；$\overline{Y_{EX}}=1$，表示此时的输出 $\overline{Y_2}\,\overline{Y_1}\,\overline{Y_0}=111$ 不是编码输出。

（2）当 $\bar{S}=0$ 时，该芯片被选中，可以编码。当输入端无编码请求时，此时 $\overline{Y_S}=0$，低位芯片可以请求编码；$\overline{Y_{EX}}=1$，表示此时的输出 $\overline{Y_2}\,\overline{Y_1}\,\overline{Y_0}=111$ 不是编码输出。当编码输入端有编码请求时，编码器按优先级别的高低，先给优先级别高的输入信号进行编码，此时 $\overline{Y_S}=1$，低位芯片禁止编码；$\overline{Y_{EX}}=0$，此时的输出 $\overline{Y_2}\,\overline{Y_1}\,\overline{Y_0}$ 从 000 到 111 是编码输出。

B　二-十进制优先编码器（以 74LS147 为例 10 线-4 线）

符号图与引脚图如图 5-14、图 5-15 所示。其功能表见表 5-8。

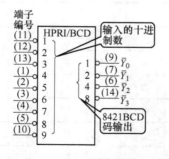

图 5-14　74LS147 编码器符号图

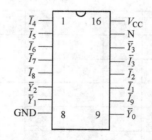

图 5-15　74LS147 编码器引脚图

表 5-8 74LS147 功能表

输 入										输 出			
$\overline{I_9}$	$\overline{I_8}$	$\overline{I_7}$	$\overline{I_6}$	$\overline{I_5}$	$\overline{I_4}$	$\overline{I_3}$	$\overline{I_2}$	$\overline{I_1}$	$\overline{I_0}$	$\overline{Y_3}$	$\overline{Y_2}$	$\overline{Y_1}$	$\overline{Y_0}$
1	1	1	1	1	1	1	1	1	1	1	1	1	1
1	1	1	1	1	1	1	1	0	×	1	1	1	0
1	1	1	1	1	1	1	0	×	×	1	1	0	1
1	1	1	1	1	1	0	×	×	×	1	1	0	0
1	1	1	1	1	0	×	×	×	×	1	0	1	1
1	1	1	1	0	×	×	×	×	×	1	0	1	0
1	1	1	0	×	×	×	×	×	×	1	0	0	1
1	1	0	×	×	×	×	×	×	×	1	0	0	0
1	0	×	×	×	×	×	×	×	×	0	1	1	0
0	1	×	×	×	×	×	×	×	×	0	1	1	1

表 5-8 中列出了 10 个输入端 $\overline{I_9} \sim \overline{I_0}$，4 个输出端 $\overline{Y_3 Y_2 Y_1 Y_0}$。其输入与输出关系，同 74LS148；只不过表中多了两个输入端 $\overline{I_8}$、$\overline{I_9}$。当 $\overline{I_9} = 0$、9 请求编码，其他任何输入端请求编码均无效，只给 9 编码，输出 $\overline{Y_3 Y_2 Y_1 Y_0}$ 应该为 9 的反码 0110；当 $\overline{I_9} = 1$ 时，9 不请求编码，比 9 低的输入请求编码才有效，如 $\overline{I_8} = 0$ 请求编码，才会对 8 进行编码，输出 $\overline{Y_3 Y_2 Y_1 Y_0}$ 应该为 8 的反码 0111。

5.2.3 译码器（Decoder）

译码是编码的逆过程，是将二进制代码翻译成原来表示的信息的过程。实现译码过程的逻辑电路称为译码器。常用的译码器有二进制译码器、二-十进制译码器和显示译码器三种。

5.2.3.1 二进制译码器（以 74LS138 为例）

74LS138 是 3 线-8 线二进制译码器。其引脚图与符号图如图 5-16、图 5-17 所示。其逻辑功能见表 5-9。

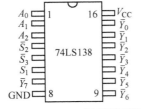

图 5-16 74LS138 译码器引脚图

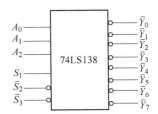

图 5-17 74LS138 译码器符号图

表 5-9 二进制译码器 74LS138 的功能表

输 入					输 出							
S_1	$\overline{S_2}+\overline{S_3}$	A_2	A_1	A_0	$\overline{Y_0}$	$\overline{Y_1}$	$\overline{Y_2}$	$\overline{Y_3}$	$\overline{Y_4}$	$\overline{Y_5}$	$\overline{Y_6}$	$\overline{Y_7}$
×	1	×	×	×	1	1	1	1	1	1	1	1
0	×	×	×	×	1	1	1	1	1	1	1	1
1	0	0	0	0	0	1	1	1	1	1	1	1
1	0	0	0	1	1	0	1	1	1	1	1	1
1	0	0	1	0	1	1	0	1	1	1	1	1
1	0	0	1	1	1	1	1	0	1	1	1	1
1	0	1	0	0	1	1	1	1	0	1	1	1
1	0	1	0	1	1	1	1	1	1	0	1	1
1	0	1	1	0	1	1	1	1	1	1	0	1
1	0	1	1	1	1	1	1	1	1	1	1	0

$$\overline{Y_0} = \overline{\overline{A_2}\,\overline{A_1}\,\overline{A_0}} = \overline{m_0} \qquad \overline{Y_4} = \overline{\overline{A_2}A_1\,\overline{A_0}} = \overline{m_4}$$

$$\overline{Y_1} = \overline{\overline{A_2}\,\overline{A_1}A_0} = \overline{m_1} \qquad \overline{Y_5} = \overline{A_2\,\overline{A_1}A_0} = \overline{m_5}$$

$$\overline{Y_2} = \overline{\overline{A_2}A_1\,\overline{A_0}} = \overline{m_2} \qquad \overline{Y_6} = \overline{A_2A_1\,\overline{A_0}} = \overline{m_6}$$

$$\overline{Y_3} = \overline{\overline{A_2}A_1A_0} = \overline{m_3} \qquad \overline{Y_7} = \overline{A_2A_1A_0} = \overline{m_7}$$

这里一定要记住 74LS138 译码器每一根输出线相当于对应编号取反。

5.2.3.2 二-十进制（BCD）译码器（又称 BCD 译码器，以 74LS42 为例）

BCD 码有多种，对应着多种译码器，常用的是 8421BCD 译码器。

BCD 码译码器都有 4 个输入端，10 个输出端，常称之为 4-10 线译码器，也是一种唯一地址译码器。BCD 码译码器能将 BCD 代码转换成一位十进制数。

二-十进制译码器的输入编码是 BCD 码，需 4 根线组合来表示 0~9 十个数，输出有 10 根引线与输入 10 个 BCD 编码 0~9 相对应。74LS42 引脚图、符号图如图 5-18、图 5-19 所示。其真值表见表 5-10。

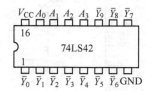

图 5-18 74LS42 译码器引脚图

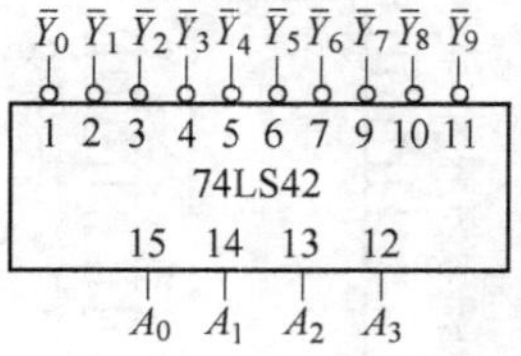

图 5-19 74LS42 译码器符号图

表 5-10 BCD 译码器 74LS42 的功能表

数码	BCD 输入				输出									
	A_3	A_2	A_1	A_0	$\overline{Y_9}$	$\overline{Y_8}$	$\overline{Y_7}$	$\overline{Y_6}$	$\overline{Y_5}$	$\overline{Y_4}$	$\overline{Y_3}$	$\overline{Y_2}$	$\overline{Y_1}$	$\overline{Y_0}$
0	0	0	0	0	1	1	1	1	1	1	1	1	1	0
1	0	0	0	1	1	1	1	1	1	1	1	1	0	1
2	0	0	1	0	1	1	1	1	1	1	1	0	1	1
3	0	0	1	1	1	1	1	1	1	1	0	1	1	1
4	0	1	0	0	1	1	1	1	1	0	1	1	1	1
5	0	1	0	1	1	1	1	1	0	1	1	1	1	1
6	0	1	1	0	1	1	1	0	1	1	1	1	1	1
7	0	1	1	1	1	1	0	1	1	1	1	1	1	1
8	1	0	0	0	1	0	1	1	1	1	1	1	1	1
9	1	0	0	1	0	1	1	1	1	1	1	1	1	1
无效数码	1	0	1	0	全部为 1									
	1	0	1	1										
	1	1	0	0										
	1	1	0	1										
	1	1	1	0										
	1	1	1	1										

有 4 个输入端：A_3、A_2、A_1、A_0，高电平有效；有 10 个输出端：$\overline{Y_0} \sim \overline{Y_9}$ 分别对应于十进制数 0~9，低电平有效。

5.2.3.3 数码显示译码器（以集成显示译码器 74LS48 为例）

一般是将一种编码译成十进制码或特定的编码，并通过显示器件将译码器的状态显示出来。显示译码器框图如图 5-20 所示，数码显示译码器框图如图 5-21 所示。用于将数字仪表、计算机和其他数字系统中的测量结果、运算结果译成十进制显示出来。使用四位输入的原因是数码管要显示 0~9 十个数，8 和 9 分别输入 1000、1001。

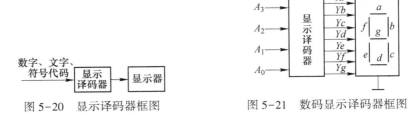

图 5-20 显示译码器框图　　　　图 5-21 数码显示译码器框图

A 数码显示器件

数码显示器件种类繁多，其作用是用以显示数字和符号。用于十进制数的显示，目前使用较多的是分段式显示器。如图 5-22 是七段显示器显示字段布局及字形组合。

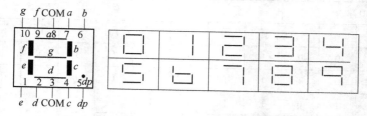

图 5-22　七段显示器显示字段布局及字形组合

七段显示器主要有荧光数码管和半导体显示器、液晶数码显示器。半导体（发光二极管）显示器是数字电路中比较方便使用的显示器。它有共阳极和共阴极两种接法，如图 5-23 所示。共阴极接法，显示数字"1"的电路如图 5-24 所示。

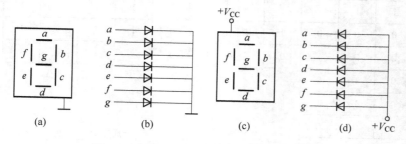

图 5-23　共阳极和共阴极两种接法电路图

（a）共阴极示意图；（b）共阴极内部接线图；（c）共阳极示意图；（d）共阳极内部接线图

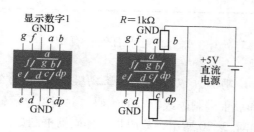

图 5-24　共阴极显示数字"1"的电路图

B　集成显示译码器 74LS48（驱动共阴极数码管，即输出高电平点亮相应的笔画）74LS48 引脚图与逻辑符号图如图 5-25、图 5-26 所示。74LS48 功能表见表 5-11。

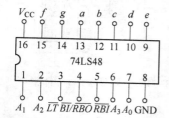

图 5-25　集成显示译码器 74LS48 引脚

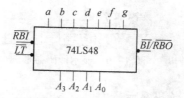

图 5-26　集成显示译码器 74LS48 逻辑符号图

表 5-11　显示译码器 74LS48 的功能表

功能或十进制数	输入						输出								功能
	$\overline{LT}$	$\overline{RBI}$	A_3	A_2	A_1	A_0	$\overline{BI}/\overline{RBO}$	A	B	c	d	e	f	g	
$\overline{BI}/\overline{RBO}$（灭灯）	×	×	×	×	×	×	0（输入）	0	0	0	0	0	0	0	灭灯
$\overline{LT}$（试灯）	0	×	×	×	×	×	1	1	1	1	1	1	1	1	数码所有段均发光
$\overline{RBO}$（动态灭零）	1	0	0	0	0	0	0	0	0	0	0	0	0	0	灭零
0	1	1	0	0	0	0	1	1	1	1	1	1	1	0	显示
1	1	×	0	0	0	1	1	0	1	1	0	0	0	0	
2	1	×	0	0	1	0	1	1	1	0	1	1	0	1	
3	1	×	0	0	1	1	1	1	1	1	1	0	0	1	
4	1	×	0	1	0	0	1	0	1	1	0	0	1	1	
5	1	×	0	1	0	1	1	1	0	1	1	0	1	1	
6	1	×	0	1	1	0	1	0	0	1	1	1	1	1	
7	1	×	0	1	1	1	1	1	1	1	0	0	0	0	
8	1	×	1	0	0	0	1	1	1	1	1	1	1	1	
9	1	×	1	0	0	1	1	1	1	1	0	0	1	1	
10	1	×	1	0	1	0	1	0	0	0	0	1	1	0	
11	1	×	1	0	1	1	1	0	1	0	0	0	1	1	
12	1	×	1	1	0	0	1	0	1	0	0	0	1	1	
13	1	×	1	1	0	1	1	1	0	0	0	0	1	1	
14	1	×	1	1	1	0	1	0	0	0	1	1	1	1	
15	1	×	1	1	1	1	1	0	0	0	0	0	0	0	

注：1. $\overline{BI}/\overline{RBO}$灭灯输入/灭零输出端。当$\overline{BI}/\overline{RBO}=0$时，无论其他输入端的状态如何，所有发光段均熄灭，不显示任何数字。

2. $\overline{LT}$试灯输入信号，此信号用来测试七段数码管发光段好坏。当$\overline{BI}/\overline{RBO}=1$时，$\overline{LT}=0$，不论其他输入端状态如何，则七段全亮，说明数码管工作正常，每一段均能正常工作。

3. $\overline{RBI}$为灭零输入端，低电平有效。当$\overline{LT}=1$、$A_3A_2A_1A_0=0000$时，LED 显示器应显示数字 0。若使$\overline{RBI}=0$就会使这个零熄灭。其作用是将多余的 0 熄灭。

4. 当译码器工作时，$\overline{BI}=1$，$\overline{LT}=1$。

5.2.3.4　译码器的应用

（1）组成逻辑函数（适当使用与非门）。

【例 5-6】　用 74LS138 二进制译码器和适当使用与非门，实现函数 $Y=m_0+m_1+m_5$。

解：原式可写成 $Y=m_0+m_1+m_5=\overline{\overline{m_5}\,\overline{m_1}\,\overline{m_0}}$，由于 74LS138 二进制译码器每一根输出线相当于对应编号取反。根据上面式子，可将 74LS138 二进制译码器接成如图 5-27 所示电路，

就会实现 $Y=m_0+m_1+m_5$。

$$Y = \overline{A_2}\,\overline{A_1}\,\overline{A_0} + \overline{A_2}\,\overline{A_1}A_0 + A_2\overline{A_1}A_0 = m_5 + m_1 + m_0 = \overline{\overline{m_5}\,\overline{m_1}\,\overline{m_0}}$$

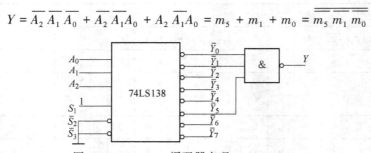

图 5-27　74LS138 译码器实现 $Y=m_0+m_1+m_5$

（2）控制二极管的点亮。图 5-28 中 74LS138 控制发光二极管的点亮，输入 $A_2A_1A_0$ 不同的组合，会控制不同的二极管点亮。当输入 011 组合，就会控制 D3 二极管点亮，也就是相当于将 011 翻译成 3。

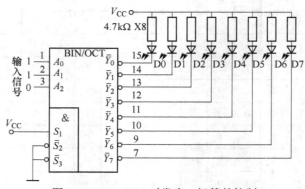

图 5-28　74LS138 对发光二极管的控制

（3）模拟信号多路转换的数字控制。如图 5-29 所示。当译码器输出无效时，开关相当于断开，模拟信号输入的 4 个信号 $u_0 \sim u_3$ 哪个也不输出。当 A_1A_0 输入 00 时，与 u_0 相连的开关相当于接通，$u=u_0$；当 A_1A_0 输入 11 时，与 u_3 相连的开关相当于接通，$u=u_3$。

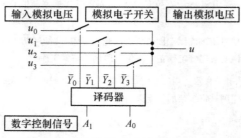

图 5-29　模拟信号多路转换的数字控制

（4）计算机存储单元及输入输出接口。如图 5-30 所示。当译码器输出无效时，$\overline{Y_0}$、$\overline{Y_1}$、$\overline{Y_2}$、$\overline{Y_3}$ 输出均为高电平，每个控制门都关闭，单元中的信号就传不到计算机中。当 A_1A_0 中的输入 00~11 时，控制门从上到下依次打开，0~3 单元中的信号就会传到计算机中。

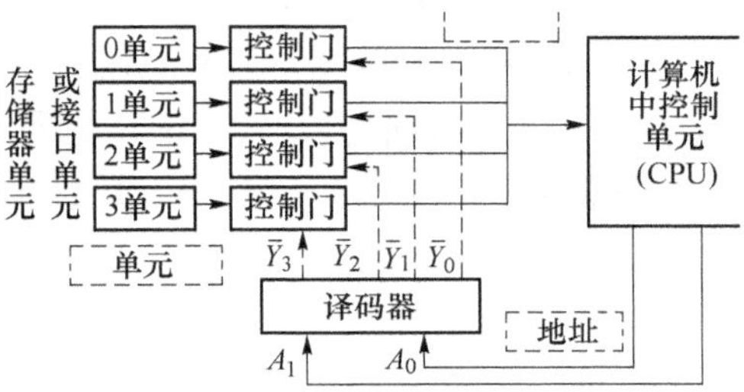

图 5-30　计算机存储单元及输入输出接口

5.2.4　数据选择器

5.2.4.1　数据选择器原理

数据选择器的英文是 Multiplexer，用缩写 MUX 表示。数据选择器的功能是，从多路数据中选择其中的一路输出。下面以四选一数据选择器为例。其原理示意图如图 5-31 所示。在图 5-31 中，当 S 与 S_0 接通时，D_0 数据送给 Y，即 $Y=D_0$；同理，S 与 S_3 接通时，$Y=D_3$，以此类推。这里数据 $D_0 \sim D_3$ 送给 Y 的条件是相应的开关接通。在计算机中的数据选择器数据的输出不能靠手动开关完成，而是靠数据选择端依次选择数据输出，每一种输出对应选择端的一种组合，所以以四路数据就需要两路选择端 $A_1 A_0$。四路数据选择器原理框图如图 5-32 所示。其功能表见表 5-12。

图 5-31　原理示意图　　　　图 5-32　原理框图

表 5-12　4 选 1 数据选择器功能表

选择输入		输出	选择输入		输出
A_1	A_0	Y	A_1	A_0	Y
0	0	D_0	1	0	D_2
0	1	D_1	1	1	D_3

逻辑表达式为：

$$Y = D_0 \overline{A_1}\,\overline{A_0} + D_1 \overline{A_1}A_0 + D_2 A_1 \overline{A_0} + D_3 A_1 A_0$$

按照该表达式就会画出 4 选 1 数据选择器的逻辑图如图 5-33 所示。

按照这种设计思想设计出的 4 选 1、8 选 1 数据选择器已做成集成电路。

5.2.4.2　典型数据选择器电路芯片（74S153、74IS151）

（1）双 4 选 1 数据选择器（有选通输入）74LS153。

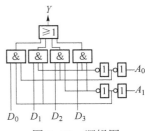

图 5-33　逻辑图

74LS153 有两个功能完全相同的 4 选 1 数据选择器（有选通输入），引脚图如图 5-34 所示，逻辑符号图如图 5-35 所示。$D_0 \sim D_3$ 是数据端，Y 为输出端，数据端与输出端前面的 1、2 是为了区分两个数据选择器，芯片选通端有两个 $\overline{1ST}$、$\overline{2ST}$（Secction 选通），均为低电平有效，它们共用一个二位地址输入选择信号。

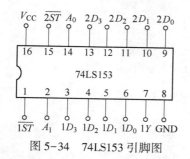

图 5-34　74LS153 引脚图

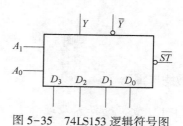

图 5-35　74LS153 逻辑符号图

74LS153 功能表见表 5-13。

表 5-13　74LS153 4 选 1 数据选择器功能表

选通输入端	选择输入端		输入数据				输出
$\overline{ST}$	A_1	A_0	D_0	D_1	D_2	D_3	Y
1	×	×	×	×	×	×	0
0	0	0	D_0	×	×	×	D_0
0	0	1	×	D_1	×	×	D_1
0	1	0	×	×	D_2	×	D_2
0	1	1	×	×	×	D_3	D_3

功能总结如下：

由于一片 74LS153 有两个 4 选 1 数据选择器，所以芯片选通端有两个 $\overline{1ST}$、$\overline{2ST}$（Selecton 选通），均为低电平有效。即 $\overline{1ST} = 0$ 时，芯片的第一个数据选择器被选中工作，处于工作状态；$\overline{1ST} = 1$ 时芯片的第一个数据选择器被禁止工作，$1Y = 0$。也就是当 $\overline{1ST} = 0$ 时，根据不同的地址码 $A_1 A_0$ 选通相应的通道，且仅选通一路。芯片的第二个数据选择器工作情况同第一个数据选择器。当 $\overline{1ST} = 1$ 时，呈现高阻态。

（2）8 选 1 数据选择器 74LS151，引脚图如图 5-36 所示，逻辑符号如图 5-37 所示。其数据选择功能表见表 5-14。

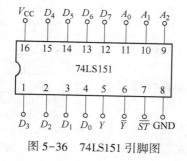

图 5-36　74LS151 引脚图

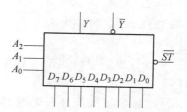

图 5-37　74LS151 逻辑符号图

表 5-14　74LS151 8 选 1 数据选择器功能表

| 输　入 | | | | | | | | | | | | 输出 |
| 选通端 | 选择输入端 | | | 输　入　数　据 | | | | | | | | |
$\overline{ST}$	A_2	A_1	A_0	D_0	D_1	D_2	D_3	D_4	D_5	D_6	D_7	Y
1	×	×	×	×	×	×	×	×	×	×	×	0
0	0	0	0	D_0	×	×	×	×	×	×	×	D_0
0	0	0	1	×	D_1	×	×	×	×	×	×	D_1
0	0	1	0	×	×	D_2	×	×	×	×	×	D_2
0	0	1	1	×	×	×	D_3	×	×	×	×	D_3
0	1	0	0	×	×	×	×	D_4	×	×	×	D_4
0	1	0	1	×	×	×	×	×	D_5	×	×	D_5
0	1	1	0	×	×	×	×	×	×	D_6	×	D_6
0	1	1	1	×	×	×	×	×	×	×	D_7	D_7

功能总结如下：

选通控制端 $\overline{ST}$（Selection 选通）为低电平有效，即 $\overline{ST}=0$ 时芯片被选中，处于工作状态；$\overline{ST}=1$ 时，芯片被禁止，$Y=0$。也就是当 $\overline{ST}=0$ 时，根据不同的地址码 $A_2A_1A_0$ 选通相应的通道，且仅选通一路。

根据表 5-14 可以写出表达式：

$$Y = ST(\overline{A_2}\,\overline{A_1}\,\overline{A_0}D_0 + \overline{A_2}\,\overline{A_1}A_0D_1 + \overline{A_2}A_1\,\overline{A_0}D_2 + \overline{A_2}A_1A_0D_3 +$$
$$A_2\,\overline{A_1}\,\overline{A_0}D_4 + A_2\,\overline{A_1}A_0D_5 + A_2A_1\,\overline{A_0}D_6 + A_2A_1A_0D_7)$$

根据表达式绘出如图 5-38 所示的逻辑图。

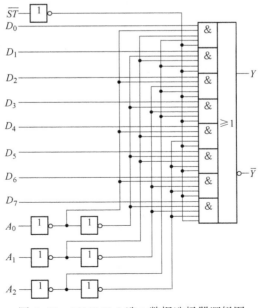

图 5-38　74LS151 8 选 1 数据选择器逻辑图

5.2.4.3 数据选择器的应用

A 组成逻辑函数

【例5-7】 用 74LS151 8 选 1 数据选择器实现函数 $Y=m_0+m_1+m_5$。

解:（1）将该函数表达式填入图 5-39 卡诺图中。

（2）8 选 1 数据选择器表达式

$$Y = ST(\overline{A_2}\,\overline{A_1}\,\overline{A_0}D_0 + \overline{A_2}\,\overline{A_1}A_0D_1 + \overline{A_2}A_1\overline{A_0}D_2 + \overline{A_2}A_1A_0D_3 +$$
$$A_2\overline{A_1}\,\overline{A_0}D_4 + A_2\overline{A_1}A_0D_5 + A_2A_1\overline{A_0}D_6 + A_2A_1A_0D_7)$$

$ST=1$ 时，即 $\overline{ST}=0$ 时芯片被选中，填入图 5-40 卡诺图中。

A\BC	00	01	11	10
0	1	1		
1	1			

图 5-39 例 5-7 图一

A_2\A_1A_0	00	01	11	10
0	D_0	D_1	D_3	D_2
1	D_4	D_5	D_7	D_6

图 5-40 例 5-7 图二

（3）将 $\overline{ST}=0$，即接地处理。

（4）将 A_2、A_1、A_0 分别对应 A、B、C。将两个卡诺图进行对应，得 $D_0=D_1=D_5=1$，$D_2=D_3=D_4=D_6=D_7=0$。

根据上面式子，可将 74LS151 数据选择器接成如图 5-41 所示电路，就会实现 $Y=m_0+m_1+m_5$。

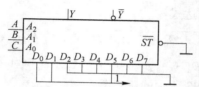

图 5-41 74LS151 数据选择器实现 $Y=m_0+m_1+m_5$

B 数据选择器在智能小区的应用

数据选择器在智能小区的应用如图 5-42 所示。小区管理系统的 CPU 一直输出 000 到 111，此时 74LS151 数据选择器的各路输入从 D_0 到 D_7 就会依次输出到 Y，该输出又送给小区管理系统的 CPU。

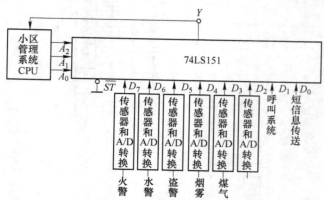

图 5-42 数据选择器在智能小区的应用

5.2.5　数值比较器

能比较两个数大小的数字电路，称为数值比较器。数值比较器有一位数比较和多位数比较，这里以一位数值比较器为例，介绍其设计过程，由此给出四位集成数据选择器的功能。

5.2.5.1　一位数值比较器

设一位数值比较器输入二进制数为 A、B。当 $A>B$ 时，对应输出 $Y_{A>B}$ 为高电平；当 $A<B$ 时，对应输出 $Y_{A<B}$ 为高电平；当 $A=B$ 时，对应输出 $Y_{A=B}$ 为高电平。由此可得其真值表见表 5-15。

表 5-15　一位数值比较器真值表

输　入		输　　出		
A	B	$Y_{A>B}$	$Y_{A<B}$	$Y_{A=B}$
0	0	0	0	1
0	1	0	1	0
1	0	1	0	0
1	1	0	0	1

根据真值表可得：

$$Y_{A>B} = A\bar{B} \qquad Y_{A=B} = AB + \bar{A}\bar{B} = \overline{\bar{A}B + A\bar{B}} \qquad Y_{A<B} = \bar{A}B$$

根据上述表达式画出的一位数值比较器的逻辑图如图 5-43 所示。

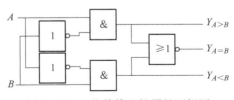

图 5-43　一位数值比较器的逻辑图

5.2.5.2　集成四位数值比较器 74LS85

74LS85 是四位数值比较器，图 5-44 是其引脚图，图 5-45 是其逻辑符号图，$P = A_4A_3A_2A_1$、$Q = B_4B_3B_2B_1$ 均为四位二进制数据；比较结果用 $Y(P>Q)$、$Y(P=Q)$、$Y(P<Q)$ 来表示。74LS85 真值表见表 5-16。

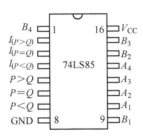

图 5-44　74LS85 引脚图

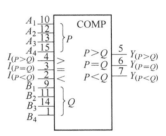

图 5-45　74LS85 逻辑符号图

表 5-16　74LS85 真值表

比较输入				级联输入			输　　出		
A_4B_4	A_3B_3	A_2B_2	A_1B_1	$I_{(P>Q)}$	$I_{(P<Q)}$	$I_{(P=Q)}$	$Y_{(P>Q)}$	$Y_{(P<Q)}$	$Y_{(P=Q)}$
$A_4>B_4$	×	×	×	×	×	×	1	0	0
$A_4<B_4$	×	×	×	×	×	×	0	1	0
$A_4=B_4$	$A_3>B_3$	×	×	×	×	×	1	0	0
$A_4=B_4$	$A_3<B_3$	×	×	×	×	×	0	1	0
$A_4=B_4$	$A_3=B_3$	$A_2>B_2$	×	×	×	×	1	0	0
$A_4=B_4$	$A_3=B_3$	$A_2<B_2$	×	×	×	×	0	1	0
$A_4=B_4$	$A_3=B_3$	$A_2=B_2$	$A_1>B_1$	×	×	×	1	0	0
$A_4=B_4$	$A_3=B_3$	$A_2=B_2$	$A_1<B_1$	×	×	×	0	1	0
$A_4=B_4$	$A_3=B_3$	$A_2=B_2$	$A_1=B_1$	1	0	0	1	0	0
$A_4=B_4$	$A_3=B_3$	$A_2=B_2$	$A_1=B_1$	0	1	0	0	1	0
$A_4=B_4$	$A_3=B_3$	$A_2=B_2$	$A_1=B_1$	0	0	1	0	0	1

八位数值比较器由两个 74LS85 四位数值比较器级联构成，如图 5-46 所示。

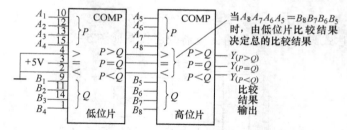

图 5-46　两个 74LS85 四位数值比较器级联构成八位数值比较器

5.2.5.3　数据比较器的应用

（1）四舍五入电路。74LS85 构成四舍五入电路如图 5-47 所示。

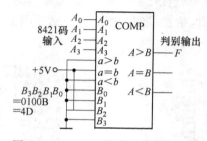

图 5-47　74LS85 构成四舍五入电路

$B_3B_2B_1B_0 = 0100B = 4D$，当 $A_3A_2A_1A_0 > B_3B_2B_1B_0$ 时，输出 $F=1$，否则 $F=0$，若把 F 当作进位，则该电路可实现四舍五入。

（2）中断优先判断电路。74LS85 构成中断优先判断电路如图 5-48 所示。

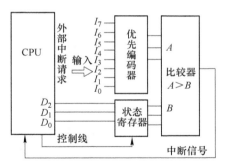

优先编码器	寄存器值(动态)
7(A=111)	B=111
6(A=110)	B=110
5(A=101)	B=101
4(A=100)	B=100
3(A=011)	B=011
2(A=010)	B=010
1(A=001)	B=001
0(A=000)	B=000

图 5-48　74LS85 构成中断优先判断电路

优先权编码器首先将外部中断请求信号排队，需要紧急处理的请求一般级别最高，优先权编码器把对应的输入位编成三位二进制作为比较器的输入，比较器的另一端的数据输入连到现行状态寄存器的输出端，接收的数据是计算机正在处理的中断请求信号系统。

如果比较器 $A>B$=1，表示当前的中断请求对象级别比现行处理的事件级别高，计算机必须暂停当前的事件处理转而响应新的中断请求。如果 $A>B$=0，则表示中断请求对象级别比现行处理的事件级别低，比较器不发出中断信号，直到计算机处理完当前的事件后再将现行状态寄存器中的状态清除，转向为别的低级中断服务。

5.2.6　加法器

5.2.6.1　半加及半加器

半加就是加数和被加数两者相加，实现半加操作的逻辑电路称为半加器。

第 i 位的被加数 A_i、加数 B_i，和为 S_i，进位为 C_i。半加器真值表见表 5-17。

表 5-17　半加器真值表

输　　入		输　　出	
A_i	B_i	S_i	C_i
0	0	0	0
0	1	1	0
1	0	1	0
1	1	0	1

由真值表可得：

$$S_i = \overline{A_i}B_i + A_i\overline{B_i}$$
$$C_i = A_iB_i$$

根据上表达式可画出如图 5-49（a）所示的逻辑图。一般半加器用图 5-49（b）逻辑符号来表示。实际上，半加及半加器没有实际意义。真正意义上的加法，除了加数和被加数两者相加外，还必须包

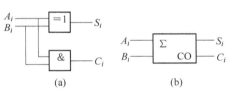

图 5-49　半加器的逻辑图和逻辑符号图
（a）逻辑图；（b）逻辑符号

括来自低一位的进位位三者相加，也就是全加。

5.2.6.2 全加器

实现加数、被加数和低位来的进位信号相加的逻辑电路称为全加器。第 i 位的被加数 A_i、加数 B_i 及来自低一位的进位信号 C_{i-1}，和为 S_i，进位为 C_i。全加器真值表见表 5-18。

表 5-18 全加器真值表

输	入		输	出
A_i	B	C_{i-1}	S_i	C_i
0	0	0	0	0
0	0	1	1	0
0	1	0	1	0
0	1	1	0	1
1	0	0	1	0
1	0	1	0	1
1	1	0	0	1
1	1	1	1	1

据表可得 S_i 和 C_i 的逻辑表达式：

$$S_i = \overline{A_i}\ \overline{B_i}C_{i-1} + \overline{A_i}B_i\ \overline{C_{i-1}} + A_i\ \overline{B_i}\ \overline{C_{i-1}} + A_iB_iC_{i-1}$$
$$= C_{i-1}(\overline{A_i}\ \overline{B_i} + A_iB_i) + \overline{C_{i-1}}(\overline{A_i}B_i + A_i\ \overline{B_i})$$
$$= A_i \oplus B_i \oplus C_{i-1}$$
$$C_i = \overline{A_i}B_iC_{i-1} + A_i\ \overline{B_i}C_{i-1} + A_iB_i\ \overline{C_{i-1}} + A_iB_iC_{i-1}$$
$$= C_{i-1}(\overline{A_i}B_i + A_i\ \overline{B_i}) + A_iB_i(C_{i-1} + \overline{C_{i-1}})$$
$$= C_{i-1}(A_i \oplus B_i) + A_iB_i$$

根据表达式可画出图 5-50(a) 逻辑图。一位二进制全加器用逻辑符号如图 5-50(b) 表示。

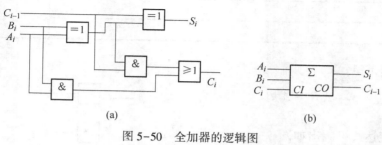

(a)   (b)

图 5-50 全加器的逻辑图

（a）逻辑图；（b）逻辑符号

四个两位二进制全加器级联就会构成四位二进制全加器，如图 5-51 所示。

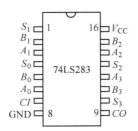

图 5-51　四位二进制全加器

5.2.6.3　集成四位全加器 74LS283

集成四位全加器 74LS283 的引脚图如图 5-52 所示，逻辑符号如图 5-53 所示。

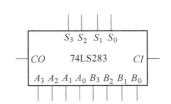

图 5-52　全加器 74LS283 的引脚图　　　图 5-53　全加器 74LS283 的逻辑符号图

5.2.7　组合逻辑电路中的竞争与冒险

5.2.7.1　竞争与冒险现象及产生的原因

（1）竞争与冒险。在分析和设计组合逻辑电路时，通常认为门电路是理想的，没有延迟时间，信号也是理想的，没有上升时间和下降时间，然而在实际上，门电路总有一定的延迟时间，信号也有一定的上升时间和下降时间，其经导线传输后也需要一定的时间。因此，组合逻辑电路工作时，其输出端就可能出现正的或负的尖峰干扰脉冲，从而影响了电路的正常工作，通常称这种现象为竞争与冒险。

【例 5-8】　图 5-54 逻辑门电路，给定 A 的波形，分析 Y 的结果。

解：按理想情况分析，$Y = A\bar{A} = 0$，但是，由于 G_1 门的延迟，导致得到的 $\bar{A}$ 波形延迟，从而使 $Y = A\bar{A}$ 本应等于 0，结果有时不等于 0，出现了正向尖峰干扰脉冲，波形图如图 5-55 所示。

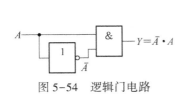

图 5-54　逻辑门电路

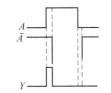

图 5-55　正向干扰脉冲波形图

【例 5-9】　图 5-56 逻辑门电路，给定 A 的波形，分析 Y 的结果。

解：按理想情况分析，$Y = A + \bar{A} = 1$，但是，由于 G_1 门的延迟，导致得到的 $\bar{A}$ 波形延迟,从而使 $Y=A+\bar{A}$ 本应等于1,结果有时不等于1,出现了正向尖峰干扰脉冲,波形图如图 5-57 所示。

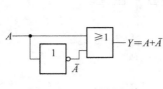

图 5-56 逻辑门电路

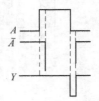

图 5-57 负向干扰脉冲波形图

(2)竞争。在组合逻辑电路中,同一个门的两个互补输入信号,由于它们在此前通过不同数目的门,经过不同长度导线的传输,到达门输入端的时间会有先有后,这种现象称为竞争。

(3)在组合逻辑电路中,因输入端的竞争而导致在输出端产生错误,即输出端产生不应有的尖峰干扰脉冲现象称为冒险。

5.2.7.2 判断竞争冒险

在一定的条件下输出逻辑函数可简化成 $Y=A\bar{A}$,或者 $Y=A+\bar{A}$ 的形式时,则此组合逻辑电路必然存在竞争冒险现象,门电路的延迟时间是组合逻辑电路产生竞争冒险的根源。

【例 5-10】 试判断图 5-58 所示组合逻辑电路是否会出现竞争冒险现象?

解:组合逻辑电路的输出逻辑函数 $Y=AC+B\bar{C}$,当 $A=1$, $B=1$ 时, $Y=C+\bar{C}$,会出现负向尖脉冲干扰,存在竞争冒险现象。

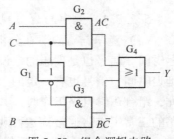

图 5-58 组合逻辑电路

5.2.7.3 消除冒险现象的方法

(1)加封锁脉冲。在输入信号产生竞争冒险的时间内,引入一个脉冲将可能产生尖峰干扰脉冲的门封锁住。封锁脉冲应在输入信号转换前到来,转换结束后消失。

(2)加选通脉冲。对输出可能产生尖峰干扰脉冲的门电路增加一个接选通信号的输入端,只有在输入信号转换完成并稳定后,才引入选通脉冲将它打开,此时才允许有输出。在转换过程中,由于没有加选通脉冲,因此,输出不会出现尖峰干扰脉冲。

(3)接入滤波电容。由于尖峰干扰脉冲的宽度一般都很窄,在可能产生尖峰干扰脉冲的门电路输出端与地之间接入一个容量为几十皮法的电容就可吸收掉尖峰干扰脉冲。

(4)修改逻辑设计。

任务 5.3 集成存储器

【任务分析】

了解存储器的分类及存储容量。学习 RAM、ROM 及 PLA 的作用。

【知识准备】

集成电路按集成度分为 SSI、MSI、LSI、VLSI。存储器是大多数数字系统和计算机中不可缺少的部分。存储器是用来存放数据、指令等信息的，它是计算机和数字系统的重要组成部分。集成存储器属于大规模集成电路（LSI）。用半导体集成电路工艺制成的存储数据信息的固态电子器件，简称半导体存储器。

存储器由许多存储元件构成，每一个存储元件可以存放一位二进制数，又称为存储元。若干个存储元组成一个存储单元，一个存储单元可以存放一个存储字或多个字节。为了方便存储器中信息的读出和写入，必须将大量的存储单元区分开，即将它们逐一进行编号。存储单元的编号称为存储单元地址，简称为地址。

存储器的存储容量和存储时间是反映其性能的两个重要指标。存储容量是指它所能容纳的二进制信息量。存储器的存储容量等于存储单元的地址数 N 与所存储的二进制信息的位数 M 之积。如果存储器地址的二进制数有 n 位，则存储器地址数是 $N = 2^n$。

按照内部信息的存取方式，存储器通常可以分为 RAM 和 ROM。

5.3.1 随机存储器 RAM

随机存取存储器（Random Access Memory，RAM）用于存放二进制信息（数据和运算的中间结果等）。它可以在任意时刻，对任意选中的存储单元进行信息的存入（写）或取出（读）的信息操作，因此称为随机存取存储器。随机存储器主要用于组成计算机主存储器等要求快速存储的系统。

随机存取存储器一般由存储矩阵、地址译码器、片选控制和读/写控制电路等组成。按工作方式不同，随机存储器又可分为静态（SRAM）和动态（DRAM）两类。

SRAM(Static RAM)的特点是工作速度快，只要电源不撤除，写入 SRAM 的信息就不会消失，不需要刷新电路，同时在读出时不破坏原来存放的信息，一经写入可多次读出，但集成度较低，功耗较大。SRAM 一般用来作为计算机中的高速缓冲存储器（Cache）。

DRAM(Dynamic Random Access Memory)是动态随机存储器，需要不断地刷新来保存数据，而且行列地址复用。因此，采用 DRAM 的计算机必须配置动态刷新电路，防止信息丢失。DRAM 一般用作计算机中的主存储器。

DRAM 的成本、集成度、功耗等明显优于 SRAM。

5.3.2 只读存储器 ROM

ROM 用来存储长期固定的数据或信息，如各种函数表、字符和固定程序等。其单元只有一个二极管或三极管。一般规定，当器件接通时为"1"，断开时为"0"，反之亦可。若在设计只读存储器掩模版时，就将数据编写在掩模版图形中，光刻时便转移到硅芯片上。这样制备成的称为掩模只读存储器。这种存储器装成整机后，用户只能读取已存入的数据，而不能再编写数据。其优点是适合于大量生产。但是，整机在调试阶段，往往需要修改只读存储器的内容，比较费时、费事，很不灵活。

ROM 主要由地址译码器、存储矩阵及输出缓冲器组成，如图 5-59 所示。存储矩阵是存放信息的主体，它由许多存储元排列而成，每个存储元存放一位二进制数。$A_0 \sim A_{n-1}$ 是地址译码器的输入端，地址译码器共有 $W_0 \sim W_{2n-1}$ 个输出端。输出缓冲器是 ROM 的数据读出电路，通常用三态门构成，它可以实现对输出端的控制，而且还可以提高存储器的带负载能力。

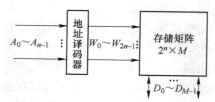

图 5-59 只读存储器 ROM 的结构

ROM 中存放的数据不能改写，只能在生产器件时将需要的数据存放在器件中。由于不同场合需要的数据各不相同，就给这种器件的大规模生产带来了一定困难。

5.3.3 可编程只读存储器 PROM

可编程只读存储器 PROM 是一种通用器件，在封装出厂前，存储单元中的内容全为"1"（或全为"0"）。用户可以根据自己的需要，借助一定的编程工具，通过编程的方法将某些单元的内容改为"0"（或"1"）。但只能写一次，一经写入就不能更改，也就是说经过编程后的芯片只能读出，不能写入。

5.3.4 紫外线可擦除 EPROM

EPROM 的另外一种广泛使用的存储器。EPROM 可以根据用户要求写入信息，从而长期使用。当不需要原有信息时，也可以擦除后重写。若要擦去所写入的内容，可用 EPROM 擦除器产生的强紫外线，对 EPROM 照射 20min 左右，使全部存储单元恢复"1"，以便用户重新编写。

常用的 EPROM 有 2716、2732、…、27512，即标号为 27××××的芯片都是 EPROM。

5.3.5 可编程逻辑阵列 PLA

可编程逻辑器件（PLD）是 20 世纪 80 年代发展起来的新型器件，是一种由用户根据自己的需要来编程完成逻辑功能的器件。

可编程逻辑阵列 PLA 是可编程逻辑器件的一种，主要由译码器和存储阵列构成，是一个与或阵列。PLA 的与阵列和或阵列都是可编程的，PLA 能用较少的存储单元存储较多的信息。

用 PLA 除了可以存储信息外，还可以实现组合逻辑电路的设计。

【任务实施】编码、译码、显示电路的设计与制作

（1）项目目的。

1）掌握编码器、译码器、显示器的连接方法和工作原理。

2）掌握 74LS147 集成编码器、74LS138 集成译码器、74LS47BCD 七段译码驱动器、LC5011 数码显示器的使用、引脚定义及测量方法。

（2）项目器材。数字电子实验箱 1 台、万用表 1 个、74LS147 集成 BCD 编码器 1 个、74LS138 集成译码器 1 个（3 线-8 线译码器）、74LS47BCD 七段译码驱动器 1 个（驱动共阳极数码管）、数码显示器 1 个（共阳极数码管）、发光二极管 8 个、与非门 74LS20 2 个、按钮开关 10 个、六非门 74LS04 1 个、导线若干。

（3）项目步骤。

1）元器件介绍。

① 74LS147 10 线-4 线 BCD 优先编码器测试。74LS147 的 $\overline{I_0} \sim \overline{I_9}$ 为数据输入端（低电平有效），$\overline{Y_3 Y_2 Y_1 Y_0}$ 为数据输出端（低电平有效）。74LS147 编码器的引脚排列图如图 5-60 所示。

② 74LS47 为七段共阳极译码器/驱动器，74LS47 用来驱动共阳极的数码管，其引脚排列如图 5-61 所示，功能表见表 5-19。74LS47 的输出为低电平有效，即输出为 0 时，对应字段点亮；输出为 1 时对应字段熄灭。该译码显示器能够驱动七段显示器显示 0~9 及 A~F 共 16 个数字的字形。输入端 A_3、A_2、A_1、A_0 接受 4 位二进制码，输出端 13、12、11、10、9、15 和 14 分别驱动七段显示器的 $abcdefg$ 段。

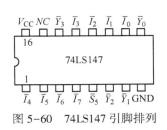

图 5-60　74LS147 引脚排列

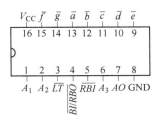

图 5-61　74LS47 引脚排列

表 5-19　74LS47 功能表

数字	输入						BI/RBO	输出						
	LT	RBI	D	C	B	A		a	b	c	d	e	f	g
0	H	H	L	L	L	L	H	L	L	L	L	L	L	H
1	H	X	L	L	L	H	H	H	L	L	H	H	H	H
2	H	X	L	L	H	L	H	L	L	H	L	L	H	L
3	H	X	L	L	H	H	H	L	L	L	L	H	H	L
4	H	X	L	H	L	L	H	H	L	L	H	H	L	L
5	H	X	L	H	L	H	H	L	H	L	L	H	L	L
6	H	X	L	H	H	L	H	H	H	L	L	L	L	L
7	H	X	L	H	H	H	H	L	L	L	H	H	H	H
8	H	X	H	L	L	L	H	L	L	L	L	L	L	L
9	H	X	H	L	L	H	H	L	L	L	H	H	L	L
10	H	X	H	L	H	L	H	H	H	H	L	L	H	L
11	H	X	H	L	H	H	H	H	H	L	L	H	H	L
12	H	X	H	H	L	L	H	L	H	H	L	L	H	L

续表 5-19

数字	输入						BI/RBO	输出						
	LT	RBI	D	C	B	A		a	b	c	d	e	f	g
13	H	X	H	H	L	H	H	L	H	H	L	H	L	L
14	H	X	H	H	H	L	H	H	H	H	L	L	L	L
15	H	X	H	H	H	H	H	L	L	L	L	L	L	L
全亮	X	X	X	X	X	X	L	H	H	H	H	H	H	H
全亮	H	L	L	L	L	L	H	H	H	H	H	H	H	H
全灭	L	X	X	X	X	X	H	L	L	L	L	L	L	L

③ LT 为灯测试信号输入端，可测试出所有的输出信号；RBI 为消隐输入端，用来控制发光显示器的亮度或禁止译码器输出；BI/RBO 为消隐输入或串行消隐输出端，具有自动熄灭所显示的多位数字前后不必要零位的功能，在进行灯测试时，BI/RBO 信号为高电平。

④ 六非门 74LS04，其引脚排列图见图 5-62 所示。

⑤ 共阳极数码管引脚排列及原理图如图 5-63 所示。

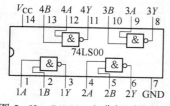

图 5-62　74LS04 六非门引脚排列

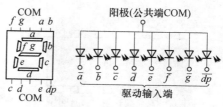

图 5-63　共阳极数码管引脚排列

2）将74LS147的输入端分别与10个按钮开关相接，按钮开关的另一端与地相接，74LS147的输出端分别接4个发光二极管的阴极，3个发光二极管的阳极统一接到+5V电源上。然后分别按下输入端的10个按钮开关，给输入端输入信号，观察输出端发光二极管的电量情况，是否与输入信号编码相一致。然后根据所观测到的情况，自行画出连接电路图，并编写74LS147的功能表。

3）将74LS147、74LS04、74LS47和数码管按照图5-64所示的电路进行连接，组成译码、编码、显示电路。

4）利用开关控制74LS147输入端的状态，观察4个发光二极管的发光状态，再观察七段数码显示管所显示的数字是否与输入信号一致，从而验证74LS147、74LS47的逻辑功能。

（4）项目报告。

1）绘制各个环节的电路图，简要说明各个环节的作用。

2）根据所测试的各个环节的现象说明其逻辑功能。

3）分析实训中出现的问题及说明解决问题的方法。

（5）思考题。

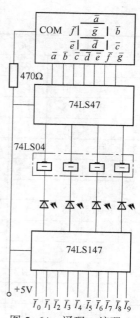

图 5-64　译码、编码、显示电路原理图

1）如何测试一个数码管的好坏？

2）将译码器、编码器和七段显示器连接起来，接通电源后数码管显示 0，试通过设计去掉 0 显示，使在没有数据输入时，数码管无显示，请画出电路图。

3）74LS47 的管脚 LT、BI/RBO、RBI 功能是什么？

小 结

（1）组合逻辑电路的输出只与该时刻的输入有关，而与上一时刻的输出无关，电路没有记忆功能。

（2）组合电路的分析是根据给出逻辑电路图，写出表达式，再填入真值表，最后总结分析出该电路的逻辑功能。

（3）组合逻辑电路的设计是根据给出逻辑功能，设置变量及函数，填入真值表，写出表达式，通过公式法化简成最简逻辑表达式；或者直接根据设置，填写卡诺图，通过卡诺图法化简得到最简逻辑表达式；最后根据逻辑表达式画出逻辑电路图。

（4）按照组合逻辑电路设计方法设计的编码器、译码器、数据选择器、数据比较器、加法器等都有现成的集成电路。集成电路的真值表是描述该集成电路功能和使用方法的根本文件，尤其是对集成电路的使能端的运用有很大的技巧性，可以利用使能端来扩展电路的逻辑功能。

（5）集成存储器是大规模集成电路。对用户而言，ROM 是只能读不能写的存储器，PROM 是只能写一次再也不能改写的只读存储器，EPROM 是可以用专用设备进行反复擦写、但安装在电路上时只能读的存储器，PLA 是可以反复编程，充分利用存储器空间扩大存储容量，并可以方便地改变电路的逻辑功能的存储器。用 PLA 可以实现组合逻辑电路的设计，有些品种可以实现在线编程。

自 测 题

扫描二维码获得本项目自测题。

项目6　抢答器的设计与制作

【项目目标】

通过学习触发器构成的抢答器，深刻理解触发器能实现二进制数的存储功能，这是组合逻辑电路器件所不具有的。同时，了解触发器的触发方式，掌握触发器的概念及作用。

【知识目标】

（1）掌握触发器的概念及作用。
（2）了解触发器的触发方式及触发器的分类。熟悉触发器的表达方式。
（3）能根据需要将触发器进行相互转换。
（4）掌握常用的集成触发器的功能及应用。

【技能目标】

（1）能用多种方式表示触发器的功能。
（2）能进行触发器间的相互转换。

任务 6.1　触发器

【任务描述】

掌握触发器的概念及作用，了解触发器的触发方式及触发器的分类。理解触发器的 0 态、1 态，现态、次态，通过分析进一步掌握触发器的特点。掌握基本 RS 触发器的功能及表达方法。在此基础上掌握 D、JK、T、T' 的功能及表达方法。

【知识准备】

6.1.1　触发器概述

（1）触发器的概念。在各种复杂的数字电路中，不但需要对二进制（0，1）信号进行算术运算和逻辑运算（门电路），还经常需要将这些信号和运算结果保存起来。为此，需要使用具有记忆功能的基本逻辑单元。能够存储 1 位二进制信号的基本单元电路统称触发器。基本触发器的逻辑符号如图 6–1 所示。

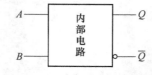

图 6–1　基本触发器逻辑符号

（2）触发器的"0 态"、"1 态"。信号输出端，$Q=0$、$\overline{Q}=1$ 的状态称"0 态"，$Q=1$、$\overline{Q}=0$ 的状态称"1 态"。

（3）触发器的"现态"和"次态"。

现态：触发器接收输入信号之前的状态称为现态，用 Q^n 表示。

次态：触发器接收输入信号之后的状态称为次态，用 Q^{n+1} 表示。

（4）触发器分类。按电路结构分为基本、同步、主从、边沿触发器；按逻辑功能分为 RS、JK、D 和 T 触发器和 T' 触发器；按触发方式分为电平、脉冲和边沿触发器等。

（5）触发器的认知顺序。认识触发器的顺序如图 6-2 所示。

图 6-2 认知触发器的顺序

（6）触发器的应用。触发器是数字电路中的一种基本单元，它与门电路配合，能构成各种各样的时序逻辑部件，如计数器、寄存器、序列信号发生器等。

（7）触发器的特点：1）两个互补的输出端 Q 和 $\overline{Q}$；2）"0"和"1"两个稳态；3）触发器翻转的特性；4）记忆能力。

6.1.2 基本 RS 触发器

基本 RS 触发器是构成其他各种触发器最基本的单元。

6.1.2.1 逻辑图与逻辑符号

基本 RS 触发器的逻辑图与逻辑符号如图 6-3(a)、（b）所示。R 为 Reset 复位端；S 为 Set 置位端。

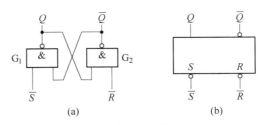

图 6-3 逻辑图与逻辑符号

（a）基本 RS 触发器逻辑图；（b）基本 RS 触发器的逻辑符号

6.1.2.2 逻辑功能分析

（1）$\overline{R}=1$，$\overline{S}=0$ 时。不论原来 Q 为 0 还是 1，都有 $Q=1$；再由 $S=1$、$Q=1$ 可得 $\overline{Q}=0$。即不论触发器原来处于什么状态都将变成 1 态，这种情况称将触发器置 1 或置位。$\overline{S}$ 端称为触发器的置 1 端或置位端。

（2）$\overline{R}=0$，$\overline{S}=1$ 时。不论原来 Q 为 0 还是 1，都有 $Q=0$；再由 $\overline{S}=1$、$\overline{Q}=1$ 可得 $Q=0$。即不论触发器原来处于什么状态都将变成 0'态，这种情况称将触发器置 0 或复位。$\overline{R}$ 端称为触发器的置 0 端或复位端。

（3）$\bar{R}=1$，$\bar{S}=1$ 时。根据与非门的逻辑功能不难推知，触发器保持原有状态不变，即原来的状态被触发器存储起来，这体现了触发器具有记忆能力。

（4）$\bar{R}=0$，$\bar{S}=0$ 时。$Q=\bar{Q}=1$，违反了 Q 与 $\bar{Q}$ 应相反的逻辑关系。并且由于与非门延迟时间不可能完全相等，在两输入端的 0 同时撤除后，将不能确定触发器是处于 1 态还是 0 态。所以触发器不允许出现这种情况，这就是基本 RS 触发器的约束条件。

6.1.2.3 几种表达方法

（1）"特性表"表示。将上述分析结果填入特性表中（表6-1）。

表 6-1 基本 RS 触发器的特性表

$\bar{R}$	$\bar{S}$	Q^n	Q^{n+1}	说明	$\bar{R}$	$\bar{S}$	Q^n	Q^{n+1}	说明
0	0	0 1	不定态	不允许	1	0	0 1	1 1	置1
0	1	0 1	0 0	置0	1	1	0 1	0 1	保持

功能总结：0、1 置零，1、0 置1；全零非法，全1保持。

（2）"卡诺图"表示。将表6-1基本 RS 触发器特性表填入图6-4所示的卡诺图中。

（3）"特性方程"表示。将图6-4的卡诺图进行化简后，得到如下的基本 RS 触发器的特性方程。

$$\begin{cases} Q^{n+1} = S + \bar{R} \cdot Q^n \\ \bar{R} + \bar{S} = 1 \text{ 或 } RS = 0(\text{约束条件}) \end{cases}$$

（4）"状态图"表示。将特性表6-1填入图6-5所示的状态图中。

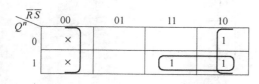

图 6-4 基本 RS 触发器的卡诺图

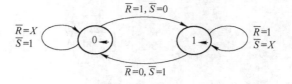

图 6-5 基本 RS 触发器的状态图

（5）"时序图"表示。根据特性表6-1，可以画出图6-6所示的时序图（触发器的初始态为 0 态）。

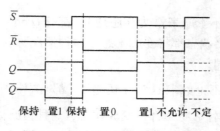

图 6-6 基本 RS 触发器的时序图

6.1.3　同步触发器

基本 RS 触发器的状态直接由输入信号控制。但在实际工作中，要求触发器的状态按统一节拍变化，即 R、S 信号只在特定时间内起作用。这需要在基本 RS 触发器的基础上，再加两个引导门及一个时钟脉冲控制端，从而出现了各种时钟控制的触发器，也称同步触发器。同步触发器有：同步 RS、同步 JK、同步 D、同步 T、同步 T′触发器。

6.1.3.1　同步 RS 触发器

A　逻辑图与逻辑符号

同步 RS 触发器的逻辑图与逻辑符号如图 6-7(a)、(b) 所示。

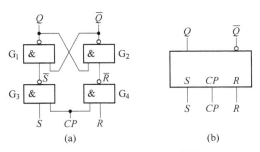

图 6-7　逻辑图与逻辑符号

(a) 同步 RS 触发器逻辑图；(b) 同步 RS 触发器的逻辑符号

B　逻辑功能分析

(1) CP 是一个标准矩形脉冲信号，称为"时钟脉冲"（Clock Pulse）。$CP=1$ 期间记为"使能"；$CP=0$ 期间记为"不使能"。

(2) 当 $CP=1$ 时，G_3、G_4 与非门均相当于非门，图 6-7(a) 同步 RS 触发器相当于图 6-3(a) 基本 RS 触发器。R、S 高电平有效。

(3) 当 $CP=0$ 时，G_3、G_4 与非门的输出端输出 1，相当于基本 RS 触发器处于保持状态。

C　几种表达方法

(1) "特性表" 表示。当 $CP=1$ 时，将上述分析结果填入特性表中（表 6-2）。

表 6-2　同步 RS 触发器的特性表

R	S	Q^n	Q^{n+1}	说明	R	S	Q^n	Q^{n+1}	说明
0	0	0 1	0 1	保持	1	0	0 1	0 0	置0
0	1	0 1	1 1	置1	1	1	0 1	不定态	不允许

功能总结：$CP=1$ 时，0、1 置 1，1、0 置 0；全 1 非法，全 0 保持。

(2) "卡诺图" 表示。将表 6-2 同步 RS 触发器特性表填入图 6-8 所示的卡诺图中。

(3) "特性方程" 表示。将图 6-8 的卡诺图进行化简后，得到如下的同步 RS 触发器的特性方程。

$$\begin{cases} Q^{n+1} = S + \overline{R} \cdot Q^n \\ RS = 0(约束条件) \end{cases}$$

（4）"状态图"表示。将特性表 6-2 填入图 6-9 所示的状态中。

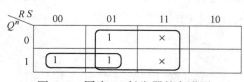

图 6-8　同步 RS 触发器的卡诺图

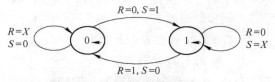

图 6-9　同步 RS 触发器的状态图

（5）"时序图"表示：根据特性表 6-2，可以画出图 6-10 所示的时序图（触发器的初始态为 0 态）。

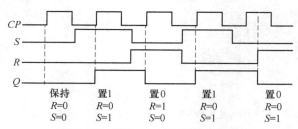

图 6-10　同步 RS 触发器的时序图

6.1.3.2　同步 JK 触发器

由于同步 RS 触发器的输入信号之间存在约束问题，我们为了得到输入信号不受约束的触发器。令 $S=J\overline{Q^n}$，$R=K\overline{Q^n}$；这样不论 J、K 输入什么，都会使 $RS=0$，就不用对输入信号 J、K 有任何的约束，从而得到同步 JK 触发器。

A　逻辑图与逻辑符号

同步 JK 触发器的逻辑图与逻辑符号如图 6-11(a)、(b) 所示。

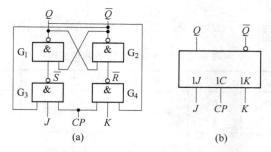

(a)　　　　　　　　　(b)

图 6-11　逻辑图与逻辑符号

（a）同步 JK 触发器的逻辑符号；（b）同步 JK 触发器逻辑图

B　逻辑功能分析

（1）在同步 RS 触发器逻辑图 6-7(a) 中，将 $S=J\overline{Q^n}$，$R=K\overline{Q^n}$。

（2）当 $CP=1$ 时，将 S、R 代入同步 RS 触发器的特性方程中，就会得到同步 JK 触发器的特性方程：$Q^{n+1}=J\overline{Q^n}+\overline{K}Q^n$。

（3）当 $CP=0$ 时，触发器处于保持状态 $Q^{n+1}=Q^n$。

C　几种表达方法

（1）"特性方程"表示。$Q^{n+1}=J\overline{Q^n}+\overline{K}Q^n(CP=1)$，$Q^{n+1}=Q^n(CP=0)$。

（2）"特性表"表示。根据特性方程，当 $CP=1$ 时，JK 取不同的组合，代入 JK 触发器的特性方程中，就会得到如表 6-3 所示的特性表。

表 6-3　同步 JK 触发器的特性表

J	K	Q^{n+1}	说明	J	K	Q^{n+1}	说明
0	0	Q^n	保持	1	0	1 1	置 1
0	1	0 0	置 0	1	1	$\overline{Q^n}$	翻转

功能总结：$CP=1$ 时，0、1 置 0，1、0 置 1；全 1 翻转，全 0 保持。$CP=0$ 时，状态保持。

（3）"卡诺图"表示。将表 6-3 同步 JK 触发器特性表填入图 6-12 所示的卡诺图中。注意：这个卡诺图，经过化简也会得到上面的 JK 特性方程。

（4）"状态图"表示。将特性表 6-3 填入图 6-13 所示的状态图中。

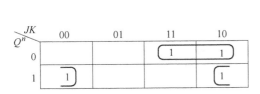

图 6-12　同步 JK 触发器的卡诺图

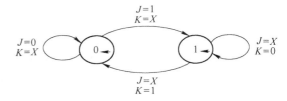

图 6-13　同步 JK 触发器的状态图

（5）"时序图"表示。根据特性表 6-3，可以画出图 6-14 所示的时序图（触发器的初始态为 0 态）。

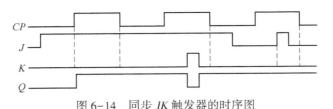

图 6-14　同步 JK 触发器的时序图

6.1.3.3　同步 D 触发器

为了避免同步 RS 触发器的输入信号同时为 1，可以让 $S=D$，$R=\overline{D}$，信号只从 S 端输入，并将 S 端改称为数据输入端 D，如图 6-15 所示。这种单输入的触发器称为同步 D 触发器，也称 D 锁存器。

A 逻辑图及逻辑符号图

同步 D 触发器的逻辑图和逻辑符号如图6-15(a)、(b) 所示。

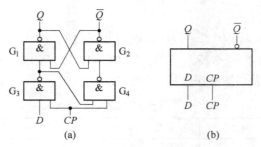

图6-15 逻辑图与逻辑符号

(a) 同步 D 触发器的逻辑图；(b) 同步 D 触发器的逻辑符号

B 功能分析

(1) 由于 $S=D$，$R=\overline{D}$，无论 D 取何值，都会使 $RS=0$，输入 D 将不会受到任何约束。

(2) 将 S、R 代入 RS 触发器的特性方程中，就会得到 D 触发器的特性方程：$Q^{n+1}=D(CP=1)$。

(3) 当 $CP=0$ 时，触发器的状态保持 $Q^{n+1}=Q^{n}$。

C 几种表达方法

(1) "特性方程" 表示。$Q^{n+1}=D(CP=1)$，$Q^{n+1}=Q^{n}(CP=0)$。

(2) "特性表" 表示。根据特性方程，当 $CP=1$ 时，D 取0、1时，代入 D 触发器的特性方程中，就会得到如表6-4所示的特性表。

表6-4 同步 D 触发器的特性表

D	Q^{n+1}	说 明
0	0	置0
1	1	置1

功能总结：$CP=1$ 时，置0，置1。$CP=0$ 时，状态保持。只要向同步触发器送入一个 $CP=1$，即可将输入数据 D 存入触发器。$CP=0$ 触发器将存储该数据，直到下一个 CP 到来时为止，故可锁存数据。

(3) "卡诺图" 表示。将表6-4同步 D 触发器特性表填入图6-16所示的卡诺图中。注意：这个卡诺图，经过化简也会得到上面的 D 触发器的特性方程。

(4) "状态图" 表示。将特性表6-4填入图6-17所示的状态图中。

(5) "时序图" 表示。根据特性表6-4，可以画出图6-18所示的时序图 (触发器的初始状态为0态)。

6.1.3.4 同步 T 和 T' 触发器

如果把 JK 触发器的两个输入端 J 和 K 相连，并把相连后的输入端用 T 表示，就构成了 T 触发器。如图6-19所示。

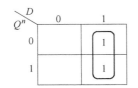

图6-16 同步 D 触发器的卡诺图

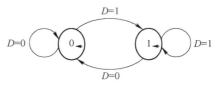

图6-17 同步 D 触发器的状态图

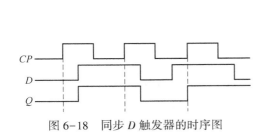

图6-18 同步 D 触发器的时序图

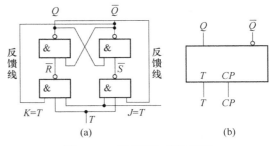

图6-19 逻辑图与逻辑符号

（a）同步 T 触发器的逻辑图；（b）同步 T 触发器的逻辑符号

由于 T 触发器是 JK 触发器中输入信号相等时的两个特例，所以 $CP=1$ 时，它的特性表见表6-5。

表 6-5 T 触发器的特性表

T	Q^{n+1}	说明
0	Q^n	保持
1	$\overline{Q^n}$	翻转

把 $J=K=T$ 代入 JK 触发器的特性方程 $Q^{n+1}=J\overline{Q^n}+\overline{K}Q^n$，可得到 T 触发器的特性方程 $Q^{n+1}=T\overline{Q^n}+\overline{T}Q^n(CP=1)$。

如果在 T 触发器中令 $T=1$，就会得到同步 T' 触发器，这种只具有翻转功能的触发器称为 T' 触发器。其特性方程为 $Q^{n+1}=\overline{Q^n}(CP=1)$。

此式表明：每输入一个时钟脉冲，触发器的状态就翻转一次，时序图如图6-20所示。由图6-20可以看出，T' 触发器输出 Q 的周期是触发脉冲 CP 周期的2倍，即输出 Q 的频率是 CP 频率的 $1/2$，我们称之为2分频作用。

6.1.3.5 同步触发器的空翻现象

（1）同步触发器是由时钟脉冲控制的，属于电平触发方式。在时钟脉冲有效电平期间，触发器的状态随着输入信号的变化而改变。可以实现多个触发器同步工作。

（2）由于接收信号是在 CP 脉冲有效期间，时间太长，存在"空翻"现象，同步触发器在一个 CP 脉冲作用后，出现两次或两次以上翻转的现象称为空翻。如图6-21所示。

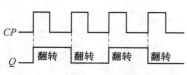

图 6-20 同步 T' 触发器时序图

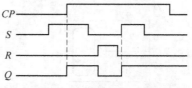

图 6-21 同步触发器的空翻现象

6.1.4 主从触发器

6.1.4.1 逻辑电路与逻辑符号

主从触发器的逻辑电路与逻辑符号如图 6-22 所示。

6.1.4.2 功能分析

（1）接收信号。$CP=1$，主触发器接收输入信号 $Q_M^{n+1}=J\overline{Q^n}+\overline{K}Q^n$。

（2）输出信号。$CP=0$，主触发器保持不变；从触发器由 CP 下降沿到来之前的 Q_M^n 确定。

6.1.4.3 几种表达方法

时序图如图 6-23 所示。功能总结：

（1）主从控制，时钟脉冲触发。

（2）$CP=1$ 主触发器接收输入信号。

（3）CP 下降沿从触发器按照主触发器的内容更新状态。从触发器输出端的变化只能发生在 CP 的下降沿。

（4）在 $CP=1$ 期间，主触发器接收信号时间太长，存在一次翻转问题，从而影响了抗干扰能力。主从 JK 触发器的一次翻转现象是在 $CP=1$ 期间，不论输入信号 J、K 变化多少次，主触发器能且仅能翻转一次。

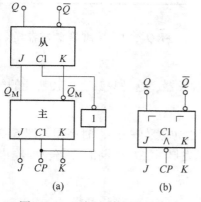

图 6-22 逻辑电路与逻辑符号
（a）逻辑电路；（b）逻辑符号

图 6-23 主从 JK 触发器的时序图

6.1.5 边沿触发器

边沿型触发器是利用电路内部的传输延迟时间实现边沿触发克服空翻现象的。它采用边沿触发。触发器的输出状态是根据脉冲触发沿到来时刻的瞬间输入信号的状态来决定的，而在其他时间里输入信号的变化对触发器的状态均无影响。因而这种触发器的抗干扰能力较强。边沿触发器分为 CP 上升沿触发和 CP 下降沿触发。

举例：如图 6-24（a）属于 CP 上升沿触发、图 6-24（b）属于 CP 下降沿触发。

6.1.5.1 边沿 JK 触发器

A 逻辑符号

边沿 JK 触发器的逻辑符号如图 6-25 所示。

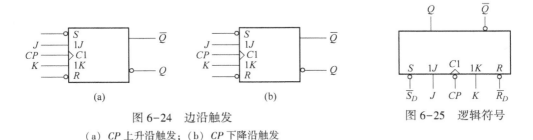

图 6-24 边沿触发
（a）CP 上升沿触发；（b）CP 下降沿触发

图 6-25 逻辑符号

B 功能分析

（1）$\overline{S_D}$、$\overline{R_D}$ 为异步置位端和异步复位端，低电平有效。当 $\overline{S_D}=0$、$\overline{R_D}=1$ 时，触发器直接置 1；当 $\overline{S_D}=1$、$\overline{R_D}=0$ 时，触发器直接置 0。

（2）当 $\overline{S_D}=1$、$\overline{R_D}=1$ 时，在 CP 下降沿 $Q^{n+1}=J\overline{Q^n}+\overline{K}Q^n$；其他时刻，触发器的状态保持，$Q^{n+1}=Q^n$。

C 几种表达方法

（1）特性方程：

$$Q^{n+1} = J\overline{Q^n} + \overline{K}Q^n（CP \text{ 下降沿}）$$

（2）特性表见表 6-6。

表 6-6 JK 触发器特性表

$\overline{S_D}$	$\overline{R_D}$	CP	J	K	Q^{n+1}	说明
0	1	×	×	×	1	直接置 1
1	0	×	×	×	0	直接置 0
1	1	↓	0	0	0 1	保持
1	1	↓	0	1	0 0	置 0
1	1	↓	1	0	1 1	置 1

续表6-6

$\overline{S_D}$	$\overline{R_D}$	CP	J	K	Q^{n+1}	说明
1	1	↓	1	1	1 0	翻转

（3）时序图。

1）当$\overline{S_D}=1$、$\overline{R_D}=1$时，根据JK触发器的功能，根据给定的CP、JK波形，画出Q、$\overline{Q}$的波形，如图6-26所示（触发器的初始状态为0）。

2）当$\overline{S_D}\neq1$、$\overline{R_D}\neq1$时，根据JK触发器的功能，根据给定的CP、JK波形，画出Q、$\overline{Q}$的波形，如图6-27所示（触发器的初始状态为0）。

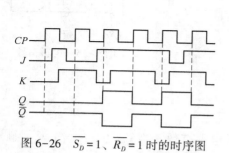

图6-26　$\overline{S_D}=1$、$\overline{R_D}=1$时的时序图

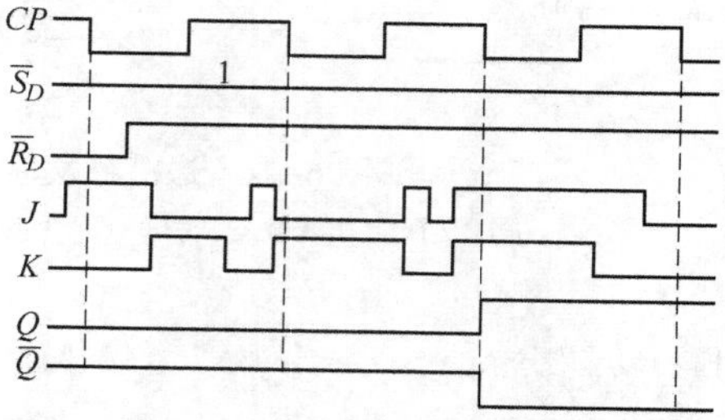

图6-27　$\overline{S_D}\neq1$、$\overline{R_D}\neq1$时的时序图

6.1.5.2　边沿D触发器

A　逻辑符号

边沿D触发器的逻辑符号如图6-28所示。

B　功能分析

（1）$\overline{S_D}$、$\overline{R_D}$为异步置位端和异步复位端，低电平有效。当$\overline{S_D}=0$、$\overline{R_D}=1$时，触发器直接置1；当$\overline{S_D}=1$、$\overline{R_D}=0$时，触发器直接置0。

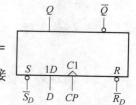

图6-28　逻辑符号

（2）当$\overline{S_D}=1$、$\overline{R_D}=1$时，在CP下降沿$Q^{n+1}=D$；其他时刻，触发器的状态保持，$Q^{n+1}=Q^n$。

C　几种表达方法

（1）特性方程：

$$Q^{n+1}=D（CP 上升沿）$$

（2）特性表见表6-7。

表6-7　D触发器特性表

$\overline{S_D}$	$\overline{R_D}$	CP	J	K	Q^{n+1}	说明
0	1	×	×	×	1	直接置1
1	0	×	×	×	0	直接置0

$\overline{S_D}$	$\overline{R_D}$	CP	J	K	Q^{n+1}	说明
1	1	↑	0	0	0	置0
1	1	↑	1	1	1	置1

（3）时序图如图 6-29 所示（触发器的初始状态为0）。

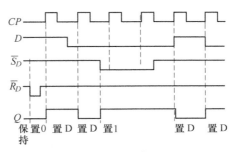

图 6-29 时序图

任务 6.2 集成触发器

【任务描述】

掌握 $\overline{S_D}$、$\overline{R_D}$ 的功能及作用。能看懂集成触发器的特性功能表及应用。

【知识准备】

JK 触发器的功能最强，包含了 RS、D、T 触发器所有的功能；目前生产的触发器只有 D 触发器和 JK 触发器。

6.2.1 集成 JK 触发器

74LS112、74LS76 触发器内均有两个 JK 触发器，电源和地是共用的，其他则分开单独使用，下降沿触发。74LS112 引脚图及逻辑符号图如图 6-30 所示。74LS76 引脚图及逻辑符号图如图 6-31 所示。其特性表见表 6-6。

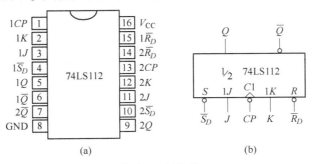

图 6-30 集成 JK 触发器 74LS112

（a）外引脚图；（b）逻辑符号

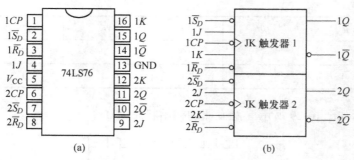

图 6-31　集成 JK 触发器 74LS76

（a）外引脚图；（b）逻辑符号

6.2.2　集成 D 触发器

74LS74 触发器内有两个 D 触发器，电源和地是共用的，其他则分开单独使用，上升沿触发。其引脚图与逻辑符号图如图 6-32 所示。其特性表见表 6-7。

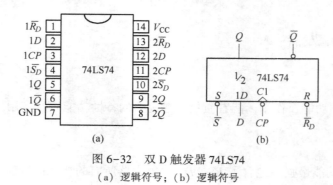

图 6-32　双 D 触发器 74LS74

（a）逻辑符号；（b）逻辑符号

任务 6.3　不同类型触发器之间的转换

【任务描述】

　　掌握触发器的特性方程。通过特性方程比较得到触发器之间转换的逻辑图。熟悉如何通过触发器的输入信号，得到触发器的方程式。

【知识准备】

　　由于目前生产的触发器只有 D 触发器和 JK 触发器。如果需要其他功能的触发器，可用 JK 和 D 触发器实现其他功能触发器。

6.3.1　JK 触发器转换为 D、T、T' 触发器

6.3.1.1　JK 触发器转换为 D 触发器

已有触发器的特性方程：
$$Q^{n+1} = J\overline{Q^n} + \overline{K}Q^n$$

待求触发器的特性方程：
$$Q^{n+1} = D$$

可将 D 触发器的特性方程写成与 JK 触发器的特性方程相似的形式，即

$$Q^{n+1} = D = D(Q^n + \overline{Q^n}) = D\,\overline{Q^n} + DQ^n$$

比较已有的触发器与待求的触发器的特性方程就会得出：$J=D$，$K=\overline{D}$，画出逻辑转换图如图 6-33 所示。

6.3.1.2　JK 触发器转换为 T 触发器

已有触发器的特性方程：$\qquad Q^{n+1} = J\,\overline{Q^n} + \overline{K}Q^n$

待求触发器的特性方程：$\qquad Q^{n+1} = T\,\overline{Q^n} + \overline{T}Q^n$

比较已有的触发器与待求的触发器的特性方程就会得出：$J=K=T$，画出逻辑转换图如图 6-34 所示。

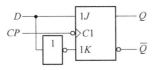

图 6-33　JK 转换为 D 的逻辑转换图

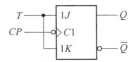

图 6-34　JK 转换为 T 的逻辑转换图

6.3.1.3　JK 转换为 T'

已有触发器的特性方程：$\qquad Q^{n+1} = J\,\overline{Q^n} + \overline{K}Q^n$

待求触发器的特性方程：$\qquad Q^{n+1} = \overline{Q^n}$

比较 JK 触发器与这个式子就会得出：$J=K=1$，画出逻辑转换图如图 6-35 所示。

6.3.2　D 触发器转换为 JK、T、T' 触发器

6.3.2.1　D 触发器转换为 JK 触发器

已有触发器的特性方程：$\qquad Q^{n+1} = D$

待求触发器的特性方程：$\qquad Q^{n+1} = J\,\overline{Q^n} + \overline{K}Q^n$

比较 D 触发器与待求的触发器特性方程就会得出：$D = J\,\overline{Q^n} + \overline{K}Q^n$，画出逻辑转换图如图 6-36 所示。

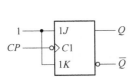

图 6-35　JK 转换为 T' 的逻辑转换图

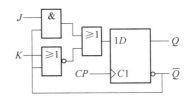

图 6-36　D 转换为 JK 的逻辑转换图

6.3.2.2　D 触发器转换为 T 触发器

已有触发器的特性方程：$\qquad Q^{n+1} = D$

待求触发器的特性方程：$\qquad Q^{n+1} = T\,\overline{Q^n} + \overline{T}Q^n$

比较这两个特性方程就会发现：$D = T\overline{Q^n} + \overline{T}Q^n = T \oplus Q^n$

画出逻辑转换图如图 6-37 所示。

6.3.2.3 D 触发器转换为 T' 触发器

已有触发器的特性方程：

$$Q^{n+1} = D$$

待求触发器的特性方程：

$$Q^{n+1} = \overline{Q^n}$$

比较这两个特性方程就会发现：$D = \overline{Q^n}$ 画出逻辑转换图如图 6-38 所示。

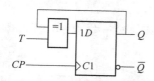
图 6-37　D 转换为 T 的逻辑转换图

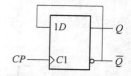
图 6-38　D 转换为 T' 的逻辑转换图

任务 6.4　触发器的应用

【任务描述】

掌握触发器的功能，学习触发器的应用。能根据功能表，熟悉触发器构成的常用集成芯片的应用。

【知识准备】

在数字电路中，各种信息都是用二进制信号来表示的，而触发器是存放这种信号的基本单元。时钟控制的触发器是时序电路的基础单元电路，常被用来构造信息的寄存、锁存、缓冲电路及其他常用电路。

6.4.1　寄存器

在实际的数字系统中，通常把能够用来存储一组二进制代码的同步时序逻辑电路称为寄存器。由于一个触发器能够存储一位二进制码，所以把 n 个触发器的时钟端口连接起来就能构成一个存储 n 位二进制码的寄存器。

6.4.2　集成数码寄存器

74LS175 是 $4D$ 触发器，触发器内有四个 D 触发器，电源和地是共用的，其他则分开单独使用，上升沿触发。其引脚图如图 6-39 所示。其特性表见表 6-8 所示。

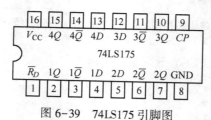
图 6-39　74LS175 引脚图

表 6-8　74LS175 的特性表

$\overline{CR}$	CP	$1D$	$2D$	$3D$	$4D$	$1Q$	$2Q$	$3Q$	$4Q$	说明
0	×	×	×	×	×	0	0	0	0	清除数据
1	↑	D_0	D_2	D_3	D_4	D_0	D_2	D_3	D_4	接收数据
1	0	×	×	×	×	$1Q^n$	$2Q^n$	$3Q^n$	$4Q^n$	保持

6.4.3　集成移位寄存器

　　具有移位功能的寄存器称为移位寄存器。移位寄存器按数码移动方向分类有左移、右移、可控制双向（可逆）移位寄存器；按数据输入端、输出方式分类有串行和并行之分。集成寄存器的种类很多，现以 74LS164 和 CD4015 两种型号寄存器为例介绍集成移位寄存器的功能和应用。

6.4.3.1　74LS164——单向移位寄存器（右移位）

　　74LS164 为串行输入/并行输出的 8 位单向移位寄存器，其逻辑符号及引脚排列如图 6-40 所示。其中 $\overline{R_D}$ 为清零端，A、B 为两个可控制的串行数据输入端，两个输入端要么连接在一起，要么把不用的输入端接高电平，一定不要悬空。$Q_H \sim Q_A$ 为 8 个输出端（Q_H 为最高位，Q_A 为最低位），Q_A 是两个数据输入端 A 和 B 的逻辑与，即 $Q_A = AB$。功能表见表 6-9。

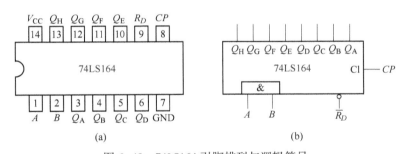

图 6-40　74LS164 引脚排列与逻辑符号

（a）引脚排列图；（b）逻辑符号

表 6-9　74LS164 功能表

$\overline{R_D}$	CP	A	B	Q_A	Q_B	...	Q_H
0	×	×	×	0	0		0
1	0	×	×	Q_{A0}	Q_{B0}		Q_{H0}
1	↑	1	1	1	Q_{An}		Q_{Gn}
1	↑	0	×	0	Q_{An}		Q_{Gn}
1	↑	×	0	0	Q_{An}		Q_{Gn}

　　总结功能：

　　（1）当 $\overline{R_D} = 0$ 时，所有触发器均清零。

（2）在 $\overline{R_D}=1$ 时，在 CP 上升沿，当串行输入数据 A、B 两者中有一个为低电平时，$Q_A^{n+1}=0$，并依次右移。

（3）在 $\overline{R_D}=1$ 时，在时钟 CP 上升沿，当串行输入数据 A、B 两者都为高电平时，$Q_A^{n+1}=1$，并依次右移。

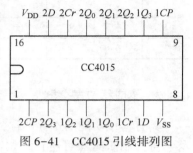

图 6-41　CC4015 引线排列图

6.4.3.2　CC4015——单向移位寄存器（右移位）

CC4015 是串入、串出右移位寄存器的典型产品，其引线分布如图 6-41 所示，功能表见表 6-10。CC4015 由两个独立的四位串入、串出移位寄存器组成，每个寄存器都有自己的 CP 输入端和各自的清零端。

表 6-10　CC4015 功能表

CP	D	C_r	Q_0	Q_1	Q_2	Q_3
×	×	1	0	0	0	0
↓	×	0		保持		
↑	0	0	0	Q_0	Q_1	Q_2
↑	1	0	1	Q_0	Q_1	Q_2

总结功能：

（1）当 $C_r=1$ 时，所有触发器均清零。

（2）当 $C_r=0$ 时，在 CP 的上升沿，$Q_0=D$，数据依次右移。

（3）当 $C_r=0$ 时，在 CP 的下降沿，Q 的状态保持。

6.4.3.3　双向移位寄存器

74LS194 是一种典型的中规模四位双向移位寄存器。其引脚图及逻辑符号如图 6-42 所示，功能表见表 6-11。

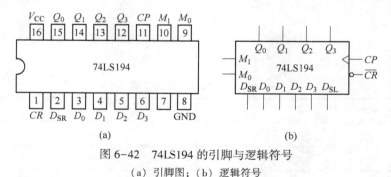

图 6-42　74LS194 的引脚与逻辑符号

（a）引脚图；（b）逻辑符号

表 6-11　74LS194 的功能表

$\overline{R_D}$	M_1M_0	CP	$D_{SR}D_{SL}$	$D_0D_1D_2D_3$	$Q_0Q_1Q_2Q_3$	功能说明
0	× ×	×	× ×	× × × ×	0 0 0 0	置 0
1	× ×	0	× ×	× × × ×	$Q_0Q_1Q_2Q_3$	保持
1	0 0	↑	× ×	× × × ×	$Q_0Q_1Q_2Q_3$	保持

$\overline{R_D}$	$M_1 M_0$	CP	$D_{SR} D_{SL}$	$D_0 D_1 D_2 D_3$	$Q_0 Q_1 Q_2 Q_3$	功能说明
1	0 1	↑	D ×	× × × ×	$D Q_1 Q_2 Q_3$	右移
1	1 0	↑	× D	× × × ×	$Q_1 Q_2 Q_3 D$	左移
1	1 1	↑	× ×	$D_0 D_1 D_2 D_3$	$D_0 D_1 D_2 D_3$	并行输入

总结功能：

（1）当 $\overline{R_D}=0$ 时，所有触发器均清零。

（2）在 $\overline{R_D}=1$ 时，在 CP 上升沿：当 $M_1 M_0=00$ 时，保持；当 $M_1 M_0=01$ 时，右移，数据从 D_{SR} 端输入；当 $M_1 M_0=10$ 时，左移，数据从 D_{SL} 端输入；当 $M_1 M_0=11$ 时，并行输入。

（3）在 $\overline{R_D}=1$ 时，在 CP 除了上升沿，状态均保持。

6.4.4 集成锁存器

由若干个钟控 D 触发器构成的一次能存储多位二进制代码的时序逻辑电路。数据有效迟后于时钟信号有效。这意味着时钟信号先到，数据信号后到。在某些运算器电路中有时采用锁存器作为数据暂存器。

74LS373 内部有 8 个 D 锁存器。74LS373 的逻辑符号及引脚排列如图 6-43 所示。其中，$\overline{OE}$ 是输出控制端（低电平有效），LE 是使能端（高电平有效）。74LS373 的功能见表 6-12。

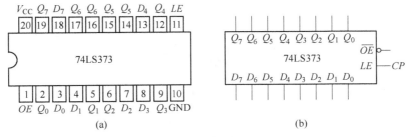

图 6-43 八 D 锁存器（74LS373）

（a）引脚排列图；（b）逻辑符号

表 6-12 74LS373 的功能表

输　　入			输　　出	
$\overline{OE}$	LE	D	Q^{n+1}	功能
0	1	1	1	接收数据
0	1	0	0	
0	0	×	Q^n	保持
1	×	×	Z	高阻

功能总结：

（1）$\overline{OE}$端为 0，LE 端为 1 时，$Q^{n+1}=D$，接收数据，用于数码寄存器的数码寄存。其输出端具有三态控制功能。

（2）$\overline{OE}$、LE 均为 0 时，锁存功能，即保存功能，$Q^{n+1}=Q^n$，输出状态与 D 无关。

（3）$\overline{OE}$ 为 1 时，Q 为高阻状态（Z）。

寄存器和锁存器的区别如下：

（1）寄存器是同步时钟控制，而锁存器是电位信号控制。

（2）寄存器的输出端平时不随输入端的变化而变化，只有在时钟有效时才接收输入端的数据。而锁存器的输出端平时总随输入端变化而变化，只有当锁存器信号到达时，才将输出端的状态锁存起来，使其不再随输入端的变化而变化。

可见，寄存器和锁存器具有不同的应用场合：若数据有效一定滞后于控制信号有效，则只能使用锁存器；数据提前于控制信号到达并且要求同步操作，则可用寄存器。

【任务实施】用触发器设计与制作抢答器

（1）项目目的。

1）理解触发器的"记忆"功能。

2）学习通过触发器设计与制作实际逻辑电路的方法。

（2）项目器材。数字电路实验箱 1 台、数字万用表 1 块、双踪示波器 1 台、74LS175 四正沿触发 D 触发器 1 片、74LS74 双正沿触发 D 触发器 1 片、74LS20 双 4 输入与非门 1 片、74LS00 四 2 输入与非门 2 片、电容 0.1μF 1 个。

（3）项目原理。74LS175 特性功能见表 6-13。

$$Y = \overline{ABCDY} = \overline{ABCY} = \overline{ABQ^{n+1}} = \overline{Q^n}(CP\ 上升沿)\ Q^{n+1} = D(上升沿)$$

表 6-13　74LS175 特性功能表

$\overline{CR}$	CP	$1D$	$2D$	$3D$	$4D$	$1Q$	$2Q$	$3Q$	$4Q$	说明
0	×	×	×	×	×	0	0	0	0	清除数据
1	↑	D_0	D_2	D_3	D_4	D_0	D_2	D_3	D_4	接收数据
1	0	×	×	×	×	$1Q^n$	$2Q^n$	$3Q^n$	$4Q^n$	保持

（4）项目所用集成块引脚图如图 6-44 所示。

（5）项目内容

方案一：由基本 RS 触发器构成的三路抢答器。

1）电路图如图 6-45 所示。

2）电路功能分析如图 6-45 所示，电路可作为抢答信号的接收、保持和输出的基本电路。S 为手动清零控制开关，$S_1 \sim S_3$ 为抢答按钮开关。

该电路具有如下功能：

① 开关 S 为允许抢答控制开关（可由主持人控制）。当开关被按下时抢答电路清零，松开后则允许抢答。由抢答按钮开关来实现抢答信号的输入。

② 若有抢答信号输入（开关 $S_1 \sim S_3$ 中的任何一个开关被按下）时，与之对应的指示

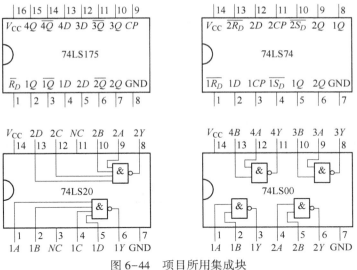

图 6-44　项目所用集成块

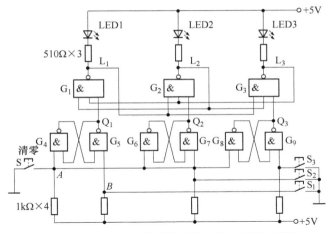

图 6-45　基本 RS 触发器构成的三路抢答器电路图

灯被点亮。此时再按其他任何一个抢答开关均无效，指示灯仍"保持"第一个开关按下时所对应的状态不变。这是因为其中的一个与非门输出为 0，就会将其他的两个与非门封锁。

3）电路连接。在电路板上插接 IC 器件时，要注意 IC 芯片的豁口方向（都朝左侧），同时要保证 IC 管脚与插座接触良好，管脚不能弯曲或折断。指示灯的正、负极不能接反。按图 6-45 连接电路。在通电前先用万用表检查各 IC 的电源接线是否正确。

4）电路调试。首先测试抢答器功能，若电路满足预期的要求，说明电路没有故障；若某些功能不能实现，就要设法查找并排除故障。

例如，当有抢答信号输入时，观察对应指示灯是否点亮，若不亮，可用万用表（逻辑笔）分别测量相关与非门输入、输出端电平状态是否正确，由此检查线路的连接及芯片的好坏。

若抢答开关按下时指示灯亮，松开时又灭掉，说明电路不能保持，此时应检查与非门相互间的连接是否正确，直至排除全部故障为止。

5）电路功能试验。

① 按下清零开关 S 后，所有指示灯灭。

② 按下 $S_1 \sim S_3$ 中的任何一个开关（如 S_1），与之对应的指示灯（LED1）应被点亮，此时再按其他开关均无效。

③ 按总清零开关 S，所有指示灯应全部熄灭。

④ 重复步骤②和③，依次检查各指示灯是否被点亮。

6）抢答器功能表。将结果填入表 6-14 中。

表 6-14　抢答器功能测试表

S	S_3	S_2	S_1	Q_3	Q_2	Q_1	L_3	L_2	L_1
0	0	0	1						
0	0	1	0						
0	1	0	0						
0	0	0	0						
1	0	0	1						
1	0	1	0						
1	1	0	0						
1	0	0	0						

方案二：74LS175（4D 触发器）构成的四人抢答器。

1）电路图如图 6-46 所示。

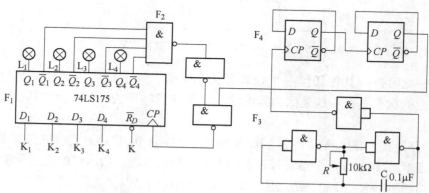

图 6-46　74LS175 构成的四人抢答器电路图

2）电路功能分析。图中 F_1 是 4D 触发器 74LS175，它具有公共置 0 端和公共 CP 端；F_2 为双 4 输入与非门 74LS20；F_3 是由 74LS00 组成的多谐振荡器；F_4 是由 74LS74 组成的四分频电路，F_3、F_4 组成抢答电路中的 CP 时钟脉冲源。$D_1 \sim D_4$ 和 R_D 接电平开关 $K_1 \sim K_4$ 和 K，$Q_1 \sim Q_4$ 接电平指示灯 $L_1 \sim L_4$。抢答开始时，由主持人清除信号，复位开关 K 置 0，

74LS175 的输出 $Q_1 \sim Q_4$ 全为 0，所有电平指示灯均熄灭，K 再置 1。当主持人宣布"抢答开始"后，首先判断哪个参赛者立即按下开关（置 1），对应的电平指示灯点亮。同时，通过与非门 F_2 送出信号锁住其余 3 个抢答者的电路，不再接收其他信号，直到主持人再次清除信号为止。

3）电路测试。

① 测试各触发器及各逻辑门的逻辑功能。

② 按图 6-46 接线，抢答器 5 个开关接电平开关、4 个显示灯，接电平指示灯。

③ 断开抢答器电路中 CP 脉冲源电路，单独对多谐振荡器 F_3 及分频器 F_4 进行调试，调整多谐振荡器 10kΩ 电位器，使其输出脉冲频率约 4kHz，观察 F_3 及 F_4 输出波形及测试其频率。

4）测试抢答器电路功能。接通 +5V 电源，CP 端接连续脉冲源（$f=1$kHz）。

① 抢答开始前，开关 K_1、K_2、K_3、K_4 均置 0，准备抢答，将开关 K 置 0，电平指示灯全熄灭，再将 K 置 1。抢答开始，K_1、K_2、K_3、K_4 在某一开关置 1，观察电平指示灯的亮、灭情况，然后再将其他 3 个开关中任一个置上 1，观察电平指示灯的亮、灭有否改变。

② 重复①的内容，改变 K_1、K_2、K_3、K_4 任一个开关状态，观察抢答器的工作情况。

5）整体测试：CP 脉冲源电路与 F_3 及 F_4 相接，再进行实验。

6）项目报告。

① 将测试得到的数据填入表格中，分析结果是否正确。

② 写出详细的设计、制作与测试步骤。

③ 如果在制作过程中遇到什么困难，请写出来，并写出解决的办法。

小　结

（1）触发器与门电路是构成数字系统的基本逻辑单元。前者具有记忆功能，用于构成时序逻辑电路；后者不具有记忆功能，用于构成组合逻辑电路。

（2）触发器两个基本特性：

1）有两个稳定状态。

2）在外信号有效时，两个状态可以相互转换；在外信号无效时，触发器的状态保持不变，因此说触发器具有记忆功能。常用来存储二进制信息，一个触发器只能存储一位二进制信息。

（3）触发器根据结构不同，可分为基本触发器、钟控触发器（电平触发）、主从触发器（脉冲触发）、边沿触发器（边沿触发）。

触发器根据功能不同，可分为 RS 触发器、JK 触发器、D 触发器特征、T 触发器特征、T' 触发器。

（4）触发器逻辑功能的表达方法：特性表、卡诺图、特性方程、状态图、时序图。

（5）触发器功能总结。

RS 触发器特征：全零非法，全 1 保持；01 置零，10 置 1。

JK 触发器特征：全零保持，全 1 翻转；01 置零，10 置 1。

D 触发器特征：跟随 D。

T 触发器特征：T_0 保持，T_1 翻转。

T' 触发器特征：翻转。

（6）触发器利用特性方程可实现不同逻辑功能触发器之间的功能相互转换。

（7）利用触发器可以构成寄存器、锁存器、计数器等时序逻辑电路。寄存器可分为数据寄存器和移位寄存器。

自 测 题

扫描二维码获得本项目自测题。

项目 7　计数分频器电路的设计与制作

【项目目标】

　　计数器应用十分广泛，从各种各样的小型数字仪表，到大型电子数字计算机，几乎是无所不在，是任何数字仪表乃至数字系统中，不可缺少的组成部分。

　　计数器是用来实现累计电路输入 CP 脉冲个数功能的时序电路。在计数功能的基础上，计数器还可以实现计时、定时、分频和自动控制等功能。

【知识目标】

　　（1）理解时序逻辑电路的结构和特点。

　　（2）掌握时序逻辑电路的分析方法。

　　（3）理解同步计数器和异步计数器的工作原理。

　　（4）掌握用集成计数器构成任意进制计数器的方法。

　　（5）掌握寄存器的工作原理及运用。

【技能目标】

　　（1）用集成计数器构成任意进制计数器，计数器的级联。

　　（2）寄存器的工作原理及运用。

　　（3）掌握计数、分频电路组成、工作原理及制作方法。

任务 7.1　时序逻辑电路

7.1.1　时序逻辑电路的结构与特点

7.1.1.1　时序逻辑电路的结构

　　组合逻辑电路基本单元是门电路，没有记忆功能；时序逻辑电路基本单元是触发器，有记忆功能。时序逻辑电路结构框图如图 7-1 所示。

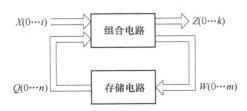

图 7-1　时序逻辑电路结构框图

　　时序逻辑电路由组合电路和存储电路两部分构成。

按触发脉冲输入方式的不同，时序电路可分为同步时序电路和异步时序电路。同步时序电路是指各触发器状态的变化受同一个时钟脉冲控制；而在异步时序电路中，各触发器状态的变化不受同一个时钟脉冲控制。

7.1.1.2　时序逻辑电路的特点

（1）逻辑功能特点。在数字电路中，凡是任何时刻电路的稳态输出，不仅和该时刻的输入信号有关，而且还取决于电路原来状态者，都称为时序逻辑电路。这既可以看成是时序逻辑电路的定义，也是逻辑功能的特点。

（2）电路组成特点。时序逻辑电路的状态是由存储电路来记忆和表示的，所以从电路组成看，时序电路一定包含有作为存储单元的触发器。实际上，时序电路的状态，就是依靠触发器记忆和表示的，时序电路中可以没有组合电路，但不能没有触发器。

7.1.1.3　时序电路逻辑功能表示方法

其实，触发器也是时序电路，只不过因其功能十分简单，一般情况下仅当作基本单元电路处理罢了。即使从电路组成上看，触发器也是时序电路，如同门电路也是组合电路一样。由此可以推论出表示触发器逻辑功能的几种方法，对于时序电路都是适用的。即逻辑表达式、状态表、卡诺图、状态图和时序图。

7.1.2　时序电路的分析方法

分析时序电路的目的是确定已知电路的逻辑功能和工作特点。具体步骤如下。

（1）写相关方程式——时钟方程、驱动方程和输出方程。

（2）求各个触发器的状态方程。

（3）求出对应状态值——列状态表、画状态图和时序图。

（4）归纳上述分析结果，确定时序电路的功能。

7.1.2.1　分析的一般步骤

（1）写方程式。仔细观察、分析给定时序电路，然后再逐一写出。

1）时钟方程：各个触发器时钟信号的逻辑表达式。

2）驱动方程：各个触发器同步输入端信号的逻辑表达式。

3）输出方程：时序电路各个输出信号的逻辑表达式。

（2）求状态方程。把驱动方程代入相应触发器的特性方程，即可求出时序电路的状态方程，也就是各个触发器次态输出的逻辑表达式，因为任何时序电路的状态，都是由组成该时序电路的各个触发器来记忆和表示的。

（3）进行计算。把电路输入和现态的各种可能取值，带入状态方程和输出方程进行计算，求出相应的次态和输出。这里要注意以下事项：

1）状态方程有效的时钟条件，凡不具备时钟条件者，方程式无效，也就是说触发器将保持原来状态不变；

2）电路的现态，就是组成该电路各个触发器的现态的组合；

3）不能漏掉任何要能出现的现态和输入的取值；

4）现态的起始值如果给定了，则可以从给定值开始依次进行计算，倘若未给定，那么就可以从自己设定的起始值开始依次计算。

（4）画状态图或列状态表、画时序图。画状态图或列状态表、画时序图时应注意以下两点：

1）状态转换是由现态转换到次态，不是由现态转换到现态，更不是由次态转换到次态；

2）画时序图时要明确，只有当 CP 触发沿到来时相应触发器才会更新状态，否则只会保持原状不变。

（5）电路功能说明。一般情况下，用状态图或状态表就可以反映电路的工作特性。但是，在实际应用中，各个输入、输出信号都有确定的物理含义，因此，常常需要结合这些信号的物理含义，进一步说明电路的具体功能，或者结合时序图说明对时钟脉冲与输入、输出及内部变量之间的时间关系。

7.1.2.2 分析举例

【例 7-1】 分析如图 7-2 所示的时序电路的逻辑功能。

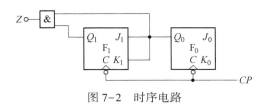

图 7-2 时序电路

解：（1）写相关方程式。

1）时钟方程：
$$CP_0 = CP = CP\downarrow$$

2）驱动方程：
$$J_0 = K_0 = 1$$
$$J_1 = K_1 = Q_0^n$$

3）输出方程：
$$Z = Q_1 Q_0$$

（2）求各个触发器的状态方程。JK 触发器特性方程为：
$$Q^{n+1} = J\,\overline{Q^n} + \overline{K}Q^n$$

将对应驱动方程分别带入特性方程，进行化简变换可得状态方程：
$$Q_0^{n+1} = \overline{Q_0^n}$$
$$Q_1^{n+1} = Q_0^n\,\overline{Q_1^n} + \overline{Q_0^n}Q_1^n$$

（3）求出对应状态值。

1）列状态表：列出电路输入信号和触发器原态的所有取值组合，代入相应的状态方程，求得相应的触发器次态及输出，列表得到状态表 7-1。

表 7-1 状态表

Q_1^n	Q_0^n	Q_1^{n+1}	Q_0^{n+1}	Z
0	0	0	1	0
0	1	1	0	0
1	0	1	1	1
1	1	0	0	0

2）画状态图如图 7-3(a) 所示，画时序图如图 7-3(b) 所示。

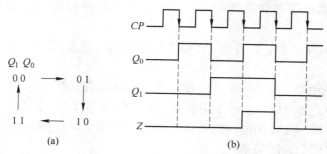

图 7-3　时序电路对应图形

（a）状态图；（b）时序图

（4）归纳上述分析结果，确定该时序电路的逻辑功能。

综上所述，此电路是带进位输出的同步四进制加法计数器电路。N 进制计数器同时也是一个 N 分频器。

任务 7.2　寄存器

7.2.1　数据寄存器

寄存器是一种基本时序电路，在各种数字系统中，几乎是无所不在。因为任何现代数字系统，都必须把需要处理的数据、代码先寄存起来，以便随时取用。

数据寄存器又称数据缓冲储存器或数据锁存器，其功能是接收、存储和输出数据，主要由触发器和控制门组成。n 个触发器可以储存 n 位二进制数据。

7.2.1.1　双拍式数据寄存器

（1）电路组成。如图 7-4 所示。

（2）工作原理。在接收存放输入数据时，需要两拍才能完成：一拍清零，二拍接收数据。

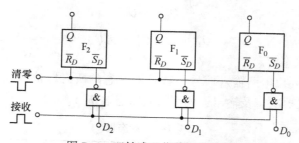

图 7-4　双拍式三位数据寄存器

此类寄存器如果在接收寄存数据前不清零，就会出现接收存放数据错误。

7.2.1.2　单拍式数据寄存器

（1）电路组成。单拍式四位二进制数据寄存器如图 7-5 所示。

（2）工作原理。接收寄存数据只需一拍即可，无须先进行清零。当接收脉冲 CP 有效时，输入数据 $D_3D_2D_1D_0$ 直接存入触发器，故称为单拍式数据寄存器。

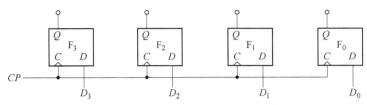

图 7-5 单拍式四位二进制数据寄存器

7.2.2 移位寄存器

移位寄存器除了接收、存储、输出数据以外，同时还能将其中寄存的数据按一定方向进行移动。移位寄存器有单向和双向移位寄存器之分。

7.2.2.1 单向移位寄存器

单向移位寄存器只能将寄存的数据在相邻位之间单方向移动。按移动方向分为左移移位寄存器和右移移位寄存器两种类型。右移、左移移位寄存器电路如图 7-6 所示。

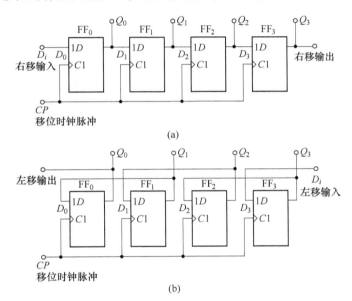

图 7-6 基本的单向移位寄存器
（a）右移；（b）左移

图 7-6 所示是用边沿 D 触发器构成的单向移位寄存器。从电路结构看，它有两个基本特征：一是由相同存储单元组成，存储单元个数就是移位寄存器的位数；二是各个存储单元共用一个时钟信号——移位操作命令，电路工作是同步的，属于同步时序电路。

7.2.2.2 双向移位寄存器

既可将数据左移、又可右移的寄存器称为双向移位寄存器。把左移和右移移位寄存器组合起来，加上移位方向控制信号，便可方便地构成双向移位寄存器。如图 7-7 所示。

当 $M=0$ 时右移、$M=1$ 时左移。D_{SL} 是左移串行输入端，而 D_{SR} 是右移串行输入端。

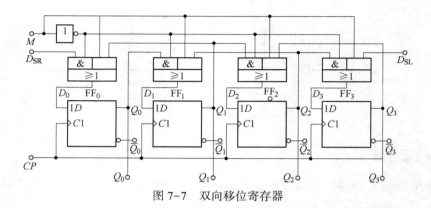

图 7-7 双向移位寄存器

7.2.2.3 集成移位寄存器

集成移位寄存器产品较多，现以比较典型的 4 位双向移位寄存器 74LS194 为例，做简单说明。

4 位双向移位寄存器 74LS194 引出端排列图和逻辑功能示意图如图 7-8 所示。

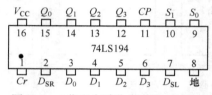

图 7-8 4 位双向移位寄存器 74LS194

Cr：清零端—低电平有效；D_{SR}：右移输入端；Q_0：右移串行输出端；D_{SL}：左移输入端；Q_3：左移串行输出端；$D_3 \sim D_0$：并行数码输入端；$Q_3 \sim Q_0$：并行数码输出端；$S_1 S_0$（$M_1 M_0$）：工作状态控制端。CP 是时钟脉冲—移位操作信号，74LS194 功能见表 7-2。

表 7-2 74LS194 功能表

$\overline{CR}$	S_1	S_0	CP	功　能
0	×	×	×	清零
1	0	0	×	保持
1	0	1	↑	右移
1	1	0	↑	左移
1	1	1	↑	并行输入

7.2.2.4 移位寄存器的应用

A　实现数据传输方式的转换

在数字电路中，数据的传送方式有串行和并行两种，而移位寄存器可实现数据传送方式的转换。如图 7-9 所示，既可将串行输入转换为并行输出，也可将并行输入转换为串行输出。

B　构成移位型计数器

（1）环形计数器。环形计数器是将单向移位寄存器的串行输入端和串行输出端相连，构成一个闭合的环，如图 7-9(a) 所示。

实现环形计数器时，必须设置适当的初态，且输出 $Q_3Q_2Q_1Q_0$ 端初始状态不能完全一致（即不能全为"1"或"0"），这样电路才能实现计数，环形计数器的进制数 N 与移位寄存器内的触发器个数 n 相等，即 $N=n$，状态变化如图 7-9(b) 所示（电路中初态为 0100）。

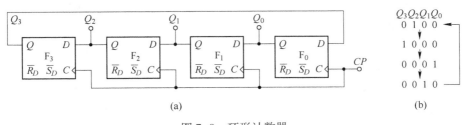

图 7-9　环形计数器

（a）逻辑电路图；（b）状态图

（2）扭环形计数器。其逻辑电路如图 7-10(a) 所示，实现扭环形计数器时，不必设置初态。扭环形计数器的进制数 N 移位寄存器内的触发器个数 n 满足 $N=2n$ 的关系，状态变化如图 7-10(b) 所示。

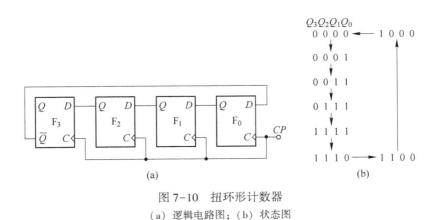

图 7-10　扭环形计数器

（a）逻辑电路图；（b）状态图

任务 7.3　计数器

7.3.1　计数器的特点和分类

7.3.1.1　计数和计数器的概念

A　计数的概念

人们在日常生活、工作、学习、生产及科研中，到处都遇到计数问题，总也离不开计数。在商场购物交款要计数，看时间、量温度要计数，清点人数、记录成绩要计数，统计产品、了解生产情况要计数，等等。总之，人们做任何事情都应心中有数，广义地讲就是计数。所以，计数是十分重要的概念。

B　计数器

广义地讲，一切能够完成计数工作的器物都是计数器，算盘是计数器，里程表是计数器，钟表是计数器，温度计等都是计数器，具体的各式各样的计数器，可以说是不胜枚举，无计其数。

C　数字电路中的计数器

在数字电路中，把记忆输入 CP 脉冲个数的操作叫做计数，能实现计数操作的电子电路称为计数器。它的主要特点如下。

（1）一般地说，输入计数脉冲 CP 是当作触发器的时钟信号对待的。

（2）从电路组看，其主要组成单元是时钟触发器。

计数器应用十分广泛，从各种各样的小型数字仪表，到大型电子数字计算机，几乎是无所不在，是任何数字仪表乃至数字系统中，不可缺少的组成部分。

计数器是用来实现累计电路输入 CP 脉冲个数功能的时序电路。在计数功能的基础上，计数器还可以实现计时、定时、分频和自动控制等功能，应用十分广泛。

7.3.1.2　计数器的分类

A　按数的进制分

（1）二进制计数器。当输入计数脉冲到来时，按二进制规律进行计数的电路都称为二进制计数器。

（2）十进制计数器。按十进制数规律进行计数的电路称为十进制计数器。

（3）N 进制计数器。

除了二进制和十进制计数器之外的其他进制的计数器，都称为 N 进制计数器，例如，$N=12$ 时的 12 进制计数器，$N=60$ 时的 60 进制计数器等。

B　按计数时是递增还是递减分

（1）加法计数器。当输入计数器脉冲到来时，按递增规律进行计数的电路称为加法计数器。

（2）减法计数器。当输入计数脉冲到来时，进行递减计数的电路称为减法计数器。

（3）可逆计数器。在加减信号的控制下，既可进行递增计数，也可进行递减计数的电路称为可逆计数器。

C　按计数器中触发器翻转是否同步分

（1）同步计数器。当输入计数脉冲到来时，要更新状态的触发器都是同时翻转的计数器，叫做同步计数器。从电路结构上看，计数器中各个时钟触发器的时钟信号都是输入计数脉冲。

（2）异步计数器。当输入计数脉冲到来时，要更新状态的触发器，有的先翻转有的后翻转，是异步进行的，这种计数器称为异步计数器。从电路结构上看，计数器中各个时钟触发器，有的触发器其时钟信号是输入计数脉冲，有的触发器其时钟信号却是其他触发器的输出。

D   按计数器中使用的开关元件分

（1）TTL计数器。这是一种问世较早、品种规格十分齐全的计数器，多为中规模集成电路。

（2）CMOS计数器。问世较TTL计数器晚，但品种规格也很多，它具有CMOS集成电路的共同特点，集成度可以做得很高。

总之，计数器不仅应用十分广泛，分类方法不少，而且规格品种也很多。但是，就其工作特点、基本分析及设计方法而言，差别不大。下面将从综合角度摘要讲解。

7.3.2   二进制计数器

7.3.2.1   二进制异步计数器

异步计数器是指各触发器的计数脉冲 CP 端没有连在一起，即各触发器不受同一 CP 脉冲的控制，在不同的时刻翻转。

二进制异步计数器是计数器中最基本的形式，一般由 T' 型（计数型）的触发器连成，计数脉冲加到最低位触发器的 CP 端。

A   二进制异步加法计数器

异步加法计数器状态见表7-3，其电路图、状态图及时序图如图7-11~图7-13所示。

表7-3   异步加法计数器状态表

CP 脉冲序号	计数器状态			CP 脉冲序号	计数器状态		
	Q_2	Q_1	Q_0		Q_2	Q_1	Q_0
0	0	0	0	5	1	0	1
1	0	0	1	6	1	1	0
2	0	1	0	7	1	1	1
3	0	1	1	8	0	0	0
4	1	0	0				

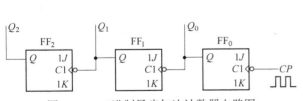

图7-11   二进制异步加法计数器电路图

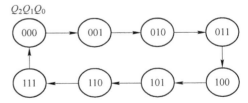

图7-12   异步加法计数器状态图

分频作用在实际电子产品中应用十分广泛。除了2分频外，还有10分频等其他形式，用一个十进制计数器即可以实现10分频。例如，石英钟的机芯晶振的频率 f_i 为1MHz，为了得到时钟的秒（即1Hz）信号输出频率 f_o，可以采用6个十进制计数器进行 10^6 分频来实现，如图7-14所示。

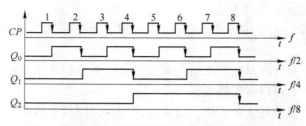

图 7-13　异步加法计数器的时序图及其分频功能

图 7-14　晶振分频实现秒信号电路

B　二进制异步减法计数器

异步减法计数器状态见表 7-4，其电路图、状态图及时序图如图 7-15~图 7-17 所示。

表 7-4　异步减法计数器状态表

CP 脉冲序号	计数器状态			CP 脉冲序号	计数器状态		
	Q_2	Q_1	Q_0		Q_2	Q_1	Q_0
0	0	0	0	5	0	1	1
1	1	1	1	6	0	1	0
2	1	1	0	7	0	0	1
3	1	0	1	8	0	0	0
4	1	0	0				

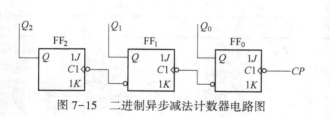

图 7-15　二进制异步减法计数器电路图

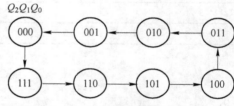

图 7-16　异步减法计数器状态图

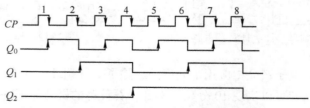

图 7-17　二进制异步减法计数器的时序图

异步计数器的特点：异步计数器结构简单，电路工作可靠；缺点是速度较慢，这是因

为计数脉冲 CP 只加在最低位 FF_0 触发器的 CP 端，其他高位触发器要由相邻的低位触发器的输出端来触发，因而各触发器的状态变化不是同时进行，而是"异步"的。

7.3.2.2 二进制同步计数器

现以 3 位二进制同步减法计数器为例，说明二进制同步减法计数器的构成方法和连接规律。

（1）结构示意框图与状态图。同步二进制计数器电路如图 7-18 所示。

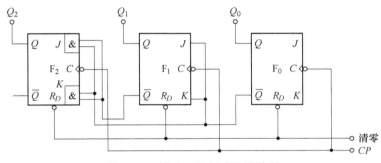

图 7-18 同步二进制减法计数器

分析过程：

1）写相关方程式。

时钟方程： $$CP_0 = CP_1 = CP_2 = CP \downarrow$$

驱动方程： $$J_0 = K_0 = 1 \qquad J_1 = K_1 = \overline{Q_0^n} \quad J_2 = K_2 = \overline{Q_1^n Q_0^n}$$

2）求各个触发器的状态方程。

JK 触发器特性方程为： $$Q^{n+1} = J\overline{Q^n} + \overline{K}Q^n$$

将对应驱动方程式分别带入 JK 触发器特性方程式，进行化简变换可得状态方程：

$$Q_0^{n+1} = \overline{Q_0^n}$$

$$Q_1^{n+1} = \overline{Q_1^n Q_0^n} + Q_1^n Q_0^n$$

$$Q_1^{n+1} = \overline{Q_2^n Q_1^n Q_0^n} + Q_2^n Q_1^n + Q_2^n Q_0^n$$

3）求出对应状态值。列状态表见表 7-5。

表 7-5 状态表

Q_2^n	Q_1^n	Q_0^n	Q_2^{n+1}	Q_1^{n+1}	Q_0^{n+1}	Q_2^n	Q_1^n	Q_0^n	Q_2^{n+1}	Q_1^{n+1}	Q_0^{n+1}
0	0	0	1	1	1	1	0	0	0	1	1
1	1	1	1	1	0	0	1	1	0	1	0
1	1	0	1	0	1	0	1	0	0	0	1
1	0	1	1	0	0	0	0	1	0	0	0

画状态图如图 7-19（a）所示，画时序图如图 7-19（b）所示。

（2）同步二进制计数器的连接规律和特点。同步二进制计数器一般由 JK 触发器和门

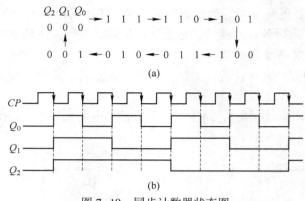

图 7-19　同步计数器状态图

（a）状态图；（b）时序图

电路构成，有 N 个 JK 触发器，就是 N 位同步二进制计数器。连接规律是：

1）所有 CP 接在一起，上升沿或下降沿均可。

2）加法计数：
$$J_0 = K_0 = 1$$
$$J_i = K_i = Q_{i-1}^n \cdot Q_{i-2}^n \cdots Q_0^n \quad [(n-1) \geqslant i \geqslant 1]$$

减法计数：
$$J_0 = K_0 = 1$$
$$J_i = K_i = \overline{Q_{i-1}^n \cdot Q_{i-2}^n \cdots Q_0^n} \quad [(n-1) \geqslant i \geqslant 1]$$

7.3.2.3　同步非二进制计数器

分析图 7-20 所示同步非二进制计数器的逻辑功能。

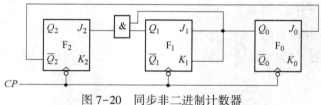

图 7-20　同步非二进制计数器

（1）写相关方程式。

时钟方程为：
$$CP_0 = CP_1 = CP_2 = CP \downarrow$$

驱动方程为：
$$J_0 = \overline{Q_2^n} \qquad K_0 = 1$$
$$J_1 = \overline{Q_0^n} \qquad K_1 = \overline{Q_0^n}$$
$$J_2 = Q_1^n Q_0^n \qquad K_2 = 1$$

（2）求各个触发器的状态方程。

JK 触发器特性方程为：
$$Q^{n+1} = J\overline{Q^n} + \overline{K}Q^n$$

将对应驱动方程式分别代入 JK 触发器特性方程式，进行化简变换可得状态方程：

$$Q_0^{n+1} = \overline{Q_2^n Q_0^n}$$

$$Q_1^{n+1} = \overline{Q_1^n} Q_0^n + Q_1^n \overline{Q_0^n}$$

$$Q_1^{n+1} = \overline{Q_2^n} Q_1^n Q_0^n$$

（3）求出对应状态值。列状态表见表 7-6。画状态图如图 7-21（a）所示，画时序图如图 7-21（b）所示。

表 7-6　状态表

Q_2^n	Q_1^n	Q_0^n	Q_2^{n+1}	Q_1^{n+1}	Q_0^{n+1}	Q_2^n	Q_1^n	Q_0^n	Q_2^{n+1}	Q_1^{n+1}	Q_0^{n+1}
0	0	0	0	0	1	1	0	0	0	0	0
0	0	1	0	1	0	1	0	1	0	1	0
0	1	0	0	1	1	1	1	0	0	1	0
0	1	1	1	0	0	1	1	1	0	0	0

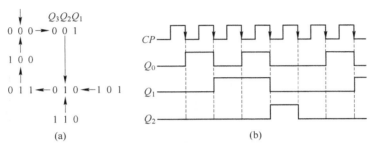

图 7-21　同步计数器对应图形

（a）状态图；（b）时序图

（4）归纳分析结果，确定该时序电路的逻辑功能。从时钟方程可知该电路是同步时序电路。从表 7-6 状态表可知：计数器输出 $Q_2Q_1Q_0$ 共有 8 种状态 000～111。从图 7-21（a）所示状态图可知：随着 CP 脉冲的递增，触发器输出 $Q_2Q_1Q_0$ 会进入一个有效循环过程，此循环过程包括了 5 个有效输出状态，其余 3 个输出状态为无效状态，所以要检查该电路能否自启动。

检查的方法是：不论电路从哪一个状态开始工作，在 CP 脉冲作用下，触发器输出的状态都会进入有效循环圈内，此电路就能够自启动；反之，则此电路不能自启动。

综上所述，此电路是具有自启动功能的同步五进制加法计数器。

7.3.3　十进制计数器

使用最多的十进制计数器是按照 8421BCD 码进行计数的电路，下面分别讲解。

7.3.3.1　十进制同步加法计数器

（1）结构示意框图和状态图。

1）结构示意框图如图 7-22（a）所示。CP 是输入加法计数脉冲，C 是送给高位的输出进位信号，当 CP 到来时要求电路按照 8421BCD 码进行加法计数。十进制计数器，说得准确些应该是 1 位十进制计数器。

2）状态图如图 7-22（b）所示，它准确地表达了当 CP 不断到来时，应该按照 8421BCD 码进行递增计数的功能要求。

（2）电路图如图 7-23 所示。

（3）请按照时序电路的分析方法自行进行分析。

排列：$Q_3^n Q_2^n Q_1^n Q_0^n / C$

图 7-22 十进制同步加法计数器

(a) 结构示意框图；(b) 状态图

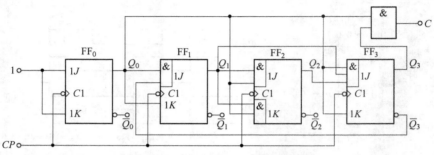

图 7-23 十进制同步加法计数器电路图

（4）检查电路能否自启动。将无效状态 1010~1111 分别代入状态方程进行计算，看在 CP 操作下都能否回到有效状态，以此判断电路能否自启动。

7.3.3.2 十进制同步减法计数器

（1）画状态图。如果在输入计数脉冲到来时，要求电路能够按照 8421BCD 码进行递减计数，则可画出如图 7-24 所示的状态图。

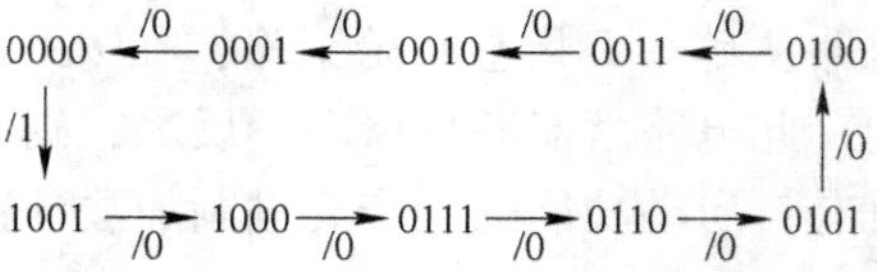

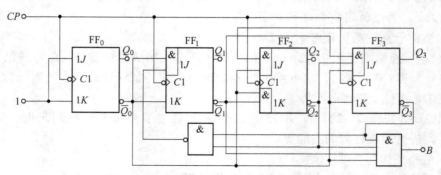

图 7-24 十进制同步减法计数器的状态图

（2）逻辑电路图。逻辑电路图如图 7-25 所示。

图 7-25 十进制同步减法计数器逻辑电路图

（3）请按照时序电路的分析方法自行进行分析。

（4）检查电路能否自启动。将无效状态 1010~1111 分别代入状态方程进行计算，看在 CP 操作下都能否回到有效状态，以此判断电路能否自启动。

7.3.4 集成计数器

7.3.4.1 集成同步计数器 74LS160/161/162/163

74LS160~163 均在计数脉冲 CP 的上升沿作用下进行加法计数，其中 74LS160/161 二者外引线相同，逻辑功能也相同，所不同的是 74LS160 为十进制，而 74LS161 为十六进制。下面以 74LS160/161 为例进行介绍。

（1）器件符号与外引线如图 7-26(a)、(b) 所示。

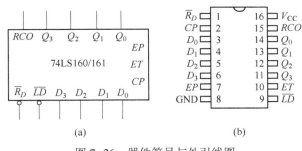

图 7-26　器件符号与外引线图
(a) 74LS160/161 器件符号图；(b) 外引线图

（2）器件功能分析。由表 7-7 可知，74LS160/161 具有以下几种功能：

1）异步清零。当 $\overline{R_D}=0$ 时，使计数器清零。由于 $\overline{R_D}$ 端的清零功能不受 CP 控制，故称为异步清零。

2）同步置数。当 $\overline{LD}=0$，但还需要 $\overline{R_D}=1$（清零无效），且逢 $CP=CP\uparrow$ 时，使 $Q_3Q_2Q_1Q_0=D_3D_2D_1D_0$ 即将初始数据 $D_3D_2D_1D_0$ 送到相应的输出端，实现同步预置数据。

3）保持功能。当 $\overline{R_D}=\overline{LD}=1$，同时 EP、ET 中有一个为 0 时，无论有无计数脉冲 CP 输入，计数器输出保持原状态不变。

4）计数功能。当 $\overline{R_D}=\overline{LD}=EP=ET=1$（均无效），且逢 $CP=CP\uparrow$ 时，74LS160/161 按十进制/十六进制加法方式进行计数。

表 7-7　集成计数器 74LS160/161 的功能表

输　　入									输　　出				功能总结
$\overline{R_D}$	$\overline{LD}$	EP	ET	CP	D_3	D_2	D_1	D_0	Q_3	Q_2	Q_1	Q_0	
0	×	×	×	×	×	×	×	×	0	0	0	0	异步清零
1	0	×	×	↑	d_3	d_2	d_1	d_0	d_3	d_2	d_1	d_0	同步置数
1	1	0	×	×	×	×	×	×	Q_3	Q_2	Q_1	Q_0	保持
1	1	×	0										
1	1	1	1	↑	×	×	×	×	同步加法计数				计数

74LS160 Q_{CC} 进位脉冲波形图如图 7-27 所示。74LS160~163 的功能比较见表 7-8。

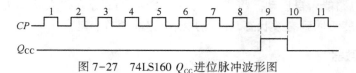

图 7-27　74LS160 Q_{CC} 进位脉冲波形图

注意：逢十进一，来 10 个 CP 上升沿产生 1 个 Q_{CC} 下降沿。

表 7-8　74LS160~163 的功能比较

功能\型号	进制	清零	预置数
160	十进制	低电平异步	低电平同步
161	十六进制	低电平异步	低电平同步
162	十进制	低电平同步	低电平同步
163	十六进制	低电平同步	低电平同步

7.3.4.2　74LS190——十进制可予置同步加/减计数器

74LS190 外引线图如图 7-28 所示。

S：使能端，$S=1$ 时保持，$S=0$ 时计数。

M：加/减工作控制端，$M=0$ 时加计数，$M=1$ 时减计数。

7.3.4.3　计数器的级联（计数器容量的扩展）

集成计数器一般都设置有级联用的输入端和输出端，只要正确地把它们连接起来，便可得到容量更大的计数器。

（1）串行级联（异步级联）。低位进位输出端连到高位计数输入端，如图 7-29 所示。

图 7-28　74LS190 外引线图

图 7-29　计数器串行级联示意图

（2）并行级联（同步级联）。$P=T=1$ 时计数，$P=T=0$ 时保持，用控制端实现级联，如图 7-30 所示。

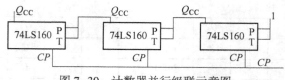

图 7-30　计数器并行级联示意图

7.3.5　用集成计数器构成任意进制（N 进制）计数器

用现有的 M 进制集成计数器构成 N 进制计数器时，如果 $M>N$，则只需一片 M 进制计数器；如果 $M<N$，则要用多片 M 进制计数器。

7.3.5.1　反馈清零法

反馈清零法是利用芯片的复位端和门电路，跳越 $M—N$ 个状态，从而获得 N 进制计数器的。

（1）直接清"0"复位法（异步清零）。例如用 74LS160/161 反馈清零法实现六进制计数器，如图 7-31 所示。当 $Q_3Q_2Q_1Q_0 = 0110$ 时，$Cr = 0$，清零，计数状态如图 7-31（b）所示，为六进制。注意：异步清零，N 为几清几，反馈 N。

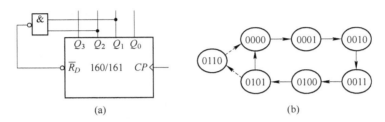

图 7-31　74LS60/161 反馈清零法实现六进制计数器

(a) 转换电路；(b) 计数过程（状态图）

（2）同步清"0"复位法。同步清"0"是在 CP 脉冲作用下清"0"。

74LS163 具有同步清"0"功能，例如用 74LS163 反馈清零法实现 12 进制计数器（图 7-32）。

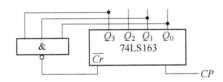

图 7-32　74LS163 反馈清零法实现 12 进制计数器

当 $Q_3Q_2Q_1Q_0 = 1011（11）$ 时，$Cr = 0$，此时为清"0"作好准备，只有当第 12 个 CP（下一个）到来时，才清零。计数状态为。

$$0000 \rightarrow 0001 \rightarrow 0010 \rightarrow 0011 \rightarrow 0100 \rightarrow 0101$$
$$\uparrow \qquad\qquad\qquad\qquad\qquad\qquad\quad \downarrow$$
$$1011 \leftarrow 1010 \leftarrow 1001 \leftarrow 1000 \leftarrow 0111 \leftarrow 0110$$

注意：同步清零，N 为几清几，反馈 $N-1$。

7.3.5.2　预置数法

预置数法是利用预置数端 $\overline{LD}$ 和数据输入端 $D_3D_2D_1D_0$ 来实现的，因 $\overline{LD}$ 是同步预置数，所以只能采用 $N-1$ 值反馈法。

（1）置"0"复位（去上段）。例如用 74LS160/161 构成六进制计数如图 7-33 所示。

令 $D_3D_2D_1D_0 = 0000$，当 $Q_3Q_2Q_1Q_0 = 0101（5）$ 时，$LD = 0$ 为置数作好准备，当第 6 个 CP（下一个 CP）到来时，完成置数，即 $Q_3Q_2Q_1Q_0 = D_3D_2D_1D_0 = 0000$ 复位。状态图中的上段 0110~1111 被去掉。

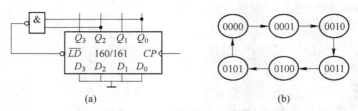

图 7-33　74LS160/161 预置数法实现六进制计数

(a) 转换电路；(b) 计数过程（状态图）

注意：置"0"复位需反馈 $N-1$。提前 1 个 CP 为置数作好准备；当第 N 个 CP 到来时，完成置"0"。

（2）用进位输出置最小数（去下段）。例如用 74LS161 构成九进制计数器。电路如图 7-34 所示。

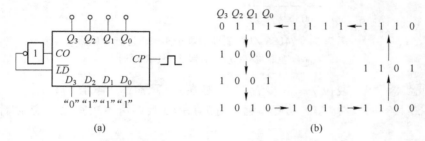

图 7-34　预置数法构成九进制计数器（同步预置）

(a) 构成电路；(b) 状态图

令 $D_3D_2D_1D_0 = 0111$，当 $Q_3Q_2Q_1Q_0 = 1111(15)$ 时，$Q_{CC} = 1$，$LD = 0$ 准备置数，当下一个 $CP(16)$ 来时置数，即 $Q_3Q_2Q_1Q_0 = D_3D_2D_1D_0 = 0111$，原来状态图中的下段 $0000 \sim 0110$ 七个状态被去掉。注意：第一个循环还是十六进制，从第二个循环开始为九进制。$16-7 = 9$。需置最小数（$16-N$）。

（3）置最大数（去中段）。用 74LS161 构成十二进制计数器如图 7-35 所示。

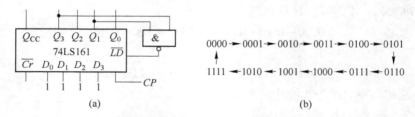

图 7-35　预置数法构成十二进制计数器（同步预置）

(a) 构成电路；(b) 状态图

令 $D_3D_2D_1D_0 = 1111$，当 $Q_3Q_2Q_1Q_0 = 1010(10)$ 时，$LD = 0$ 准备置数，当下一个 $CP(11$ 个）来时置数即 $Q_3Q_2Q_1Q_0 = D_3D_2D_1D_0 = 1111$，计数状态如图 7-35(b) 所示。原来状态图中的中段 $1011 \sim 1110$ 四个状态被去掉。注意：置最大数，需反馈 $N-2$。

总结：清"0"复位法简单，但进位端无脉冲输出，但是译码显示正常，常用于计数。置数法，译码显示不正常，但进位端有脉冲输出，常用于分频和控制。

【任务实施】计数分频器电路的设计与制作

（1）项目目的。

1）掌握由 74LS161 构成的计数分频器的基本电路。

2）通过对计数分频器的安装和调试，使学生掌握小型实用电路的制作，培养学生的学习兴趣和动手操作能力。

（2）项目要求。

1）设计出电路的原理图和印制板（PCB）图。

2）列出元器件及参数清单。

3）元器件的检测与预处理。

4）元器件焊接与电路装配。

5）在制作过程中及时发现故障并进行处理。

6）能独立进行电路工作原理的分析。

7）熟练掌握 74LS161、74LS48、74LS153、74LS00、BS207 等电子元器件识别、测量及使用。

8）掌握电路的安装、调试方法，解决遇到的各种问题。

（3）认识电路及其工作过程。

1）参考电路，如图 7-36 所示。74LS161 为四位二进制计数器、74LS48 为显示译码器、74LS153 为四选一数选器、74LS00 为四 2 输入与非门、BS207 为数码显示器。

2）电路原理。电路采用预置数法进行数制转换。

当 $A_1A_0 = 00$ 时，$Y = D_0$，为四进制计数（四分频）；

当 $A_1A_0 = 01$ 时，$Y = D_1$，为六进制计数（六分频）；

当 $A_1A_0 = 10$ 时，$Y = D_2$，为七进制计数（七分频）；

当 $A_1A_0 = 11$ 时，$Y = D_3$，为十进制计数（十分频）。

（4）认识器件。74LS161、74LS48、74LS153、BS207、74LS00 各一块，熟悉 74LS161、74LS48、74LS153、BS207、74LS00 的外引脚排列图及引脚功能。

（5）电路安装、焊接及测试。

1）电路安装、焊接。按照图 7-36 所示电路安装好元器件，焊接完成即可。

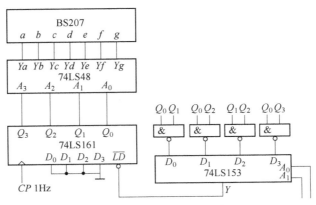

图 7-36　计数分频器电路

2) 电路测试。

① 电路安装连接完毕后，对照原理图，仔细检查连接关系是否正确。

② 用万用表检测电源是否有短路问题，待确认无误后，方可通电测试。

③ 测试要求：按表 7-9 逐项进行测试看显示结果并将显示结果填进表 7-9。

表 7-9　测试要求

A_1	A_0	Y	计数进制	显示结果	分频	结论
0	0	D_0	4			
0	1	D_1	6			
1	0	D_2	7			
1	1	D_3	10			

④ 完成测试，并分析测量结果。

3）74LS161 CP 端输入适当频率方波信号，用双踪示波器观察 74LS161 的 Q_{CC} 与 CP 端波形，看计数器的分频作用，并画出波形。

4）试用 74LS160、74LS48、BS207 各两块、74LS00 一块实现二十四进制计数器。要求画出电路图，并连线实现。

小　结

（1）时序逻辑电路通常由组合电路及存储电路两部分组成，有记忆的功能。常用的时序逻辑电路有计数器和寄存器。

（2）时序逻辑电路的分析步骤是写出逻辑方程组（含驱动方程、状态方程和输出方程），列出状态表，画出状态图或时序图，指出电路的逻辑功能。

（3）计数器按照 CP 脉冲的工作方式分为同步计数器和异步计数器，各有优缺点，学习的重点是集成计数器的特点和功能应用。

（4）寄存器按功能可分为数据寄存器和移位寄存器，移位寄存器既能接收、存储数据，又可将数据按一定方式移动。

（5）常用的表示时序电路逻辑功能的方法有 6 种：逻辑图、逻辑表达式、状态表、卡诺图、状态图和时序图。它们虽然形式不同，特点各异，但在本质上是相通的，可以互相转换。对初学者尤其要注意由逻辑图到状态图和时序图及由状态图到逻辑图的转换。

（6）无论是从电路结构和逻辑功能看，还是从表示方法着眼，乃至于从基本分析、设计方法出发，计数器都是极具典型性和代表性的时序逻辑电路，而且它的应用十分广泛、几乎是无处不在。所以作为重点，从综合角度进行了较为详细的介绍，并且还仔细地讲解了用集成计数器构成 N 进制计数器的方法。

（7）寄存器、读写存储器、顺序脉冲发生器、三态逻辑与微机接口、可编程计数器和可编程逻辑器件等也都是比较典型、应用很广的时序电路，要注意有关概念和方法的理解和学习。

自 测 题

扫描二维码获得本项目自测题。

项目8 流水灯控制电路的设计与制作

【项目目标】

彩灯循环电路一般由振荡器，移位寄存器，显示电路等几部分组成。而555定时器可以实现多谐振荡器、单稳态触发器及施密特触发器等脉冲产生与变换电路。通过完成实际项目深刻理解555定时器的应用。

【知识目标】

（1）了解单稳态触发器、多谐振荡器和施密特触发器的电路结构和工作原理。
（2）掌握单稳态触发器、多谐振荡器和施密特触发器电路的特点与应用。
（3）掌握由555定时器构成的单稳态触发器、多谐振荡器和施密特触发器的电路。

【技能目标】

能够应用555定时器设计、制作一些实际应用电路。

8.1 脉冲信号产生与整形电路

8.1.1 多谐振荡器

多谐振荡器又称为无稳态触发器，它没有稳定的输出状态，只有两个暂稳态。在电路处于某一暂稳态后，经过一段时间可以自行触发翻转到另一暂稳态。两个暂稳态自行相互转换而输出一系列矩形波。多谐振荡器可用作方波发生器。

多谐振荡器电路是一种矩形波产生电路，这种电路不需要外加触发信号，便能连续地、周期性地自行产生矩形脉冲，该脉冲是由基波和多次谐波构成，因此称为多谐振荡器电路。

由门电路组成的多谐振荡器的特点如下：
（1）产生高、低电平的开关器件，如门电路、电压比较器、BJT等。
（2）具有反馈网络，将输出电压恰当地反馈给开关器件使之改变输出状态。
（3）有延迟环节，利用RC电路的充、放电特性可实现延时，以获得所需要的振荡频率（在许多实用电路中，反馈网络兼有延时的作用）。

8.1.1.1 带RC延迟电路环形振荡器

带RC延迟电路环形振荡器如图8-1所示。

振荡器的振荡周期为：$T \approx 2.2RC$。调节R和C值，可改变输出信号的振荡频率，通常用改变C实现输出频率的粗调，改变电位器R实现输出频率的细调。

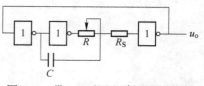

图8-1 带RC延迟电路环形振荡器

R_S 为限流电阻，一般取 100Ω，电位器 R 要求不超过 $1k\Omega$，电路利用电容 C 的充放电过程，控制与非门的自动启闭，形成多谐振荡，电容 C 的充电时 t_{w1}、放电时间 t_{w2} 和总的振荡周期 T 分别为 $t_{w1}\approx0.94RC$，$t_{w2}\approx1.26RC$，$T\approx2.2RC$。调节 R 和 C 的大小可改变电路输出的振荡频率。这种电路输出频率的稳定性较差。

8.1.1.2 石英晶体多谐振荡器

电路如图 8-2 所示。当要求多谐振荡器的工作频率稳定性很高时，上述多谐振荡器的精度已不能满足要求。为此常用石英晶体作为信号频率的基准。用石英晶体与门电路构成的多谐振荡器常用来为微型计算机等提供时钟信号。图 8-2 所示为常用的晶体稳频多谐振荡器，$f=f_0$。

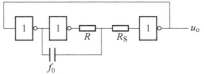

石英晶体多谐振荡器特点：频率稳定度高。

图 8-2 石英晶体多谐振荡器

8.1.2 单稳态触发器

我们知道，因为触发器有两个稳定的状态，即 0 和 1，所以触发器也被称为双稳态电路。与双稳态电路不同，单稳态触发器只有一个稳定的状态，这个稳定状态要么是 0，要么是 1。单稳态触发器的工作特点如下。

（1）在没有受到外界触发脉冲作用的情况下，单稳态触发器保持在稳态。

（2）在受到外界触发脉冲作用的情况下，单稳态触发器翻转，进入"暂稳态"。假设稳态为 0，则暂稳态为 1。

（3）经过一段时间，单稳态触发器从暂稳态返回稳态。单稳态触发器在暂稳态停留的时间仅仅取决于电路本身的参数。

单稳态触发器的特点是电路有一个稳定状态和一个暂稳状态。在触发信号作用下，电路将由稳态翻转到暂稳态，暂稳态是一个不能长久保持的状态，由于电路中 RC 延时环节的作用，经过一段时间后，电路会自动返回到稳态，并在输出端获得一个脉冲宽度为 t_w 的矩形波。在单稳态触发器中，输出的脉冲宽度 t_w，就是暂稳态的维持时间，其长短取决于电路的参数值。

8.1.2.1 微分型单稳态触发器电路

微分型单稳态触发器如图 8-3 所示。包含阻容元件构成的微分电路。因为 CMOS 门电路的输入电阻很高，所以其输入端可以认为开路。电容 C_d 和电阻 R_d 构成一个时间常数很小的微分电路，它能将较宽的矩形触发脉冲 v_I 变成较窄的尖触发脉冲 v_d。稳态时，v_I 等于 0，v_d 等于 0，v_{I2} 等于 V_{DD}，v_o 等于 0，v_{OI} 等于 V_{DD}，电容 C 两端的电压等于 0。触发脉冲到达时，v_I 大于 V_{TH}，v_d 大于 V_{TH}，v_{OI} 等于 0，v_{I2} 等于 0，v_o 等于 V_{DD}，电容 C 开始充电，电路进入暂稳态。当电容 C 两端的电压上升到 V_{TH} 时，即 v_{I2} 上升到 V_{TH} 时，v_o 等于 0，电路退出暂稳态，电路的输出恢复到稳态。显然，输出脉冲宽度等于暂稳态持续时间。电路退出暂稳态时，v_d 已经回到 0（这是电容 C_d 和电阻 R_d 构成的微分电路决定的），所以 v_{OI} 等于 V_{DD}，v_{I2} 等于 $V_{TH}+V_{DD}$，电容 C 通过 G_2 输入端的保护电路迅速放电。当 v_{I2} 下降到 V_{DD} 时，电路内部也恢复到稳态。

8.1.2.2 积分型单稳态触发器电路

积分型单稳态触发器如图 8-4 所示。包含阻容元件构成的积分电路。稳态时，v_I 等于

0，v_{OI}、v_A 和 v_O 等于 V_{OH}。触发脉冲到达时，v_I 等于 V_{OH}，v_{OI} 等于 V_{OL}，v_A 仍等于 V_{OH}，v_O 等于 V_{OL}，电容 C 开始通过电阻 R 放电，电路进入暂稳态。当电容 C 两端的电压下降到 V_{TH} 时，即 v_A 下降到 V_{TH} 时，v_O 等于 V_{OH}，电路退出暂稳态，电容 C 的放电过程要持续到触发脉冲消失。v_I 回到 V_{OL} 后，v_{OI} 又变成 V_{OH}，电容 C 转为充电。当 v_A 上升到 V_{OH} 后，电路内部也恢复到稳态。

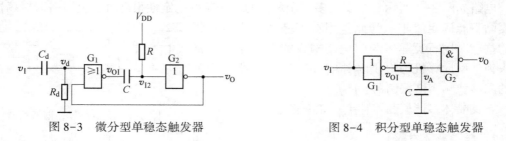

图 8-3　微分型单稳态触发器　　　　　图 8-4　积分型单稳态触发器

8.1.2.3　集成单稳态触发器

在普通微分型单稳态触发器的基础上增加一个输入控制电路和一个输出缓冲电路就可以构成集成单稳态触发器，如图 8-5 所示。输入控制电路实现了触发脉冲宽度转换功能以及触发脉冲边沿选择功能。输出缓冲电路则提高了电路的负载能力。

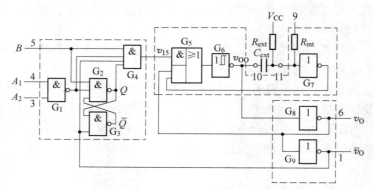

图 8-5　微分型单稳态触发器

集成单稳态触发器有两种类型：可重触发的和不可重触发的。在暂稳态期间，前者受触发脉冲的影响而后者不受触发脉冲的影响。假设单稳态触发器的输出脉冲宽度为 T 秒，两个相隔 τ 秒的触发脉冲先后到达，$\tau<T$，那么，它在第一个触发脉冲的作用下进入暂稳态，这个暂稳态还没有结束，第二个触发脉冲就到达了。对于可重触发的单稳态触发器来说，电路将被重新触发，输出脉冲的宽度等于 $\tau+T$ 秒；对于不可重触发的单稳态触发器来说，电路将不被重新触发，输出脉冲的宽度等于 T 秒。

74LS121 芯片是一种常用的单稳态触发器，常用在各种数字电路和单片机系统的显示系统之中，74LS121 的输入采用了施密特触发输入结构，所以 74LS121 的抗干扰能力比较强，74LS121 的逻辑图如图 8-5 所示，74LS121 管脚图和逻辑符号如图 8-6 所示。

各管脚的功能描述如下：

（1）管脚 3（A_1）、4（A_2）是负边沿触发的输入端。

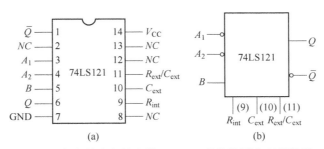

图 8-6　集成单稳态触发器 74LS121 的管脚图和逻辑符号

（2）管脚 5（B）是同相施密特触发器的输入端，对于慢变化的边沿也有效。

（3）管脚 10（C_{ext}）和管脚 11（R_{ext}/C_{ext}）接外部电容（C_x），电容范围在 10pF～10μF 之间。

（4）管脚 9（R_{int}）一般与管脚 14（V_{CC}，接+5V）相连接；如果管脚 11 为外部定时电阻端时，应该将管脚 9 开路，把外接电阻（R_x）接在管脚 11 和管脚 14 之间，电阻的范围在 2～40kΩ 之间。

（5）其他管脚：管脚 7（GND）、管脚 2、8、13 为空脚。

74LS121 单稳态触发电路如图 8-7 所示，功能表见表 8-1。

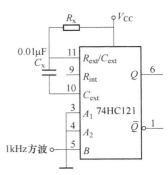

图 8-7　74LS121 单稳态触发电路

表 8-1　74LS121 功能表

A_1	A_2	B	Q	$\overline{Q}$	A_1	A_2	B	Q	$\overline{Q}$
L	×	H	L	H	H	↓	H	⊓	⊔
×	L	H	L	H	↓	H	H	⊓	⊔
×	×	L	L	H	↓	↓	H	⊓	⊔
H	H	×	L	H	L	×	↑	⊓	⊔
					×	L	↑	⊓	⊔

74LS121 集成单稳态触发器的输出脉冲宽度 t_w，决定于 C_x 的充电时间常数，可用 $t_w ≈ 0.7R_xC_x$ 估算。为了得到高精度的脉冲宽度，可用高质量的外接电容和电阻。

8.1.3　施密特触发器

8.1.3.1　施密特触发器

施密特触发电路是一种波形整形电路，当任何波形的信号进入电路时，输出在正、负饱和之间跳动，产生方波或脉波输出。不同于比较器，施密特触发电路有两个临界电压且形成一个滞后区，可以防止在滞后范围内之噪声干扰电路的正常工作。如遥控接收线路，传感器输入电路都会用到它整形。

（1）由门电路构成的施密特触发器（74LS00）。图 8-8 所示是由门电路构成的施密特触发器，U_{T+}：上限触发转换电平；U_{T-}：下限触发转换电平。$\Delta U_T = U_{T+} - U_{T-}$：回差电压。

（2）74LS14 六反相器（有施密特触发器）。图 8-9 是 74LS14 六反相器（有施密特触发器）的管脚图。图 8-10 是 74LS14 六反相器（有施密特触发器）的输入输出工作波形图。

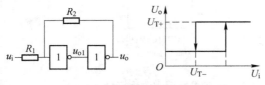

图 8-8　门电路构成的施密特触发器

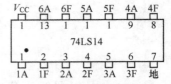

图 8-9　74LS14 六反相器管脚图

（3）电压比较器构成的施密特触发器。施密特触发器（图 8-11）常用接入正反馈的比较器来实现而不像运算放大器电路常接入负反馈。对于这一电路，翻转发生在接近地的位置，迟滞量由 R_1 和 R_2 的阻值控制：比较器提取了两个输入之差的符号。当同相（+）输入的电压高于反相（-）输入的电压时，比较器输出翻转到高工作电压 $+V_S$；当同相（+）输入的电压低于反相（-）输入的电压时，比较器输出翻转到低工作电压 $-V_S$。这里的反相（-）输入是接地的，因此这里的比较器实现了符号函数，具有二态输出的特性，只有高和低两种状态，当同相（+）端连续输入时总有相同的符号。

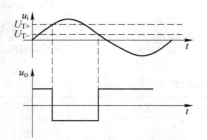

图 8-10　74LS14 六反相器波形图

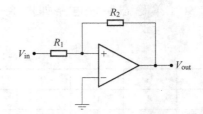

图 8-11　电压比较器构成的施密特触发器

由于电阻网络将施密特触发器的输入端［即比较器的同相（+）端］和比较器的输出端连接起来，施密特触发器的表现类似比较器，能在不同的时刻翻转电平，这取决于比较器的输出是高还是低。若输入是绝对值很大的负输入，输出将为低电平；若输入是绝对值很大的正输入，输出将为高电平，这就实现了同相施密特触发器的功能。不过对于取值处于两个阈值之间的输入，输出状态同时取决于输入和输出。例如，如果施密特触发器的当前状态是高电平，输出会处于正电源轨（$+V_S$）上。这时 V_+ 就会成为 V_{in} 和 $+V_S$ 间的分压器。在这种情况下，只有当 $V_+ = 0$（接地）时，比较器才会翻转到低电平。由电流守恒，可知此时满足下列关系：

$$\frac{V_{in}}{R_1} = -\frac{V_S}{R_2}$$

因此 V_{in} 必须降低到低于 $-\dfrac{R_1}{R_2}V_S$ 时，输出才会翻转状态。一旦比较器的输出翻转到 $-V_S$，翻转回高电平的阈值就变成了 $+\dfrac{R_1}{R_2}V_S$。

非反相施密特比较器典型的滞回曲线，与其符号上的曲线一致，M 是电源电压，T 是阈值电压（图 8-12）。这样，电路就形成了一段围绕原点的翻转电压带，而触发电平是 $\pm\dfrac{R_1}{R_2}V_S$。只有当输入电压上升到电压带的上限，输出才会翻转到高电平；只有当输入电压下降到电压带的下限，输出才会翻转回低电平。若 R_1 为 0，R_2 为无穷大（即开路），电压带的宽度会压缩到 0，此时电路就变成一个标准比较器。阈值 T 由 $+\dfrac{R_1}{R_2}V_S$ 给出，输出 M 的最大值是电源值，实际配置的非反相施密特触发电路如图 8-13 所示。

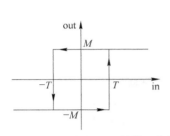

图 8-12 施密特触发器的滞回曲线

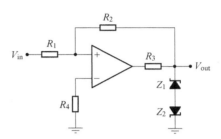

图 8-13 非反相施密特触发电路

输出特性曲线与上述基本配置的输出曲线形状相同，阈值大小也与上述配置满足相同的关系。不同点在于上例的输出电压取决于供电电源，而这一电路的输出电压由两个齐纳二极管（也可用一个双阳极齐纳二极管代替）确定。在这一配置中，输出电平可以通过选择适宜的齐纳二极管来改变，而输出电平对于电源波动具有抵抗力，也就是说输出电平提高了比较器的电源电压抑制比（PSRR）。电阻 R_3 用于限制通过二极管的电流，电阻 R_4 将比较器的输入漏电流引起的输入失调电压降低到最小。

图 8-15 是一个反相施密特触发器的例子，图 8-14 是其滞回曲线，其中 U_e 是输入电 U_r 是参考电压。

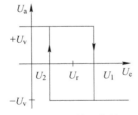

图 8-14 滞回曲线

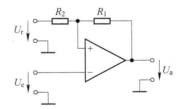

图 8-15 反相施密特触发器

上述电路满足如下关系：

$$U_1 = U_r + \frac{R_2}{R_1 + R_2} \cdot (U_v - U_r) = \frac{R_1 \cdot U_r + R_2 \cdot U_v}{R_1 + R_2}$$

$$U_2 = U_r + \frac{R_2}{R_1 + R_2} \cdot (-U_v - U_r) = \frac{R_1 \cdot U_r - R_2 \cdot U_v}{R_1 + R_2}$$

其中，U_1、U_2 为阈值电压；U_v 为电源电压。

（4）集成施密特触发器。

1）下列 7400 系列元件在其全部输入部分都包含施密特触发器：

7413——4 输入端双与非施密特触发器。

7414——六反相施密特触发器。

7418——双 4 输入与非门（施密特触发）。

7419——六反相施密特触发器。

74121——单稳态多谐振荡器（具施密特触发器输入）。

74132——2 输入端四与非施密特触发器。

74221——双单稳态多谐振荡器（具施密特触发器输入）。

74232——四或非施密特触发器。

74310——八位缓冲器（具施密特触发器输入）。

74340——八总线反相缓冲器（三态输出）（具施密特触发器缓冲）。

74341——八总线非反相缓冲器（三态输出）（具施密特触发器缓冲）。

74344——八总线非反相缓冲器（三态输出）（具施密特触发器缓冲）。

74540——八位三态反相输出总线缓冲器（具施密特触发器输入）。

74541——八位三态非反相输出总线缓冲器（具施密特触发器输入）。

74（HC/HCT）7541——八位三态非反相输出总线缓冲器（具施密特触发器输入）。

SN74LV8151——具有三态输出的 10 位通用施密特触发缓冲器。

2）4000 系列元件中的多个型号在其输入部分都包含施密特触发器，例如：

14093——四 2 输入与非施密特触发器。

40106——六施密特触发反向器。

14538——双精度单稳态多谐振荡器。

4020——14 级二进制串行计数器。

4024——7 级二进制串行计数器。

4040——12 级二进制串行计数器。

4017——十进制计数器（具 10 个译码输出端）。

4022——八进制计数器（具 8 个译码输出端）。

4093——2 输入端四与非施密特触发器。

3）双施密特输入配置单门 CMOS 逻辑、与门、或门、异或门、与非门、或非门、同或门：

NC7SZ57（Fairchild）

NC7SZ58（Fairchild）

SN74LVC1G57

SN74LVC1G58

8.1.3.2　施密特触发器的应用

A　振荡器

施密特触发器是一种双稳态多谐振荡器，可用来实现另一种多谐振荡器——弛张振荡器。实现的方法是在反相施密特触发器上连接一个电阻-电容网络，具体步骤是将电容连接在输入和地之间，将电阻连接在输出和输入之间。电路的输出是方波，其频率取决于 R 和 C 的取值以及施密特触发器的阈值点。因为多个施密特触发电路可以由单个集成电路

（例如 4000 系列 CMOS 型元件 40106 包含 6 个施密特触发器）来提供，因此只需要两个外部组件就可以利用集成电路未使用的部分来构成一个简单可靠的振荡器。

此处，基于比较器的施密特触发器是反相配置，也就是说输入和地是由图 8-16 所示的施密特触发器翻转，因此，绝对值很大的负信号对应正输出，绝对值很大的正信号对应负输出。此外，接入 RC 网络的同时也接入了慢负反馈。结果就如图 8-17 所示，输出从 V_{SS} 到 V_{DD} 自动振荡，这一过程中电容充电，输出从施密特触发器的一个阈值变化到另一个阈值。

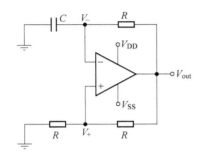

图 8-16 基于比较器的弛张振荡器

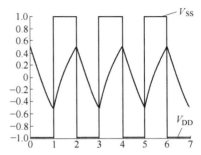

图 8-17 基于比较器的弛张振荡器的输出和电容波形

施密特触发器在开环配置中常用于抗干扰，在闭环正反馈配置中常用于实现多谐振荡器。

B 抗干扰

施密特触发器的一个应用是增强仅有单输入阈值的电路的抗干扰能力。由于只有一个输入阈值，阈值附近的噪声输入信号会导致输出因噪声来回地快速翻转。但是对于施密特触发器，阈值附近的噪声输入信号只会导致输出值翻转一次，若输出要再次翻转，噪声输入信号必须达到另一阈值才能实现，这就利用了施密特触发器的回差电压来提高电路的抗干扰能力。

8.2 555 定时器

8.2.1 555 定时器介绍

555 定时器是一种模拟和数字功能相结合的中规模集成器件。一般用双极型（TTL）工艺制作的称为 555，用互补金属氧化物（CMOS）工艺制作的称为 7555，除单定时器外，还有对应的双定时器 556/7556。555 定时器的电源电压范围宽，可在 4.5~16V 工作，7555 可在 3~18V 工作，输出驱动电流约为 200mA，因而其输出可与 TTL、CMOS 或者模拟电路电平兼容。

555 定时器成本低，性能可靠，只需要外接几个电阻、电容，就可以实现多谐振荡器、单稳态触发器及施密特触发器等脉冲产生与变换电路。它也常作为定时器广泛应用于仪器仪表、家用电器、电子测量及自动控制等方面。

555 定时器的内部电路框图如图 8-18 所示。它内部包括两个电压比较器，三个等值串联电阻，一个 RS 触发器，一个放电管 T 及功率输出级。它提供两个基准电压 $\frac{1}{3}V_{cc}$ 和 $\frac{2}{3}V_{cc}$。

555 定时器的功能主要由两个比较器决定。两个比较器的输出电压控制 RS 触发器和放电管的状态。在电源与地之间加上电压，当 5 脚悬空时，则电压比较器 C_1 的同相输入端的电

压为 $\frac{2}{3}V_{CC}$，C_2 的反相输入端的电压为 $\frac{1}{3}V_{CC}$。若

触发输入端 TR 的电压小于 $\frac{1}{3}V_{CC}$，则比较器 C_2 的

输出为 0，可使 RS 触发器置 1，使输出端 $OUT =$

1。如果阈值输入端 TH 的电压大于 $\frac{2}{3}V_{CC}$，同时

TR 端的电压大于 $\frac{1}{3}V_{CC}$，则 C_1 的输出为 0，C_2 的

输出为 1，可将 RS 触发器置 0，使输出为 0 电平。

555 定时器（图 8-19）的各个引脚功能如下。

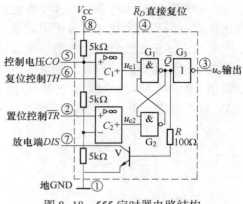

图 8-18　555 定时器电路结构

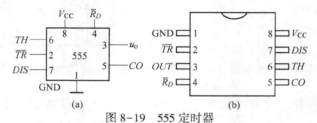

图 8-19　555 定时器

（a）逻辑符号；（b）外引线排列图

1—地，2—触发端；3—输出端，4—复位端（低电平有效）；5—控制端；6—阈值端；7—放电端；

8—电源：2 脚 $TR \leqslant \frac{1}{3}V_{CC}$ 时，U_O = "1"；6 脚 $TH \geqslant \frac{2}{3}V_{CC}$ 时，U_O = "0"；4 脚 $R = 0$ 时，U_O = "0"。

1 脚：外接电源负端 V_{ss} 或接地，一般情况下接地。

2 脚：低触发端。

3 脚：输出端 V_O。

4 脚：是直接清零端。当此端接低电平，则时基电路不工作，此时不论 TR、TH 处于何电平，时基电路输出为 "0"，该端不用时应接高电平。

5 脚：VC 为控制电压端。若此端外接电压，则可改变内部两个比较器的基准电压，当该端不用时，应将该端串入一只 $0.01\mu F$ 电容接地，以防引入干扰。

6 脚：TH 高触发端。

7 脚：放电端。该端与放电管集电极相连，用做定时器时电容的放电。

8 脚：外接电源 V_{CC}，双极型时基电路 V_{CC} 的范围是 $4.5 \sim 16V$，CMOS 型时基电路 V_{CC} 的范围为 $3 \sim 18V$。一般用 5V。

在 1 脚接地，5 脚未外接电压，两个比较器 A1、A2 基准电压分别为 $\frac{2}{3}V_{CC}$ 和 $\frac{1}{3}V_{CC}$ 的情况下，555 时基电路的功能表见表 8-2。

表 8-2　555 定时器的功能表

清零端	高触发端 TH	低触发端 TL	Q	放电管	功　能
0	×	×	0	导通	直接清零
1	0	1	×	保持上一状态	保持上一状态

清零端	高触发端 TH	低触发端 TL	Q	放电管	功 能
1	1	0	1	截止	置 1
1	0	0	1	截止	置 1
1	1	1	0	导通	清零

555 定时器是美国 Signetics 公司 1972 年研制的用于取代机械式定时器的中规模集成电路，因输入端设计有三个 5kΩ 的电阻而得名。此电路后来竟风靡世界。目前，流行的产品主要有 4 个：BJT 两个：555，556（含有两个 555）；CMOS 两个：7555，7556（含有两个 7555）。555 定时器可以说是模拟电路与数字电路结合的典范。两个比较器 C_1 和 C_2 各有一个输入端连接到三个电阻 R 组成的分压器上，比较器的输出接到 RS 触发器上。此外还有输出级和放电管。输出级的驱动电流可达 200mA。

8.2.2 555 定时器应用

8.2.2.1 555 定时器构成单稳态触发器

A 电路

由 555 定时器构成的单稳态触发器如图 8-20(a) 所示，图 8-20(b) 为其工作波形。

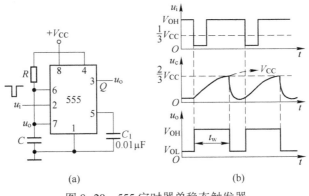

图 8-20 555 定时器单稳态触发器

B 工作原理

单稳态触发器的特点是电路有一个稳定状态和一个暂稳状态。在触发信号作用下，电路将由稳态翻转到暂稳态，暂稳态是一个不能长久保持的状态，由于电路中 RC 延时环节的作用，经过一段时间后，电路会自动返回到稳态，并在输出端获得一个脉冲宽度为 t_w 的矩形波。在单稳态触发器中，输出的脉冲宽度 t_w 就是暂稳态的维持时间，其长短取决于电路的参数值。

由 555 构成的单稳态触发器电路及工作波形如图 8-20(a) 所示。图中 R、C 为外接定时元件，输入的触发信号 u_i 接在低电平触发端（2 脚）。

稳态时，输出 u_o 为低电平，即无触发器信号（u_i 为高电平）时，电路处于稳定状态——输出低电平。在 u_i 负脉冲作用下，低电平触发端得到低于 $\frac{1}{3}V_{CC}$，触发信号，输出 u_o

为高电平，放电管 VT 截止，电路进入暂稳态，定时开始。

在暂稳态期间，电源 $+V_{CC} \rightarrow R \rightarrow C \rightarrow$ 地，对电容充电，充电时间常数 $T=RC$，u_c 按指数规律上升。当电容两端电压 u_c 上升到 $\frac{2}{3}V_{CC}$ 后，6 端为高电平，输出 u_o 变为低电平，放电管 VT 导通，定时电容 C 充电结束，即暂稳态结束。电路恢复到稳态 u_o 为低电平的状态。当第二个触发脉冲到来时，又重复上述过程。工作波形图如图 8-20(b) 所示。

可见，输入一个负脉冲，就可以得到一个宽度一定的正脉冲输出，其脉冲宽度 t_w 取决于电容器由 0 充电到 $\frac{2}{3}V_{CC}$ 所需要的时间。由分析可得：输出正脉冲宽度（定时时间）$t_w =$ 1.1RC。这种电路产生的脉冲宽度 t_w 与定时元件 R、C 大小有关，通常 R 的取值为几百欧至几兆欧，电容取值为几百皮法到几百微法。单稳态触发器输出脉冲宽度 t_w 仅取决于定时元件 R、C 的取值，与输入触发信号和电源电压无关，调节 R、C 即可改变输出脉冲宽度。通过改变 R、C 的大小，可使延时时间在几个微秒和几十分钟之间变化。当这种单稳态电路作为计时器时，可直接驱动小型继电器，并可采用复位端接地的方法来终止暂态，重新计时。此外需用一个续流二极管与继电器线圈并接，以防继电器线圈反电势损坏内部功率管。

C　单稳态触发器的应用

（1）脉冲整形。由单稳态触发器构成的脉冲整形输入输出波形如图 8-21 所示，输入不规则波形经过单稳态触发器电路输出波形就变得很规则，即单稳态触发器可以完成脉冲整形。

（2）脉冲延时与定时。如图 8-22 所示为脉冲延时与定时示意图和工作波形。

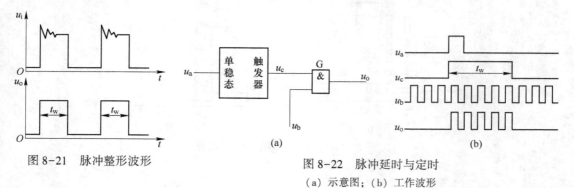

图 8-21　脉冲整形波形

图 8-22　脉冲延时与定时
（a）示意图；（b）工作波形

（3）简易触摸定时开关电路。如图 8-23 所示为一简易触摸开关电路，图中 IC 是集成 555 定时器，它构成单稳态触发器，当用手触摸一金属片时，低电平触发端得到低于 $\frac{1}{3}V_{CC}$ 触发信号，输出 u_o 为高电平，发光二极管亮，放电管 VT 截止，电路进入暂稳态，定时开始。经过一定时间 $t_w = 1.1RC$，发光二极管熄灭，该

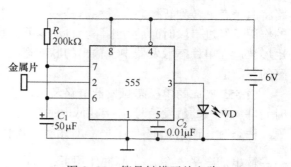

图 8-23　简易触摸开关电路

原理电路可用于床头灯、卫生间等场所。

8.2.2.2　555 定时器构成多谐振荡器

A　电路

由 555 定时器构成的多谐振荡器电路如图 8-24(a) 所示，R_1、R_2 和 C 是外接定时元件，电路中将高电平触发端（6 脚）和低电平触发端（2 脚）并接后接到 R_2 和 C 的连接处，将放电端（7 脚）接到 R_1、R_2 的连接处。

B　工作原理

由于接通电源瞬间，电容 C 来不及充电，电容器两端电压 u_c 低电平，小于 $\frac{1}{3}V_{CC}$，故高电平触发端与低电平触发端均为低电平，输出 u_o 为高电平，放电管 VT 截止。这时，电源经 R_1、R_2 对电容 C 充电，使电压 u_c 按指数规律上升，当 u_c 上升到 $\frac{2}{3}V_{CC}$ 时，输出 u_o 为低电平，放电管 VT 导通。把 u_c 从 $\frac{1}{3}V_{CC}$ 上升到 $\frac{2}{3}V_{CC}$ 这段时间内电路的状态称为第一暂稳态，其维持时间 t_{w1} 的长短与电容的充电时间有关，充电时间常数 $T_充 = (R_1+R_2)C$。

由于放电管 VT 导通，电容 C 通过电阻 R_2 和放电管放电，电路进入第二暂稳态，其维持时间 t_{w2} 的长短与电容的放电时间有关，放电时间常数 $T_放 = R_2C_0$，随着 C 的放电，u_c 下降，当 u_c 下降到 $\frac{1}{3}V_{CC}$ 时，输出 u_o 为高电平，放电管 VT 截止，V_{CC} 再次对电容 C 充电，电路又翻转到第一暂稳态。不难理解，接通电源后，电路就在两个暂稳态之间来回翻转，则输出可得矩形波。电路一旦起振后，u_c 电压总是在 $\left(\frac{1}{3} \sim \frac{2}{3}\right)V_{CC}$ 之间变化。图8-24(b) 所示为工作波形。

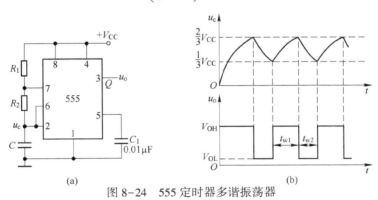

图 8-24　555 定时器多谐振荡器

T 截止，电容 C 充电。充电回路是 $V_{CC} \rightarrow R_1 \rightarrow R_2 \rightarrow C \rightarrow$ 地。T 导通，C 放电，放电回路为 $C \rightarrow R_2 \rightarrow T \rightarrow$ 地。

振荡周期：
$$T = t_{w1} + t_{w2} \approx 0.7(R_1 + 2R_2)C$$

振荡频率：
$$f = \frac{1}{T} = \frac{1}{0.7(R_1 + 2R_2)C} \approx \frac{1.43}{(R_1 + 2R_2)C}$$

占空比 q：脉冲宽度与周期之比。

$$q = \frac{t_{w1}}{T} = \frac{0.7(R_1 + R_2)C}{0.7(R_1 + 2R_2)C} = \frac{R_1 + R_2}{R_1 + 2R_2}$$

8.2.2.3 占空比可调的多谐振荡器

如图 8-25 所示,为占空比可调的多谐振荡器:充电回路是 $V_{CC} \rightarrow R_1 \rightarrow VD_1 \rightarrow C \rightarrow$ 地,放电回路为 $C \rightarrow R_2 \rightarrow VD_2 \rightarrow T \rightarrow$ 地,调节电位器 R 即可改变充、放时间,即可调节多谐振荡器输出波形的占空比。

当 $R_1 = R_2$,输出波形为方波。

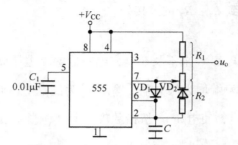

图 8-25 占空比可调的多谐振荡器

8.2.2.4 555 定时器构成施密特触发器

A 电路

由 555 定时器构成的施密特触发器电路如图 8-26(a) 所示,用于 TTL 系统的接口,波形变换,整形电路或脉冲鉴幅等。

将 555 定时器的阈值输入端 u_{i1}(6 脚)、触发输入端 u_{i2}(2 脚) 相连作为输入端 u_i,由 u_o(3 脚) 作为输出端,便构成了如图 8-26(a) 所示的施密特触发器电路。

B 工作原理

如图 8-26(b) 所示,当 $u_i < \frac{1}{3} V_{CC}$ 时,输出 $u_o = 1$;以后 u_i 逐渐上升,只要 u_i 不高于阈值电压 $\left(\frac{2}{3} V_{CC} \right)$,输出 $u_o = 1$ 维持不变。

当 u_i 上升到高于阈值电压 $\left(\frac{2}{3} V_{CC} \right)$ 时,则 $u_{i1} > \frac{2}{3} V_{CC}$,$u_{i2} > \frac{1}{3} V_{CC}$,此时定时器输出状态翻转为 0,$u_o = 0$;此后 u_i 继续上升,然后下降,只要不低于触发电位 $\left(\frac{1}{3} V_{CC} \right)$,输出维持 0 不变。

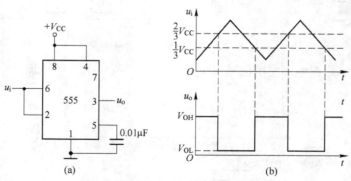

图 8-26 用 555 构成的施密特触发器

(a) 电路;(b) 工作波形

当 u_i 继续下降，一旦低于触发电位 $\left(\dfrac{1}{3}V_{CC}\right)$ 后，仍 $u_{i1} < \dfrac{2}{3}V_{CC}$，$u_{i2} < \dfrac{1}{3}V_{CC}$，此时定时器输出状态翻转为 1，输出 $u_o = 1$。

由 555 定时器构成施密特触发器的回差电压：$\Delta U_T = U_{T+} - U_{T-} = \dfrac{2}{3}V_{CC} - \dfrac{1}{3}V_{CC} = \dfrac{1}{3}V_{CC}$。

【任务实施】 流水灯控制电路的设计与制作

（1）项目目的。

1）了解集成定时器的电路结构和引脚功能。

2）熟悉集成定时器的典型应用。

3）掌握中规模 4 位双向移位寄存器逻辑功能及使用方法。

（2）项目原理。

1）集成定时器。集成定时器是一种模拟、数字混合型的中规模集成电路，只要外接适当的电阻电容等元件，可方便地构成单稳态触发器、多谐振荡器等脉冲产生或波形变换电路。定时器有双极型和 CMOS 两大类，结构和工作原理基本相似。通常双极型定时器具有较大的驱动能力，而 CMOS 定时器则具有功耗低，输入阻抗高等优点。图 8-27 为集成定时器引脚排列，表 8-3 为引脚名。

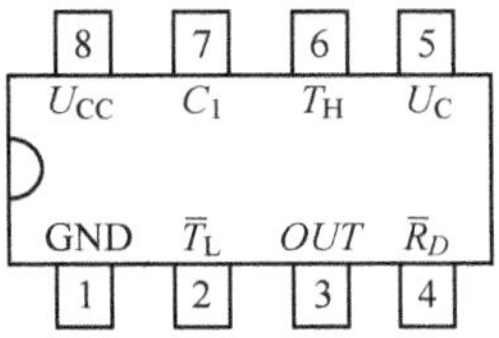

图 8-27 集成定时器引脚排列

表 8-3 引脚名

引脚号	1	2	3	4	5	6	7	8
引脚名	GND	T_C	OUT	R_D	U_C	T_H	C_T	U_{CC}
	地	触发端	输出端	复位端	电压端外接控制	阈值端	放电端	电源端

图 8-28 为由 555 定时器和外接定时元件 R_T、C_T 构成的单稳态触发器。触发信号加于低触发端（脚 2），输出信号 V_O 由脚 3 输出。$t_w = 1.1R_T C_T$

改变 R_T、C_T 可使 t_w 在几个微秒到几十分钟之间变化。C_T 尽可能选得小些，以保证通过 T 很快放电。

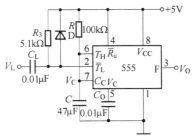

图 8-28 由 555 定时器构成的单稳态触发器电路

图 8-29（a）所示为由 555 定时器和外接元件 R_1、R_2、C 构成的多谐振荡器，脚 2 和脚 6 直接相连，它将自激发，成为多谐振荡器。

外接电容 C 通过 $R_1 + R_2$ 充电，再通过 R_2 放电。在这种工作模式中，电容 C 在 $\dfrac{1}{3}V_{CC}$ 和

$\dfrac{2}{3}V_{CC}$ 之间充电和放电。

其波形如图 8-29(b) 所示。

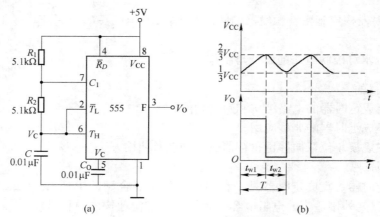

图 8-29　多谐振荡器电路及波形

充电时间（输出为高态）　　　$t_1 = 0.693(R_1 + R_2)C$

放电时间（输出为低态）　　　$t_2 = 0.693R_2C$

周期　　　$T = t_1 + t_2 = 0.693(R_1 + 2R_2)C$

振荡频率　　　$f = \dfrac{1}{T} = \dfrac{1.43}{(R_1 + 2R_2)C}$

2）移位寄存器。本项目选用的 4 位双向通用移位寄存器，型号为 CD40194 或 74LS194，两者功能相同，可互换使用，其逻辑符号及引脚排列如图 8-30 所示。

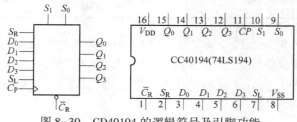

图 8-30　CD40194 的逻辑符号及引脚功能

其中 D_0、D_1、D_2、D_3 为并行输入端；Q_0、Q_1、Q_2、Q_3 为并行输出端；S_R 为右移串行输入端，S_L 为左移串行输入端；S_1、S_0 为操作模式控制端；$\overline{C_R}$ 为直接无条件清零端；CP 为时钟脉冲输入端。

CD40194 有 5 种不同操作模式：并行送数寄存，右移（方向由 $Q_0 \sim Q_3$），左移（方向由 $Q_3 \sim Q_0$），保持及清零。S_1、S_0 和 $\overline{C_R}$ 端的控制作用如表 8-4 所示。

表 8-4　S_1、S_0 和 $\overline{C_R}$ 端的控制作用

功能	输　　　　入										输　　　出			
	CP	$\overline{C_R}$	S_1	S_0	S_R	S_L	D_0	D_1	D_2	D_3	Q_0	Q_1	Q_2	Q_3
清除	×	0	×	×	×	×	×	×	×	×	0	0	0	0
送数	↑	1	1	1	×	×	a	b	c	d	a	b	c	d

续表8-4

功能	输				入					输		出	
	CP	$\overline{C_R}$	S_1	S_0	S_R	S_L	D_0	D_1	D_2	D_3	Q_0	Q_1	Q_2	Q_3
右移	↑	1	0	1	D_{SR}	×	×	×	×	×	D_{SR}	Q_0	Q_1	Q_2
左移	↑	1	1	0	×	D_{SL}	×	×	×	×	Q_1	Q_2	Q_3	D_{SL}
保持	↑	1	0	0	×	×	×	×	×	×	Q_0^n	Q_1^n	Q_2^n	Q_3^n
保持	↓	1	×	×	×	×	×	×	×	×	Q_0^n	Q_1^n	Q_2^n	Q_3^n

3）移位寄存器构成的环形计数器。把移位寄存器的输出反馈到它的串行输入端，就可以进行循环移位，如图8-31所示，把输出端 Q_3 和右移串行输入端 S_R 相连接，设初始状态 $Q_0Q_1Q_2Q_3=$ 1000，则在时钟脉冲作用下 $Q_0Q_1Q_2Q_3$ 将依次变为 0100→0010→ 0001→1000→……，见表8-5，可见它是一个具有四个有效状态的计数器，这种类型的计数器通常称为环形计数器如图8-31所示。

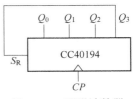

图8-31　环形计数器

可以由各个输出端输出在时间上有先后顺序的脉冲。因此也可作为顺序脉冲发生器。

表8-5　时钟状态

CP	Q_0	Q_1	Q_2	Q_3
0	1	0	0	0
1	0	1	0	0
2	0	0	1	0
3	0	0	0	1

（3）项目设备与器件。

1）信号源及频率计；

2）示波器（自备）；

3）集成定时器：HA17555×2；

4）CC40194×2；

5）电阻：5.1kΩ×3，10kΩ×1，100kΩ×1；

6）电容：47μF/30V、CBB103×3；

7）CD4071×1

（4）项目内容。

1）单稳态触发器。

① 按图8-28连接实验线路。U_{CD} 接+5V电源，输入信号 u_i 由单次脉冲源提供，用双踪示波器观察并记录 u_i、u_c、u_o 波形，标出幅度与暂稳时间。

② 将 C_T 改为 0.01μF，输入端送 1kHz 连续脉冲，观察并记录 u_i、u_c、u_o 波形，标出幅度与暂稳时间。

2）多谐振荡器。

① 多谐振荡器。按图8-29（a）连接实验电路。用示波器观察并记录 u_o 波形，标出幅度和周期。

② 将 R_1 换成电位器，则输出波形频率可调。

3) 循环流水灯电路。

① 将多谐振荡器图 8-29(a) 的输出波形用来控制由图 8-31 移位寄存器构成环形计数器的流水灯电路，此时图 8-31 的 $Q_0 \sim Q_3$ 需接发光二极管，则通过调节多谐振荡器的输出波形频率就可调节移位寄存器移位速度也就可以调节流水灯的流动速度。

② 画出循环流水灯完整电路图（555 多谐振荡器输出端接移位寄存器 CP 端）。

③ 列出所需器件清单。

④ 在万能板上连线实现该电路。

⑤ $Q_0 \sim Q_3$ 按 0001 置数。

⑥ 调节 555 多谐振荡器频率观察流水灯的流动速度变化。

4) 用一个 CD4017 制成的流水彩灯电路。

① 电路。用一个 CD4017 制作的彩灯电路如图 8-32 所示。

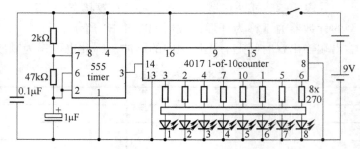

图 8-32　用一个 CD4017 制成的彩灯电路

数字电路 CD4017 是十进制计数/分频器，它的内部由计数器及译码器两部分组成，由译码输出实现对脉冲信号的分配，整个输出时序就是 Q_0、Q_1、Q_2、…、Q_9 依次出现与时钟同步的高电平，宽度等于时钟周期。CD4017 有 10 个输出端（$Q_0 \sim Q_9$）和 1 个进位输出端 Q_{5-9}。每输入 10 个计数脉冲，Q_{5-9} 就可得到 1 个进位正脉冲，该进位输出信号可作为下一级的时钟信号。CD4017 有 3 个输入端（R、CP_0 和 $\sim CP_1$），MR 为清零端，当在 MR 端上加高电平或正脉冲时其输出 Q_0 为高电平，其余输出端（$Q_0 \sim Q_9$）均为低电平。CP_0 和 $\sim CP_1$ 是 2 个时钟输入端，若要用上升沿来计数，则信号由 CP_0 端输入；若要用下降沿来计数，则信号由 $\sim CP_1$ 端输入。设置 2 个时钟输入端，级联时比较方便，可驱动更多二极管发光。由此可见，当 CD4017 有连续脉冲输入时，其对应的输出端依次变为高电平状态，故可直接用作顺序脉冲发生器。

② 电路工作原理。CD4017 输出高电平的顺序分别是③、②、④、⑦、⑩、①、⑤、⑥、⑨脚，故③、②、④、⑦、⑩、①脚的高电平使 6 串彩灯向右顺序发光，行成流水，⑤、⑥、③脚的高电平使 6 串彩灯由中心向两边散开发光。各种发光方式可按自己的需要进行具体的组合，若要改变彩灯的闪光速度，可改变电容 C_1 的大小。

③ 列出器件清单并按清单购件。

④ 根据原理图画出印制板图并制板。

⑤ 焊接元器件。

⑥ 检查并调试。

（5）项目总结。

1）定量画出实验所要求记录的各点波形。

2）整理实验数据，分析实验结果与理论计算结果的差异，并进行分析讨论。

3）画出循环流水灯完整电路图。

小　结

（1）集成 555 定时器具有结构简单、用途广泛、价格低廉等多种优势，文中仅介绍了其应用的一个方面。在实际的生产生活中，只要将其各个功能加以综合应用，便可得到许多实用电路。

（2）555 定时器可工作在三种工作模式下：

单稳态模式：在此模式下，555 功能为单次触发。应用范围包括定时器、脉冲丢失检测、反弹跳开关、轻触开关、分频器、电容测量、脉冲宽度调制（PWM）等。

无稳态模式：在此模式下，555 以振荡器的方式工作。这一工作模式下的 555 芯片常被用于频闪灯、脉冲发生器、逻辑电路时钟、音调发生器、脉冲位置调制（PPM）等电路中。如果使用热敏电阻作为定时电阻，555 可构成温度传感器，其输出信号的频率由温度决定。

双稳态模式（或称施密特触发器模式）：在 DIS 引脚空置且不外接电容的情况下，555 的工作方式类似于一个 RS 触发器，可用于构成锁存开关。

自　测　题

扫描二维码获得本项目自测题。

项目9 数字电子综合项目
——数字电子钟的设计与装调

【学习目标】

（1）会应用脉冲产生整形电路。

（2）会通过分频电路产生项目需要的1s脉冲。

（3）会用中规模集成电路制作出组合逻辑电路和时序逻辑电路。

（4）能制作并调试数字钟电路。

【设计要求】

（1）设计一个具有小时、分钟，秒钟显示的电子钟（23时59分59秒）。能进行正常的时、分、秒计时功能。使用6个七段发光二极管数码管显示时间。其中时位以24小时为计数周期。

（2）能进行手动校时，利用三个单刀双掷开关分别对时位、分位、秒位进行校正。具有整点报时功能。

（3）列出数字钟电路的元器件明细清单。

（4）用中小规模集成电路组装数字电子钟，并进行组装调试。

（5）写出设计，实验总结报告（各单元电路图，整机框图和总结电路，相应单元实测波形，电路原理，调试分析过程，结论和体会）。

9.1 数字电子钟框图

电子钟电路可划分为五部分：脉冲信号发生器、分频器、计数器、显示译码器和校时电路等，其逻辑电路的框图如图9-1所示。

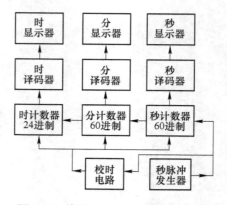

图9-1 数字电子钟的逻辑电路框图

9.2 数字电子钟设计

（1）译码显示电路。

1）译码电路。时、分、秒计数器的个位与十位分别通过每位对应一块七段显示译码器 74LS48，输出高电平有效，可以驱动共阴极数码管。74LS48 引脚图如图 9-2 所示。

2）显示电路。显示电路采用半导体数码管。小时、分钟和秒，分别采用两位数码管组成，由于 74LS48 输出高电平有效，需驱动共阴极数码管，3 脚与 8 脚同时接地连接。数码管引脚图如图 9-3 所示，74LS48 与七段译码器的连接如图 9-4 所示。

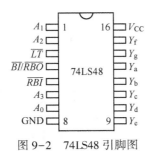

图 9-2 74LS48 引脚图

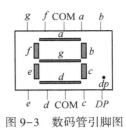

图 9-3 数码管引脚图

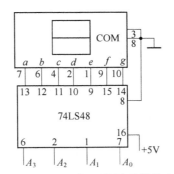

图 9-4 74LS48 与七段译码器的连接

（2）计数器电路。74LS160/161 引脚图如图 9-5 所示，74LS00 引脚图如图 9-6 所示。

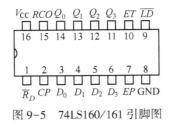

图 9-5 74LS160/161 引脚图

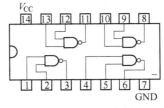

图 9-6 74L00 引脚图

钟的小时、分钟、秒钟分别采用 24 进制、60 进制、60 进制计数器完成。24 进制计数器采用两块集成计数器 74LS160 接成 24 进制，如图 9-7 所示。钟的分是 60 进制，采用两块 74LS160 接成 60 进制计数器。钟的秒与分是一样的，也采用两块 74LS160 计数器接成 60 进制计数器，如图 9-8 所示。当秒计数器累计 60 个秒脉冲时，会通过与非门的输出端低电平, 将秒清零; 同时, 通过校时电路中的主控门 (计数状态下的主控门相当于一个非门), 向分钟计数器送出一个上升沿, 分钟计数器就会累计 1 个数。当分计数器累计 60 个脉冲时, 同理会向小时计数器送出一个有效的脉冲信号, 小时计数器就会累计 1 个数。当小时计数器累计 24 个时脉冲时, 小时就会清零。

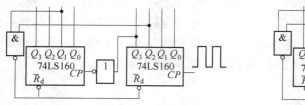

图 9-7　74LS160 构成的 24 进制计数器

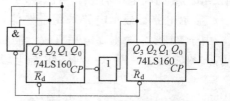

图 9-8　74LS160 构成的 60 进制计数器

（3）秒脉冲信号发生电路。

1) 脉冲发生器。石英晶体振荡器的振荡频率最稳定, 其产生的信号频率为 100kHz。

2) 分频器。石英晶体振荡器产生的信号频率 100kHz, 要得到 1Hz 的秒脉冲信号, 则需要将 100kHz 即 10^5kHz 进行五级十分频。图 9-9 采用五个中规模计数器 74LS160, 将其串接起来组成分频器。每块 74LS160 的输出脉冲信号为输入信号的十分频, 即相当于原来频率的 10^{-1}, 则 100kHz 的输入脉冲信号通过五级十分频, 相当于原来频率的 10^{-5} 正好获得 1s 脉冲信号, 秒信号送到计数器的时钟脉冲 CP 端进行计数如图 9-9 所示。

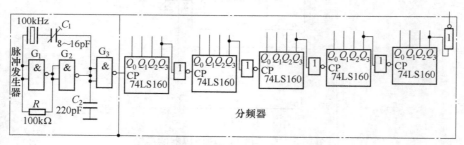

图 9-9　74LS160 组成分频器电路

（4）校时电路。在图 9-10 中设有两个快速校时电路, 它是由基本 RS 触发器和与或非门组成的控制电路。电子钟正常工作时, 开关 S_1、S_2 合到 S 端, 将基本 RS 触发器置 "1", 分、时脉冲信号可以通过控制门电路, 而秒脉冲信号则不可以通过控制门电路。当开关 S_1、S_2 合到 R 端时, 将基本 RS 触发器置 "0", 封锁了控制门, 使正常的计时信号不能通过控制门, 而秒脉冲信号则可以通过控制门电路, 使分、时计数器变成了秒计数器, 实现了快速校准。

（5）整点报时功能。该电路还可以附加一些功能, 如进行定时控制、增加整点报时功能等。整点报时功能的参考设计电路如图 9-11 所示。此电路每当 "分" 计数器和 "秒" 计数器计到 59 分 50 秒时, 便自动驱动音响电路, 在 10s 内自动发出 5 次鸣叫声, 每隔 1s 叫一次, 每次叫声持续 1s。并且前 4 声的音调低, 最后一响的音调高, 此时计数器指示正好为整点 ("0" 分 "0" 秒)。音响电路采用射极跟随器推动喇叭发声, 晶体管的基极串联一个 1kΩ 限流电阻, 是为了防止电流过大烧坏喇叭, 晶体管选用高频小功率管, 如

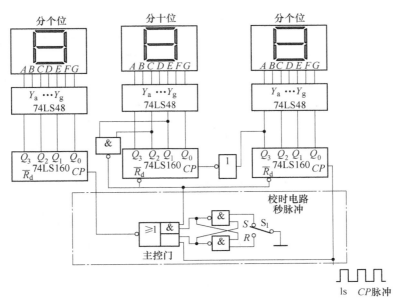

图 9-10　校时电路

9013 等，报时所需的 1kHz 及 500Hz 音频信号分别取自前面的多级分频电路。

整点报时电路要求在每个整点发出音响，因此需要对每个整点进行时间译码，以其输出驱动音响控制电路。

若要在每一整点发出五低音、一高音报时，需要对 59 分 50 秒到 59 分 59 秒进行时间译码。$Q_{D4} \sim Q_{A4}$ 是分十位输出，$Q_{D3} \sim Q_{A3}$ 是分个位输出，$Q_{D2} \sim Q_{A2}$ 是秒十位输出，$Q_{D4} \sim Q_{A4}$ 是秒个位输出。在 59 分时，$A = Q_{C4}Q_{A4}Q_{D3}Q_{A3} = 1$；在 50 秒时，$B = Q_{C2}Q_{A2} = 1$；秒个位为 0、2、4、6、8s 时，$Q_{A1} = 0$，$C = \overline{Q_{A1}} = 1$；因而 $F_1 = ABC = Q_{C4}Q_{A4}Q_{D3}Q_{A3}Q_{C2}Q_{A2}\overline{Q_{A1}}$ 仅在 59 分 50 秒、52 秒、54 秒、56 秒、58 秒时等于 1，故可以用 F_1 作低音的控制信号。

当计数器每计到 59 分 59 秒时，$A = Q_{C4}Q_{A4}Q_{D3}Q_{A3} = 1$，$D = Q_{C2}Q_{A2}Q_{D1}Q_{A1} = 1$，此时 $F_2 = AD = 1$。把 F_2 接至 JK 触发器控制端 J 端，CP 端加秒脉冲，则再计 1 秒到达整点时 $F_3 = 1$，故可用 F_3 作一次高音控制信号。

用 F_1 控制 5 次低音、F_3 控制高音，经音响放大器放大，每当"分"和"秒"计数器累计到 59 分 50 秒、52 秒、54 秒、56 秒、58 秒发出频率为 500Hz 的五次低音，0 分 0 秒时发出频率为 1000Hz 的一次高音，每次音响的时间均为 1 秒钟，实现了整点报时的功能。

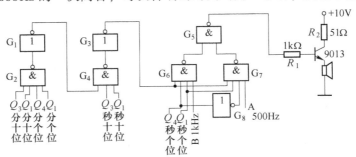

图 9-11　整点报时功能的参考设计电路

（6）按照这个框图设计的电子钟逻辑电路原理图如图 9-12 所示。

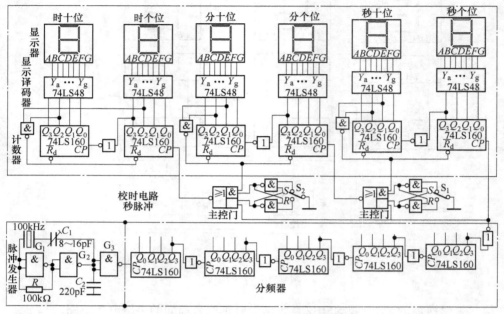

图 9-12　数字钟逻辑电路图

9.3　数字电子钟电路器件清单

数字电子钟所用的集成电路及其他元器件的名称、型号及数量见表 9-1。

表 9-1　数字电子钟电路所用元器件的名称、型号及数量

序号	名　称	型　号	数　量
1	十进制计数器	74LS160	11
2	七段显示译码器	74LS48	6
3	半导体共阴极数码管	BS202	6
4	两输入四与非门	74LS00	2
5	六反相器	74LS04	1
6	双路 2-2 输入与或非门	74LS51	1
7	电阻	680kΩ	2
8	电阻	100kΩ	1
9	石英晶体振荡器	100kHz	1
10	电容、可变电容	20~16pF	各 1

9.4　整机电路的安装与调试

将数字电子钟的各个元件按照电路安装和焊接好，电路检查无误后，即可通电进行调试。

调试可按照下列步骤进行。

（1）秒脉冲电路的安装和调试。按图 9-12 电路连线，用示波器检测脉冲发生电路输出信号和波形，输出频率应为 100kHz。将 100kHz 信号送入分频器，用示波器检测各级分频器的输出频率符合要求。用示波器检测分频电路最后的输出信号和波形，输出频率应为 1Hz，周期就为 1s。

（2）计数器的安装和调试。将 1Hz 秒脉冲分别送入时、分、秒计数器，检查各组计数器的工作情况。当分频器和计数器调试正常后，观察电子钟是否准确、正常的工作。计数器输出可接发光二极管，观察在 CP 作用下 CP 为 1Hz 的状态的变化情况，验证是否为六十进制计数器。同理，可以验证二十四进制计数器。偶尔会出现秒的个位计数器到 9 再回到 0 的时候，各位不向十位计数器进位；秒计数器在向分计数器进位时，按图接线后发现，秒计数器计到 59 时，有时向分进位，有时不进，需要检查线路的连接，排除故障。

（3）校时电路的安装和调试。按图电路连线。观察校时电路的功能是否满足要求。将电路输出接发光二极管。推动开关，观察在 CP 作用下，输出端发光二极管的显示情况。

（4）整点电路的安装和调试。按图 9-12 电路连线。因为报时电路发出声响的时间是 59 分 50 秒至 59 分 58 秒之间，59 分的状态是不变的。测试时，1kHz 的 CP 信号在 555 谐振器上得到，500Hz 的 CP 信号可将 1kHz 的信号经二分频得到。Q_{A1}、Q_{A2} 端可接至十进制计数器的相应输出端。观察计数器在 CP 信号的作用下，发光二极管的显示情况。

（5）安装调试完毕后，将时间校对正确，则该电路可以准确地显示时间。

9.5 数字电子钟的实物

数字电子钟的实物如图 9-13 所示。

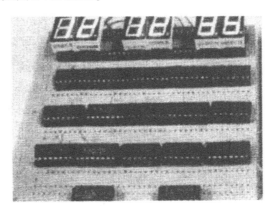

图 9-13 数字电子钟实物

参 考 文 献

[1] 汤光华. 电子技术 [M]. 北京：化学工业出版社，2005.

[2] 王英. 模拟电子技术基础 [M]. 成都：西南交通大学出版社，2000.

[3] 陈守林. 电子技术实训与制作 [M]. 北京：科学出版社，2005.

[4] 彭军. 实用电子技术 [M]. 北京：科学出版社，2006.

[5] 周良权. 模拟电子技术基础 [M]. 北京：高等教育出版社，2005.

[6] 薛文. 电子技术基础 [M]. 北京：高等教育出版社，2001.

[7] 宁慧英. 模拟电子技术 [M]. 北京：化学工业出版社，2010.

[8] 吕国泰，白明友. 电子技术 [M]. 北京：高等教育出版社，2010.

[9] 林平勇，高嵩. 电工电子技术 [M]. 北京：高等教育出版社，2000.

[10] 童诗白. 模拟电子技术基础 [M]. 4 版. 北京：高等教育出版社，2007.

[11] 胡宴如. 模拟电子技术 [M]. 北京：高等教育出版社，2008.

[12] 李雅轩. 模拟电子技术 [M]. 西安：西安电子科技大学出版社，2006.

[13] 隆平，胡静. 模拟电子技术 [M]. 北京：化学工业出版社，2012.

[14] 孔凡才. 电子技术综合应用创新实训教程 [M]. 北京：高等教育出版社，2008.

[15] 毕秀梅. 数字电子技术（项目化教程）[M]. 北京：化学工业出版社，2014

[16] 贺力克，邱丽芳. 数字电子技术项目教程 [M]. 北京：机械工业出版社，2012.

[17] 朱祥贤，数字电子技术项目教程 [M]. 北京：机械工业出版社，2010.

[18] 孙琳. 数字电子技术项目教程 [M]. 上海：上海交通大学出版社，2010.

[19] 清华大学电子学教研组. 数字电子技术基础 [M]. 4 版. 北京：高等教育出版社，1998.

[20] 王成安，毕秀梅. 数字电子技术及应用 [M]. 北京：机械工业出版社，2009.

[21] 刘守义. 数字电子技术 [M]. 2 版. 西安：西安电子科技大学出版社，2007.

[22] 余孟尝. 数字电子技术基础简明教程 [M]. 4 版. 北京：高等教育出版社，2006.

[23] 唐红. 数字电子技术实训教程 [M]. 北京：化学工业出版社，2010.

[24] 袁小平. 数字电子技术实训教程 [M]. 北京：机械工业出版社，2012.

[25] 侯继红，李向东. EDA 实用技术教程 [M]. 北京：中国电力出版社，2002.

[26] 李洋. EDA 技术实用教程 [M]. 2 版. 北京：机械工业出版社，2009.

[27] 王振红，VHDL 数字电路设计与应用实践教程 [M]. 2 版. 北京：机械工业出版社，2007.

[28] 王志鹏，付丽琴. 可编程逻辑器件开发技术 MAX+plus Ⅱ [M]. 北京：国防工业出版社，2005.

[29] 刘畅生，于臻. 通用数字集成电路简明速查手册 [M]. 北京：人民邮电出版社，2011.

[30] 崔忠勤. 中外集成电路简明速查手册 [M]. 北京：电子工业出版社，1999.

[31] 电子工程手册编委会. 中外集成电路简明速查手册 TTL、CMOS 电路 [M]. 北京：电子工业出版社，1991.